AF535972

Klaus Arbeiter • Philip Lang **Innendämmung**

Innendämmung

Auswahl, Konstruktion, Ausführung –
ein Handbuch für den Praktiker

2., aktualisierte Auflage

mit 134 Abbildungen

+ mit Checklisten zum Download

Dipl.-Ing. (FH) Klaus Arbeiter
öffentlich bestellter und vereidigter Sachverständiger
für das Stuckateurhandwerk

Philip Lang
Stuckateurmeister

Bibliografische Information der Deutschen Nationalbibliothek
Die Deutsche Nationalbibliothek verzeichnet diese Publikation in der Deutschen Nationalbibliografie; detaillierte bibliografische Daten sind im Internet über http://dnb.d-nb.de abrufbar.

2., aktualisierte Auflage 2024

Maßgebend für das Anwenden von Regelwerken, Richtlinien, Merkblättern, Hinweisen, Verordnungen usw. ist deren Fassung mit dem neuesten Ausgabedatum, die bei der jeweiligen herausgebenden Institution erhältlich ist. Zitate aus Normen, Merkblättern usw. wurden, unabhängig von ihrem Ausgabedatum, in neuer deutscher Rechtschreibung abgedruckt.

Das vorliegende Werk wurde mit größter Sorgfalt erstellt. Verlag und Autor können dennoch für die inhaltliche und technische Fehlerfreiheit, Aktualität und Vollständigkeit des Werkes und seiner elektronischen Bestandteile (Internetseiten) keine Haftung übernehmen.

Wir freuen uns, Ihre Meinung über dieses Fachbuch zu erfahren. Bitte teilen Sie uns Ihre Anregungen, Hinweise oder Fragen per E-Mail: fachmedien.bau@rudolf-mueller.de oder Telefax: 0221 5497-6141 mit.

Lektorat: Petra Lindner, Kescheid
Umschlaggestaltung: WMTP Wendt-Media Text-Processing GmbH, Birkenau
Satz: WMTP Wendt-Media Text-Processing GmbH, Birkenau
Druck und Bindearbeiten: Westermann Druck Zwickau GmbH, Zwickau
Printed in Germany

ISBN 978-3-481-04823-5 (Buch-Ausgabe)
ISBN 978-3-481-04824-2 (E-Book-Ausgabe als PDF)
ISBN 978-3-481-04825-9 (Buch-Ausgabe + E-Book als PDF)

Vorwort

Vor ziemlich genau 10 Jahren war ich gerade dabei, die erste Auflage dieses Buches zu verfassen. Damals war das Thema Innendämmung, so wie wir es heute verstehen, noch recht neu und Regelwerke zu kapillaraktiven Innendämmungen gerade erst herausgegeben. Man war gespannt darauf, wie sich das Thema im Hinblick auf Absatzmengen oder Schadensanfälligkeit entwickeln würde.

10 Jahre später sind wir einige Schritte weiter und man kann festhalten, dass sich moderne Innendämmungen am Markt etabliert haben. Eine Google-Suche nach dem Begriff Innendämmung führt inzwischen zu über zwei Millionen Treffern (im Gegensatz zu „nur" 70.000 Treffern vor 10 Jahren) und betrachtet man den Gebäudebestand in Deutschland, wird sich die Marktpräsenz von Innendämmungen sicher noch ein Stück weiterentwickeln können.

Genau der richtige Zeitpunkt also, eine Überarbeitung und Aktualisierung dieses Buches umzusetzen. Denn auch dieses Buch hat seinen Platz am Markt gefunden und verdient es, an die aktuellen Gegebenheiten angepasst zu werden.

Was hat sich am Markt getan und welche Aspekte gilt es besonders herauszustellen? Zunächst einmal sind natürlich die Regelwerke zu Innendämmungen erweitert worden. Neben den schon in der ersten Auflage dargestellten grundsätzlichen Regelungen im WTA-Merkblatt 6-4 und dem RAL-Gütezeichen Innendämmung sind weitere Veröffentlichungen erschienen, denen man durchaus den Status einer allgemein anerkannten Regel der Technik zusprechen kann. Im Weiteren haben die vergangenen 10 Jahre gezeigt, dass gerade die praktische Umsetzung von Innendämmungen Potenzial für Fehler bzw. Schäden liefert. Auch aus der eigenen gutachterlichen Praxis kann dies bestätigt werden. Da Innendämmungen stets ein Gesamtkonstrukt aus dem Gebäudebestand, dem vorhandenen Schlagregenschutz sowie der eigentlichen neuen Dämmung sind, muss nur an einer Stelle etwas nicht richtig funktionieren und schon ergibt sich eine Schadensanfälligkeit, die von den Beteiligten oft gar nicht wahrgenommen wird. Grund genug, die Umsetzung von Innendämmungen mit den jeweiligen Verantwortungsbereichen zwischen Bauherr, Planer und ausführendem Betrieb zu überarbeiten und anhand der Erfahrungen der letzten 10 Jahre zu detaillieren.

Bereits bei der Planung gilt es, alle für die vorgesehene Innendämmung relevanten Parameter zu erfassen und zu bewerten. Geschieht dies nicht und wird dieser Fehler nicht durch die Fachkenntnis des ausführenden Betriebes erkannt, kann hierdurch bereits ein Fehler entstehen, der sich unter Umständen zu einem Schaden entwickeln kann. Auch hier lohnt es, die einzelnen Schritte bei der Planung und der praktischen Umsetzung zu überarbeiten und an den richtigen Stellen zu intensivieren.

Innendämmungen werden nach wie vor von einer Vielzahl von Handwerkern ausgeführt. Dabei sind in der eigenen Wahrnehmung leider immer wieder Betriebe tätig, die gerade nicht die für die fachgerechte Umsetzung einer Innendämmung erforderlichen komplexen Fachkenntnisse über zum Beispiel Schlagregenschutz, Wärmebrücken oder allgemeine Bauphysik besitzen. Insofern ist durchaus zu beklagen, dass es zu Innendämmungen keine handwerklichen Beschränkungen gibt bzw. sich noch keine entwickelt haben. Nach wie vor darf praktisch jeder Innendämmungen ausführen und das zeigt sich in der Praxis in Form von Ausführungsfehlern und Schäden. Grund genug, diesem Buch ein Kapitel über tatsächliche Fehler und Schäden hinzuzufügen, in dem anhand ausgewählter Fallbeispiele dargestellt wird, an welchen Stellen des Umsetzungsprozesses Fehler entstehen und was diese bewirken.

Dieses Buch setzt thematisch in der Phase der Realisierung einer Innendämmung ein, in der die grundsätzliche Entscheidung, eine Innendämmung auszuführen, bereits getroffen ist und die energetische Dimensionierung im Hinblick auf Dämmstärke, Wärmeleitfähigkeit und vielleicht sogar schon die Produktauswahl erfolgt sind. Eine Innendämmung wird in der Regel Teil eines energetischen Konzeptes einer Baumaßnahme sein. Wie dies planerisch und bauordnungsrechtlich vorzunehmen ist, war und soll auch in der Zukunft Gegenstand anderer Fachliteratur sein. Dieses Buch soll vielmehr bei der fachtechnisch richtigen Umsetzung sowohl Planern wie auch Ausführenden helfen, die mannigfaltigen Aspekte bei der Realisierung einer Innendämmung zu erfassen und baupraktisch einwandfreie Abläufe zu gestalten.

An einigen Stellen verweist das Buch auf die EnEV bzw. auf das höherstehende EnEG. Die aufmerksame Leserschaft wird feststellen, dass diese Vorschriften und Gesetze seit Anfang 2020 im GEG aufgegangen sind. Da aber die Innendämmung als solche bereits seit dem Stand der EnEV 2014 aus dem Katalog der Anforderungen entfallen ist, gibt es damit keine verbindlichen bauteilbezogenen Vorgaben mehr, die es im Rahmen der Ausführung der Innendämmung einzuhalten gilt. Trotzdem oder gerade deswegen bietet die inzwischen nicht mehr offiziell gültige EnEV immer noch eine gute Richtlinie, an der sich Planer und Ausführende in der Praxis orientieren können.

Ich habe mich dazu entschieden, die Neufassung dieses Buches mit einem Co-Autor umzusetzen. Stuckateurmeister Philip Lang konnte sich in den vergangenen Jahren einen umfangreichen Erfahrungsschatz über Innendämmungen aneignen und kann insbesondere bei der handwerklichen Seite punkten. Er kann viel jugendlichen Esprit in dieses Buch einbringen und, wer weiß, in weiteren 10 Jahren die Geschichte dieses Buches allein fortführen.

Abgerundet wird die Neuauflage natürlich mit einem umfassenden Marktüberblick, der jetzt eine stolze Größenordnung angenommen hat. Auch hieran sieht man, wie sich das Thema insgesamt entwickelt. Die Industrie würde diese Produkte wohl kaum auf den Markt bringen, wenn man sich nicht guten Absatz und gute Geschäfte davon versprechen würde.

Sinthern, im März 2024

Inhalt

Die in Kapitel 10 dieses Buches enthaltenen Checklisten stehen exklusiv für Buchkäufer zum Download bereit unter

https://www.baufachmedien.de/innendaemmung.html#buch

Zum Öffnen der Datei ist ein Kennwort erforderlich.

Ihr persönliches Kennwort lautet: 32ZEEdv9JJ5?

1 Historische, systemische und rechtliche Hintergründe

1.1 Entwicklung, Begriff und Einsatzbereiche

Entwicklung

Beschichtungen aus Lehm und Stroh

Immer mehr Hersteller haben in den vergangenen 10 Jahren ihre Innendämmsysteme auf den Markt gebracht und emsige Fachberater der Industrie waren und sind stets bemüht, die Vorteile gerade ihrer Systeme anzupreisen. Dabei ist die Innendämmung überhaupt nicht neu: Innendämmungen werden bereits seit Jahrhunderten ausgeführt. In mittelalterlichen Häusern wurden auf den Innenseiten der Außenwände Beschichtungen aus Lehm- und Strohgemischen verbaut, die durchaus eine wärmedämmende und auch feuchteregulierende Funktion ausübten. Derartige Innendämmsysteme aus natürlichen Baustoffen sind auch heute noch aktuell und gewinnen aufgrund des gesellschaftlichen Trends, auch beim Bauen mehr auf ökologische Gesichtspunkte zu achten, an Bedeutung.

Mit der Entstehung des modernen Massivbaus, der von der Entwicklung von fabrikmäßig hergestellten Mauersteinen und der Erfindung des Stahlbetons im 19. und 20. Jahrhundert geprägt war, geriet die Innendämmung in eine Außenseiterrolle. Wärmedämmung war zu dieser Zeit nicht wirklich thematisiert. Energie war preiswert und bis zur ersten Ölkrise in den 1970er-Jahren dachte noch kaum jemand daran, mit einer wärmedämmenden Maßnahme den Energiehaushalt seines Bauvorhabens positiv zu verändern. Styroporplatten unter der Raufasertapete, wenn auch nur 2 cm dick, waren die ersten Zeitzeugen eines langsam einsetzenden Umdenkens.

Gipskarton-Verbundplatten

Bereits seit den 1950er-Jahren wurden in Einzelfällen Holzwolle-Leichtbauplatten, ursprünglich als verlorene Schalung eingesetzt, auch zu Dämmzwecken an bestimmten Bauteilen auf der Innenseite eingebaut. In den 1970er-Jahren kamen dann Gipskarton-Verbundplatten dazu, die auch heute noch aus einer Dämmschicht aus Polystyrol oder Mineralwolle sowie einer Deckschicht aus Gipskarton bestehen. Die zunehmende Verbreitung des Trockenbaus mit seinen elementierten Stahlprofilen führte zu den ersten wärmegedämmten Vorsatzschalen auf der Innenseite von Bauteilen. Diese Ausführungen haben deshalb bauphysikalisch funktioniert, weil sie lediglich eine überschaubare dämmende Wirkung besaßen und deshalb stets noch genügend Wärmeenergie durch das Bauteil entweichen konnte, um ggf. entstehende Kondensatfeuchte trocknen zu können.

Notwendige Nachweise

In den letzten 30 Jahren hat sich die Einstellung zu Wärmedämmungen nachhaltig verändert. Beginnend mit der ersten Wärmeschutzverordnung im Jahre 1995, dem Vorläufer der Energieeinsparverordnung (EnEV), wurden optimierte Anforderungen an den Wärmeschutz von Bauteilen und an das luftdichte Bauen definiert. Die Entwicklung der Vorschriften im Baubereich hinsichtlich des Wärmehaushaltes von Gebäuden ist derart rasant vorangeschritten, dass deren Einhaltung im Einzelfall nicht immer einfach ist. Die dazu notwendigen Nachweise werden aufgrund der fortschreitenden Entwicklung der bauphysikalischen Berechnungsmethoden heute nicht mehr auf der Basis von Erfahrung und empirisch erhobenen Daten erbracht. Moderne Rechenverfahren versetzen uns in die Lage, die Zustände im Bauteil längere Zeiträume hinweg zu **simulieren** und damit sehr genau zu ermitteln, ob eine gewählte Konstruktion auch langfristig ohne Schaden funktioniert (siehe Kapitel 2.2.4.2).

Begriff

Sichtweisen

Innendämmung im bauphysikalischen Sinn, und dies ist für den **Praktiker** die **maßgebende Sichtweise**, ist eine auf der warmen Seite eines Bauteils angebrachte Dämmung, die den Wärmedurchgang zur kalten Seite verringert. Es gibt durchaus auch andere Betrachtungen zum Begriff Innendämmung, beispielsweise aus Sicht der Denkmalpflege. Für die Denkmalpflege ist auch eine Dämmung auf der obersten Geschossdecke eine Innendämmung. Derartige Maßnahmen sind jedoch Sonderfälle, die von einem Bauphysiker bereits nicht mehr als Innendämmung angesehen werden.

Mit dem Begriff Innendämmung sind im Folgenden, wenn nicht weiter differenziert wird, sowohl Innendämmungen als **individuelle Lösungen** als auch **Innendämmsysteme** gemeint, also Komplettlösungen eines Herstellers. Für den Fachunternehmer sind, sofern nicht durch den Vertrag eine bestimmte Lösung vorgegeben ist, beide Varianten möglich. Innendämmsysteme bieten dabei aber den unbestreitbaren Vorteil, dass sie als herstellergeprüfte Bauarten nachgewiesen sind. Individuelle Lösungen bedürfen dagegen stets eines objektbezogenen Nachweises ihrer Funktionsfähigkeit in konstruktiver und bauphysikalischer Hinsicht.

Einsatzbereiche

Eine Innendämmung wird dann interessant, wenn objektspezifische Besonderheiten vorhanden sind, die eine Wärmedämmung **von außen nicht ermöglichen**, oder wenn eine Wärmedämmung von außen wegen Auflagen des Denkmalschutzes oder aus gestalterischen Gründen nicht gewollt ist (Abb. 1.1 und 1.2).

Durch die Verringerung des Wärmedurchgangs von der warmen zur kalten Seite eines Bauteils sollen Innendämmungen zu einer Einsparung von Heizenergie und einer Absenkung der damit verbundenen Kosten führen. Innendämmungen können daher an allen raumbegrenzenden Flächen, die an kalte Bereiche anschließen, ausgeführt werden. Sie müssen dabei stets luftdicht ausgeführt werden, damit nicht durch sog. konvektive Fehlstellen, also offene Fugen in den Randanschlussbereichen der Innendämmung, Raumluftfeuchte in die kälteren Zonen des Bauteils hinter der Innendämmung gelangen und dort Kondensationsfeuchte bewirken kann.

Abb. 1.1: Denkmalgeschützte Fassade: keine Außendämmung wegen Auflagen des Denkmalschutzes (Quelle: Calsitherm Silikatbaustoffe GmbH, Bad Lippspringe)

Abb. 1.2: Nicht jedes Objekt „verträgt" eine Außendämmung. (Quelle: Xella International GmbH, Duisburg)

1.2 Systemgedanke

1.2.1 Innendämmung als Bestandteil eines Systems

Keine isolierte Maßnahme

Die Anbringung der Innendämmung auf der warmen Seite ist bauphysikalisch bedeutsam, da hierdurch die Temperatur des übrigen Bauteils absinkt. Eine Innendämmung kann daher nie als isolierte Maßnahme betrachtet werden, sondern wirkt sich innerhalb der Bauteilkonstruktion stets **systemverändernd auf das gesamte Bauteil** aus. Meist ist es gerade die energetisch eher schlechte Beschaffenheit eines Bauteils in Bestandskonstruktionen, die dafür verantwortlich ist, dass viele alte Gebäude keine Feuchteschäden aufweisen. Bei schlecht wärmegedämmten Bauteilkonstruktionen wird stets Wärmeenergie in das Bauteil transportiert und somit kann Feuchte, selbst wenn sie rechnerisch nachweisbar ist, in der Realität nicht nachgewiesen werden, da sie kontinuierlich trocknet. Alte Fachwerkhäuser sind hierfür ein anschauliches Beispiel. Oft sind sie an vielen Stellen „undicht" und es zieht sprichwörtlich in allen Ecken. Trotzdem sind in den Außenwänden in der Regel keine außerordentlichen Feuchtewerte feststellbar. Hierfür ist genau diese abfließende Wärmeenergie verantwortlich.

Komplexe Veränderung des Bauteilsystems

Innendämmungen verändern also ein vorhandenes Bauteilsystem, indem sie dem Wärmedurchgang von der warmen zur kalten Seite ein erhebliches Maß an Wärmedämmung entgegensetzen. Bauteile, die vorher stets durch abfließende Wärmeenergie beheizt und getrocknet wurden, müssen jetzt der Witterung und den jahreszeitlichen Temperaturunterschieden ohne diesen zusätzlichen Schutz standhalten. Daher sind Innendämmungen komplexe Dämmmaßnahmen, die sowohl eine **energetische Verbesserung** des Bauteils ermöglichen als auch, und das ist das Entscheidende, die **Gesamteigenschaften** des neuen Bauteils hinsichtlich einer möglichen **Schadensanfälligkeit, insbesondere im Hinblick auf Feuchte,** berücksichtigen müssen. Dabei müssen sämtliche bauphysikalischen Prozesse beachtet werden, die aufgrund der Anbringung einer Innendämmung nun von Bedeutung sind.

Fazit

> Eine Innendämmung ist nicht nur eine energetische Maßnahme, sondern Bestandteil eines Bauteilsystems,
>
> - in dem die objektspezifischen Besonderheiten im Einzelfall zu berücksichtigen sind und
> - in das das gesamte Bauteil einzubeziehen ist, da dieses durch die Innendämmung nachhaltig verändert wird.

„Never change a winning team"

Die Innendämmung muss also für das Gesamtsystem angemessen sein. Die Erfahrungen zeigen, dass eine **rein energetische Betrachtung**, die z. B. eine zu große Wärmedämmung durch den Einsatz von immer dickeren Innendämmungen zur Folge hat, oft **zu Problemen führt**, wie zu Feuchteschäden hinter der Innendämmung, sich ablösenden Dämmplatten oder sich ablösendem alten Innenputz, durchfeuchteten Außenwänden oder Schimmelpilzbefall. Wie eine Fußballmannschaft nur als Team erfolgreich sein kann, so funktioniert auch ein Bauteil nur im System. Ein „winning team" im Fußball kann zum Verlierer werden, wenn ein Auswechselspieler nicht zum

Team passt. Entsprechend ist die Innendämmung als Teil zu sehen, der den bauphysikalischen Sachverhalten des zu dämmenden Bauteils und Gebäudes Rechnung tragen muss.

Seit der Fassung 2014 der EnEV sind Innendämmungen nicht mehr dort aufgeführt. Das bedeutet im Umkehrschluss, dass man nunmehr Innendämmungen hinsichtlich ihrer Dämmwirkung frei planen bzw. dimensionieren kann. Die Intention dieses Fortfalls aus der EnEV ist sicherlich so zu verstehen, dass eine erforderliche Dämmwirkung nach dem Bauteilverfahren bauphysikalisch oft nicht die beste Lösung darstellt. Innendämmungen erzielen ihre beste Wirksamkeit mit den ersten 6 bis 8 cm Dämmdicke. Darüber hinaus verringert sich das mögliche Energieeinsparpotenzial ähnlich einer Hyperbel, d. h., es wird immer geringer. Diese Tatsache widerspricht aber den früheren Regelungen der Dämmstärken von Innendämmungen im Bauteilverfahren der früheren Ausgaben der EnEV. War man damals quasi gezwungen, bei Anwendung einer Innendämmung eine sehr große Dämmdicke auswählen zu müssen, ist dem seit 2014 nicht mehr so. Innendämmungen können heute praktisch frei geplant werden.

Die Ausführungen dieses Buches setzen im Prozess der Entstehung einer Innendämmung nach der planerischen Festlegung ihrer energetischen Qualität an. Die bauordnungsrechtlichen Vorschriften oder der Umfang der bei einer Baumaßnahme insgesamt geplanten energetischen Maßnahmen machen jede Baumaßnahme zu einer individuellen. Dieses Buch setzt sich daher nicht mit den damaligen Forderungen der EnEV oder des Gebäudeenergiegesetzes (GEG) auseinander. Dies war und bleibt Gegenstand anderer Fachliteratur.

1.2.2 Innendämmung selbst als System

Komplettsysteme

Die Innendämmung ist nicht nur Bestandteil eines Bauteilsystems, sondern jede Innendämmung selbst ist ein System und besteht aus der Dämmung und einer zugehörigen Oberflächenbeschichtung. Hinzu kommen Zubehörprodukte, die für die Ausbildung von luftdichten Bauteilanschlüssen erforderlich sind. Derartige Systeme sind im Fachhandel oder sogar in Baumärkten erhältlich. Der Vorteil dieser Komplettsysteme ist, dass die einzelnen Bestandteile aufeinander abgestimmt sind. Der Hersteller hat die Verträglichkeit der einzelnen Komponenten miteinander festgestellt, meist in eigenen Prüfungen, und gibt für jedes seiner Systeme auch in aller Regel einen bestimmten Einsatzbereich an. Er liefert eine Montageanleitung mit Bildern, sodass auch einigermaßen versierte Heimwerker in der Lage sind, ein solches System einzubauen. Ob diese dabei imstande sind, die einzubauende Innendämmung auch bauphysikalisch zu beherrschen, bleibt offen und wird auch in Baumärkten oder sonstigen Verkaufsstellen für private Endverbraucher nicht wirklich thematisiert.

Eine Innendämmung kann aber auch unabhängig von Komplettsystemen zusammengestellt werden. Dazu sind dann allerdings weitreichende Kenntnisse der Baustoffe und ihrer Eigenschaften sowie der relevanten Normen und Regeln erforderlich, die nur bei einem versierten Planer oder Fachunternehmer vorausgesetzt werden können.

Abb. 1.3: Moderne Innendämmungen werden vollflächig geklebt. (Quelle: Sto AG, Stühlingen)

Konstruktionsmöglichkeiten

Bei der Betrachtung der Konstruktionsmöglichkeiten für eine Innendämmung soll hier der häufigste Anwendungsfall **Außenwand** im Vordergrund stehen. Grundsätzlich wird unterschieden zwischen

- Innendämmungen aus **Beschichtungen** (Wärmedämmputze, Lehmpackungen usw.),
- Innendämmungen als **Vorsatzschalen in Trockenbauweise**, d. h. mit Unterkonstruktion, Dämmstoff und Bekleidung, sowie
- Innendämmungen als **plattenförmige Bekleidungen**, die auf eine vorhandene Innenseite eines Bauteils aufgebracht, meist geklebt, und dann mit einer Putzbeschichtung versehen werden.

Neuerungen

Was heute im Bereich Innendämmung eingebaut wird, ist konstruktiv kein Neuland, sondern allgemein anerkannte Regel der Technik. Die Neuerungen, die sich aus der immer größer werdenden Dämmwirkung moderner Innendämmungen ergeben haben, betreffen die bauphysikalische Ebene und haben dann selbstverständlich auch Auswirkungen auf die Konstruktionen der Innendämmungen:

- Während in den 1970er-Jahren Gipskarton-Verbundplatten noch weitestgehend mit einzelnen Kleberbatzen an die vorhandenen Wände geklebt wurden, ist heute bekannt, dass aufgrund der möglichen Hinterlüftung von Dämmplatten nur ein vollflächiger Kleberauftrag bauphysikalisch korrekt ist (Abb. 1.3).

- Früher wurden Vorsatzschalen in Trockenbauweise noch regelmäßig ohne dampfbremsende oder dampfsperrende Schicht ausgeführt. Heute ist dies bei modernen Dämmstoffdicken nur noch mit einem entsprechenden Nachweis möglich.

Hinweis

> Hygrothermische Simulationsberechnungen, die Zustände in einem Bauteil simulieren (siehe Kapitel 2.2.4.2), können zur Überprüfung eingesetzt werden, ob eine gewählte Konstruktion in das Gesamtsystem passt. Gegebenenfalls ist die Notwendigkeit des Modifizierens einer geplanten Konstruktion das Ergebnis.

1.3 Bauphysikalische und praktische Risiken

1.3.1 Bauphysikalische Risiken

Bauteilschichten

Die bauphysikalischen Risiken, die sich durch die Montage einer Innendämmung ergeben können, lassen sich am anschaulichsten darstellen, wenn die einzelnen Bauteilschichten der **neuen Konstruktion** betrachtet werden und überprüft wird, welche temperatur- oder feuchtetechnischen Einflüsse darauf jeweils einwirken.

Hinweis

> Wichtig für den Fachunternehmer ist neben der Kenntnis der allgemein anerkannten Regeln der Technik auch das für die Ausführung von Innendämmungen notwendige **bauphysikalische Grundwissen**. Dieses Grundwissen findet sich nicht in konzentrierter und aufgearbeiteter Form, sondern ist über viele Stellen verstreut, z. B. in Lehrbüchern, Normen und Richtlinien. Daher wird in den folgenden Kapiteln der notwendige bauphysikalische Wissensstand zum Thema Innendämmung dargestellt, der von einem Fachunternehmer erwartet werden kann, und für den Bereich Innendämmung auch angewendet.

Außenseite des Bauteils

Wasseraufnahme der Außenseite

Bei der Außenseite eines innen zu dämmenden Bauteils muss die Tatsache berücksichtigt werden, dass alle außerhalb der Innendämmung befindlichen Bauteilschichten **ins Kalte verlagert** werden. Die Außenseite des gedämmten Bauteils profitiert nach dem Aufbringen einer Innendämmung nicht mehr so stark wie vorher von der durch das Bauteil fließenden Wärmeenergie. Durch die Absenkung der Temperatur in der Außenseite des Bauteils verzögert sich die Trocknung nach einem Schlagregen (Abb. 1.4). Die hinter der Innendämmung liegenden Bauteilschichten werden quasi „vor die Tür gesetzt“. Das erste bauphysikalische Risiko besteht daher in der Wasseraufnahme der Außenseite und der notwendigen Trocknung der aufgenommenen Wassermenge, die nun nicht mehr in dem Umfang wie vorher von innen unterstützt wird.

Feuchteempfindlichkeit der Baustoffe

Die Maßgaben des Schlagregenschutzes nach DIN 4108-3 „Wärmeschutz und Energie-Einsparung in Gebäuden – Teil 3: Klimabedingter Feuchteschutz; Anforderungen, Berechnungsverfahren und Hinweise für Planung

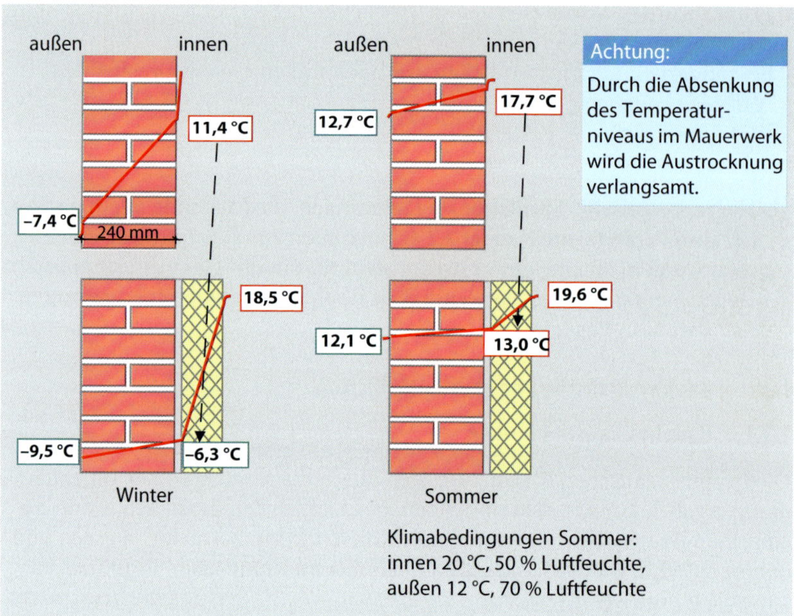

Abb. 1.4: Winterliches und sommerliches Temperaturniveau in Mauerwerk mit und ohne Innendämmung (Quelle: Knauf Aquapanel GmbH, Dortmund)

und Ausführung" (2018) sind daher zu überprüfen und die hierfür erforderlichen Parameter zu bestimmen (siehe Kapitel 2.1.2). Regendichte plattenförmige Bekleidungen sind in aller Regel günstiger als Außenputze. Wenn die Menge des **aufgenommenen Wassers** in den äußeren Bauteilschichten größer ist als das **Trocknungspotenzial** der zugeführten Feuchtemenge, kann es in Abhängigkeit von der kapillaren Leitfähigkeit der Baustoffe innerhalb mittelfristiger Zeiträume von 1 bis 3 Jahren zu deutlichen Auffeuchtungen der Konstruktion kommen. Ob dann ein Bauschaden entsteht, hängt im Wesentlichen von der Empfindlichkeit des vorhandenen Baustoffs ab. Massive Wandbildner, wie z. B. Ziegelmauerwerk, sind als feuchteunempfindlicher zu beurteilen als z. B. Fachwerkkonstruktionen. Aber auch bei relativ feuchteunempfindlichen Baustoffen ist es meist nur eine Frage der Zeit, bis aus einer hohen Feuchte ein Schaden entsteht. Ausblühungen, Algenbefall und Putzabplatzungen auf der Außenseite oder der Weitertransport der Feuchte bis auf die Innenseite der Konstruktion mit der Folge von Schimmelpilzwachstum sind dabei mögliche Schadensbilder (Abb. 1.5).

Hinzu kommen die aufgrund der durch die innen angebrachte Dämmung veränderten Verhältnisse hinsichtlich der temperaturbedingten Verformung der Außenseite des Bauteils wie auch der durch Quell- und Schwindverhalten der Baustoffe verursachten Bauteilbewegungen, die ein erhöhtes Risiko für die Bildung von Rissen in der Außenhaut bewirken. Durch derartige Risse, hauptsächlich in Putzbeschichtungen anzutreffen, wird wiederum der Feuchtetransport in das Bauteil gefördert.

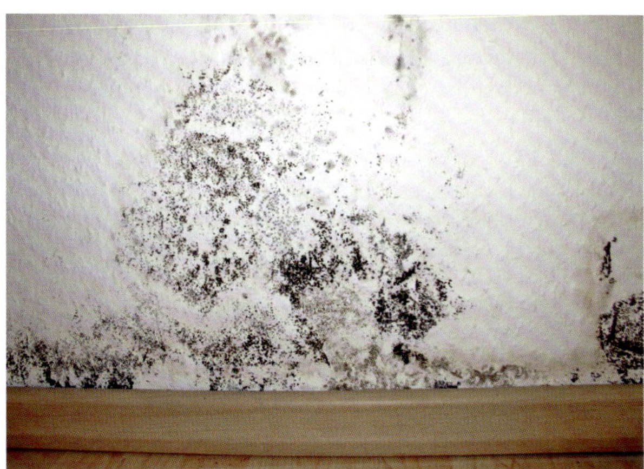

Abb. 1.5: Schimmelpilzbefall aufgrund von hoher Feuchte im Bauteil (Quelle: Xella International GmbH, Duisburg)

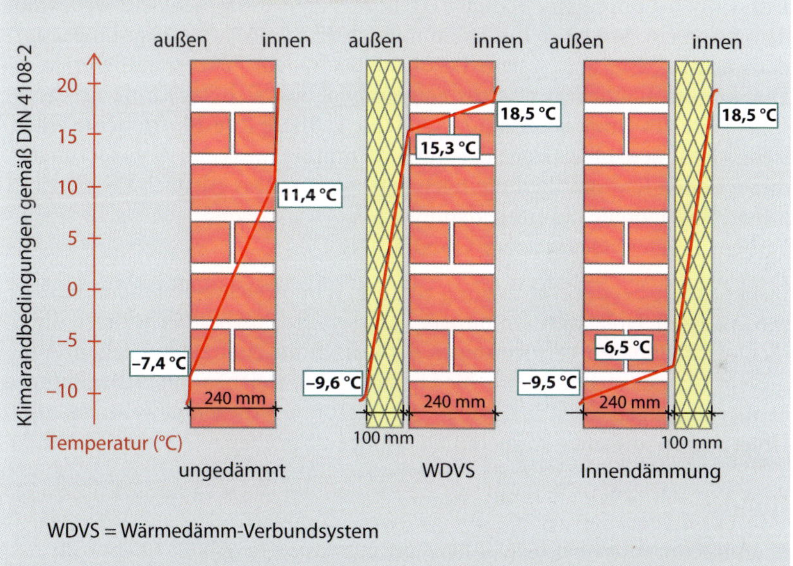

Abb. 1.6: Temperaturverlauf in ungedämmten, außen gedämmten und innen gedämmten Wänden bei winterlichen Temperaturverhältnissen (Quelle: Knauf Aquapanel GmbH, Dortmund)

Grenzschicht zwischen alter Innenoberfläche und Innendämmung

Risiko für Innenputz

An der Grenzschicht zwischen der ehemals inneren Wandoberfläche und der jetzt vorhandenen Innendämmung entsteht durch das Aufbringen der Innendämmung ein starker **Temperaturabfall** (Abb. 1.6). Häufig bewegt sich die Temperatur an dieser Grenzschicht im Winter nur noch um den Gefrierpunkt. Dadurch besteht in erster Linie ein Risiko für die Bauteilschicht, die hier bereits vorhanden ist, also in aller Regel für den Innenputz.

Es muss sorgfältig geprüft werden, ob der Innenputz den geänderten Bedingungen überhaupt gewachsen ist. Die beste Innendämmung wird nichts nutzen, wenn der Innenputz versagt, auf dem sie aufgebracht ist. Es muss also sichergestellt sein, dass in der Konstruktion verbleibende Innenputze oder Beschichtungen intakt und tragfähig sind sowie den geänderten Temperatur- und Feuchtebedingungen standhalten können.

Praxistipp

Schadhafte Innenputze müssen Sie grundsätzlich in Frage stellen. Auch der Baustoff des Putzes spielt eine entscheidende Rolle. Gips- oder Kalkputze sind mit Vorsicht zu betrachten, da sie den durch die Innendämmung verursachten niedrigeren Temperaturen und höheren Feuchtebelastungen nicht standhalten können.

Oberfläche der Innendämmung

Neue Raumluftbedingungen

Das dritte bauphysikalische Risiko stellt sich an der warmen Seite der Innendämmung ein. Mit einer Innendämmung bleibt die Wärme zwar länger auf der warmen Seite, aber warme Luft kann auch mehr Feuchte aufnehmen. Dies könnte möglicherweise zur Folge haben, dass sich das Klima auf der Innenseite des Bauteils verändert und eine **größere Raumluftfeuchte** entsteht. Die innere Oberfläche der Innendämmung muss den Anforderungen dieser neuen Raumluftbedingungen entsprechen. Das gilt auch für die einzelnen Bestandteile des Innendämmsystems, wie Putze, Spachtelschichten, Farben, Tapeten oder sonstige Oberflächen.

Insbesondere bei der Anbringung von sog. schubweichen Innendämmungen, also z. B. Holzfaserdämmungen, müssen die Putzbeschichtungen die nicht vermeidbaren Verformungen der Dämmung rissfrei überstehen. Aus diesem Grunde stellen gerade die Hersteller von weichen Innendämmungen in aller Regel geprüfte Putzsysteme zur Verfügung, die aus gewebearmierten Unterputzen und eher dünneren Oberputzen bestehen.

Hinweis

Auch die einzelnen Bestandteile des Innendämmsystems müssen zueinander passen. Bei einer diffusionsoffenen Innendämmung stellt z. B. ein diffusionsdichter Anstrich einen Ausführungsfehler dar.

Ausgleich energetischer Zustände

Weiterhin gilt es, die allgemeinen Grundsätze der Bauphysik zu beachten. Energetische Zustände wollen sich immer ausgleichen. Warm will zu kalt, feucht will zu trocken, das sind Grundlagen aus der Wärmelehre. Dem Wärmedurchgang durch das Bauteil wird die Wirkung der Innendämmung entgegengesetzt. Es muss aber auch der **Transport von Feuchte** durch das Bauteil beachtet werden, der sich ebenfalls nach dem Aufbringen der Innendämmung verändert. Der Transportmechanismus wird primär durch die Wasserdampfdruckunterschiede innen und außen ausgelöst (siehe Kapitel 3.1).

Bei der Prüfung, ob ein nach der Montage der Innendämmung stattfindender Transport von Feuchte durch das gedämmte Bauteil zu Schäden führen kann, müssen auch die veränderten Temperaturen der einzelnen Bauteilschichten berücksichtigt werden. Hierfür sind hygrothermische Simulationsberechnungen das fachlich richtige Mittel (siehe Kapitel 2.2.4.2).

Abb. 1.7: Schematische Darstellung eines Bestandsgebäudes mit monolithischen Außenwänden der Baustoffklasse A (nicht brennbar) nach DIN 4102-1 (Quelle: Xella International GmbH, Duisburg)

Hinweis

Eine stationäre Berechnung der anfallenden Tauwassermenge kann der Fachunternehmer ggf. auch selbst durchführen. In der Praxis wird dazu das sog. Glaser-Verfahren angewandt. Dieses Verfahren berücksichtigt aber ausdrücklich nicht die dynamisch ablaufenden Transportmechanismen der Feuchte innerhalb eines Bauteils, die durch kapillare Leitfähigkeit, Wasserspeicherfähigkeit und weitere bauphysikalische Besonderheiten von Baustoffen entstehen. Das Glaser-Verfahren ist daher **nicht** dafür **geeignet**, die **Feuchtesituation** einer Innendämmung erschöpfend zu beschreiben bzw. über längere Zeiträume darzustellen.

Brandschutz

Anforderungen an zu dämmendes Bauteil

Durch die Montage einer Innendämmung entsteht aus der vormals im Regelfall monolithischen Außenwand (Abb. 1.7) ein neues Bauteil: ein Kombinationsbauteil. Dies kann brandschutztechnisch dann relevant sein, wenn bei der Innendämmung Baustoffe der Baustoffklasse B (brennbar) nach DIN 4102-1 „Brandverhalten von Baustoffen und Bauteilen – Teil 1: Baustoffe; Begriffe, Anforderungen und Prüfungen“ (1998) verwendet werden. Es wird regelmäßig zu prüfen sein, ob an das zu dämmende Bauteil brandschutztechnische Anforderungen gestellt werden, insbesondere in bauordnungsrechtlicher Sicht. Die Anbringung einer Innendämmung **kann** die bestehende brandschutztechnische **Klassifizierung** des zu **dämmenden Bauteils verändern.**

Schallschutz

Resonanzfrequenz

Im Hinblick auf den Schallschutz entsteht durch die Montage einer Innendämmung ggf. ein **zweischaliges Bauteil**. Der Schallschutz von zweischaligen Bauteilen wird durch die Masse der beiden Schalen, deren Abstand voneinander und weiteren Faktoren bestimmt, auf die hier nicht näher eingegangen werden kann. Bei einer Innendämmung wird die Masse der neu eingebrachten Schicht in aller Regel deutlich geringer sein als die Masse des zu dämmenden Bauteils, was den Schallschutz über weite Teile des hörbaren Frequenzbereiches verbessert. Im Bereich der sog. Resonanzfrequenz kann sich jedoch eine deutliche Verschlechterung des Schallschutzes einstellen. Diese Resonanzfrequenz liegt zumeist im sehr tiefen Frequenzbereich, ist also für den subjektiv empfundenen Schallschutz oft nicht bedeutsam. Sobald aber eine Verschiebung der Resonanzfrequenz in den hörbaren Bereich stattfindet, entsteht eine **subjektiv** wahrgenommene **Verschlechterung** des Schallschutzes, die dann natürlich Grund für Regressansprüche sein kann. Es sollte also im Vorfeld überlegt werden, wie durch eine Änderung der Masse oder des Schalenabstandes eine günstige Lage dieser Frequenz zu erreichen ist.

Die Ermittlung der bei einer Innendämmung entstehenden Resonanzfrequenz bzw. die Kenntnis darüber, wie die Resonanzfrequenz zu ermitteln ist, kann nicht zu dem Bereich des beim Fachunternehmer vorauszusetzenden Fachwissens gezählt werden. Er muss aber diesen Sachverhalt grundsätzlich kennen und sollte die Angaben des Herstellers einfordern.

Hinweis

Im günstigsten Fall erfolgt im Rahmen des wärmeschutztechnischen Nachweises der geplanten Innendämmung gleichzeitig ein schallschutztechnischer Nachweis zumindest dahingehend, dass die Resonanzfrequenz des entstehenden neuen Bauteils geklärt wird. Sofern die Ausführung einer Vorsatzschale in Trockenbauweise vorgesehen ist, sollte der Fachunternehmer sich mit einem entsprechenden Hinweis gegenüber dem Bauherrn absichern, wenn keine Resonanzfrequenzbestimmung durchgeführt wurde. Macht er dies nicht, besteht zu einem späteren Zeitpunkt das Risiko eines Gewährleistungsmangels, da er als Fachunternehmer die Möglichkeit einer Verschlechterung des Schallschutzes kennen muss.

1.3.2 Praktische Risiken

Herstellerangaben einhalten

Die praktischen Risiken einer Innendämmung treten meistens im Bereich der **Montage** auf. Oft gibt es auch einen Zusammenhang mit den bauphysikalischen Risiken. So kann z. B. eine fachlich falsche Einschätzung eines vorhandenen Innenputzes verbunden mit der Entscheidung, diesen zu belassen, auch durch eine noch so gute Montage der Innendämmung nicht kompensiert werden. Die Montage der Innendämmung selbst sollte in erster Linie nach den Herstellerangaben erfolgen, die in der Einbaurichtlinie oder Montageanleitung vorgegeben sind (zu der Verwendbarkeit von Herstellerdetails siehe Kapitel 4.2). Die grundsätzliche Abfolge der Arbeitsschritte, die zeitliche Abfolge der Maßnahmen, die Bearbeitung der Materialien und die Verwendung von systemzugehörigem Material sollten unbedingt eingehalten werden.

Vorbehandlung des Untergrundes

Praktische Risiken entstehen häufig dadurch, dass bereits bei der Vorbehandlung des Untergrundes Fehler gemacht werden. Saugfähige Untergründe sind zumeist mit einer Grundierung zu behandeln und nicht tragfähige Untergründe zuerst fachgerecht instand zu setzen. Mögliche Fehlerquellen sind dabei die falsche Auswahl der Grundierung, ein fehlerhafter Auftrag der Grundierung und die Nichtberücksichtigung von erforderlichen Trocknungszeiten.

Kleberschicht

Ein weiteres Risiko birgt die Kleberschicht bei plattenförmigen Innendämmungen. Auf die Produktauswahl ist unbedingt zu achten. Aber auch bei der Verwendung eines systemzugehörigen Klebers kann eine fehlerhafte Verarbeitung die gesamte Innendämmung schädigen. Die vorgegebenen zeitlichen Abläufe sind einzuhalten. Ein häufig anzutreffender Ausführungsfehler besteht darin, dass bereits angerührter Kleber zu lange stehen bleibt und nach der Montage nicht mehr die gewünschte Klebekraft aufweist. Abfallende Dämmplatten sind dann die mögliche Folge.

Behandlung der Oberfläche

Auch bei der weiteren Behandlung der Oberfläche der Innendämmung können Probleme durch die fehlerhafte Auswahl von Beschichtungen, Putzen oder Farben entstehen. Plattenförmige Innendämmungen, die mit einer Putzbeschichtung ausgeführt werden, sind im Regelfall mit Bewehrungsgeweben und in vorgegebenen Schichtdicken auszuführen. Dabei sind die Herstellerangaben und die dort enthaltenen Arbeitsschritte zu beachten.

Wandhängende Lasten

Ein ganz banales praktisches Risiko außerhalb der Montage besteht darin, dass vom späteren Nutzer wandhängende Lasten befestigt werden und die Innendämmung dadurch nachhaltig beschädigt wird oder Wärmebrücken durch ungeeignete Befestigungsmittel entstehen. Der Auftraggeber sollte daher darauf hingewiesen werden, dass er mit Innendämmungen nicht so umgehen kann, wie er es von massiven Wandbaustoffen gewohnt ist.

Installationen

Schließlich stellen haustechnische Installationen im zu dämmenden Bauteil ein Risiko dar. Wenn sie im Zuge einer Innendämmung einfach vergessen werden und hinter der Innendämmung verbleiben, befinden sie sich im frostgefährdeten Bereich.

Fazit

> Die praktischen Risiken bei der Montage einer Innendämmung sollten nicht unterschätzt werden. Fehler können dazu führen, dass das Gesamtsystem letztlich versagt und Schaden nimmt. Hierfür wird dann in aller Regel zuerst der Fachunternehmer verantwortlich gemacht.
>
> Die in Kapitel 1.3 dargestellten bauphysikalischen und praktischen Risiken sollten als Herausforderung angenommen werden. Nur wer diese Risiken kennt und in seiner Projektarbeit darauf eingeht, kann dauerhaft schadensfrei arbeiten.

1.4 Rechtliche Hintergründe: das Problem des geschuldeten Erfolgs

Baumaßnahmen richtig einschätzen

Die nachfolgenden Ausführungen stellen keinen Ersatz für eine juristische Beratung dar. Sie sind aber für den Fachunternehmer von immenser Bedeutung, weil er sich im Baurecht so gut auskennen muss, dass er in der Lage ist, seine Baumaßnahmen richtig einzuschätzen und sicher abzuwickeln. Das **beim Fachunternehmer vorauszusetzende Fachwissen** bezieht sich auch auf den baurechtlichen Bereich. Ein Fachunternehmer muss sich mit den Begrifflichkeiten der allgemein anerkannten Regeln der Technik, seinen Prüfungs- und Hinweispflichten und auch mit grundlegenden rechtlichen Fragen auskennen, die im Zusammenhang mit der Ausführung seiner Bauleistungen auf ihn zukommen können.

1.4.1 Vertragsart

BGB oder VOB

Fachunternehmer sind verpflichtet, ihre Leistungen nach den Maßgaben des abgeschlossenen Bauvertrages herzustellen, also die **vertraglich geschuldete Leistung** zu erfüllen. Dies gilt bei Werkverträgen nach dem Bürgerlichen Gesetzbuch (BGB) genauso wie bei einem Vertrag nach der Vergabe- und Vertragsordnung für Bauleistungen (VOB). Der Unterschied in den beiden Vertragsarten besteht darin, dass beim BGB-Vertrag primär auf die Erfüllung des Vertrages verwiesen wird: Das Werk ist mangelfrei, wenn es dem Vertrag entspricht. Beim VOB-Vertrag wird zusätzlich der Begriff der **allgemein anerkannten Regeln der Technik** angesprochen: Die Bauleistung ist mangelfrei, wenn sie dem Vertrag entspricht und nach den allgemein anerkannten Regeln der Technik hergestellt ist. Aber auch beim BGB-Vertrag sind die allgemein anerkannten Regeln der Technik grundsätzlich einzuhalten, auch wenn sie nicht explizit erwähnt werden. Die Einhaltung dieser allgemein anerkannten Regeln der Technik wird im Baurecht als Mindeststandard vorausgesetzt und für die Einhaltung ist der Fachunternehmer verantwortlich. Deshalb muss er diese Regeln kennen.

1.4.2 Allgemein anerkannte Regeln der Technik

Definition

Allgemein anerkannte Regeln der Technik sind bautechnische Sachverhalte, die in Wissenschaft und Forschung als richtig erwiesen, in der Theorie und bei den meisten Baupraktikern bekannt sowie in der Baupraxis über einen angemessenen Zeitraum hinweg bewährt sind. Dieser angemessene Zeitraum wird von deutschen Gerichten in der Regel mit etwa 5 Jahren angegeben. Die Gründe hierfür sind:

- Neue Bauprodukte und neue Bauarten unterliegen mannigfaltigen Einflüssen. Sie können sich in der praktischen Erprobungsphase als doch nicht so geeignet für den vorgesehenen Einbauzweck herausstellen. Dann werden sie modifiziert oder gar komplett zurückgezogen.
- Ein Bauprodukt kann aus rein wirtschaftlichen Erwägungen des Herstellers einfach vom Markt verschwinden, wenn es sich nicht so gut verkauft.

Neue Bauprodukte und Bauarten

Vertragliche Vereinbarung

Da neue Bauprodukte und Bauarten (noch) nicht den allgemein anerkannten Regeln der Technik entsprechen, dürften sie eigentlich nie eingesetzt werden, würde es also keine Innovationen mehr geben. Das ist eine für den Fachunternehmer sehr bedeutsame Betrachtung, denn auf der einen Seite ist er rechtlich in der Pflicht, die allgemein anerkannten Regeln der Technik einzuhalten, auf der anderen Seite will er aber einen Auftrag erhalten, was die Anwendung neuer Bauprodukte oder Bauarten manchmal voraussetzt, oder erhält eine Leistungsbeschreibung, in der neue Bauprodukte oder Bauarten beschrieben sind. Diese Diskrepanz ist nur dadurch zu lösen, dass die Ausführung einer Leistung mit solchen Bauprodukten oder Bauarten explizit vertraglich vereinbart wird. Der Fachunternehmer muss also darauf hinweisen, wenn durch die Planung oder den Wunsch des Bauherrn solche Produkte oder Bauarten vorgesehen sind.

Gewährleistung

Neue Bauprodukte und Bauarten haben sich noch nicht über einen gewissen Zeitraum in der Praxis bewährt, von daher liegen auch noch keine langfristigen Erfahrungen damit vor. Wie soll ein Fachunternehmer eine Gewährleistung von 5 Jahren für ein Bauprodukt oder eine Bauart übernehmen, wenn es das Bauprodukt oder die Bauart erst seit ein paar Monaten auf dem Markt gibt? Der Fachunternehmer steht mit seiner Gewährleistung allein da und sollte immer daran denken, dass er die „Hürde“ der allgemein anerkannten Regeln der Technik nehmen muss. Der Fachunternehmer muss daher über eine Einschränkung seiner Gewährleistung nachdenken.

Praxistipp

Prüfen Sie stets, ob die geplante bzw. vorgesehene Leistung den allgemein anerkannten Regeln der Technik entspricht, sich also bereits seit mindestens 5 Jahren am Markt etabliert hat. Neue Bauprodukte und Bauarten sind für einen Fachunternehmer immer risikobehaftet. Sie sollten in jedem Fall daran denken, eine solche Ausführung vertraglich „auf sichere Füße“ zu stellen, also entsprechende Vereinbarungen mit Ihrem Auftraggeber zu treffen. Weisen Sie stets bei einem durch den Planer vorgegebenen Einsatz neuer Bauprodukte oder Bauarten auf diesen Umstand hin.

Hygrothermische Simulationsberechnungen als allgemein anerkannte Regel der Technik

Berechnung gibt Sicherheit

Der Erfolg einer Innendämmung wird nicht nur durch eine fachgerechte Ausführung der eigentlichen Bauarbeiten gewährleistet, sondern auch mittels einer für die nicht nachweisfreie Einbausituation erforderlichen hygrothermischen Simulationsberechnung (zu den nachweisfreien Innendämmungen siehe Kapitel 1.5). Die am Markt eingeführten rechnerischen Simulationsverfahren zählen für den Bereich Innendämmung eindeutig als allgemein anerkannte Regeln der Technik. Sofern eine eingebaute Innendämmung einen Bauschaden nach sich zieht und dann festgestellt wird, dass **keine** entsprechende **Berechnung** im Vorfeld durchgeführt worden ist, hat der ausführende Fachunternehmer ein großes Problem, insbesondere dann, wenn eine nachträglich angefertigte Berechnung zeigt, dass diese Konstruktion so gar nicht hätte ausgeführt werden dürfen. Wenn der Fachunternehmer direkt für den Bauherrn gearbeitet hat, gehören die Berechnungen in seinen Verantwortungsbereich und es können **gravierende Ersatzansprüche** an ihn entstehen. Ist ein Architekt oder ein sonstiger Fachmann eingeschaltet, hat der Fachunternehmer trotzdem eine Hinweispflicht bezüglich der fehlenden Berechnung und steht somit ebenfalls auf der Liste der möglichen Beklagten im Rahmen eines denkbaren Rechtsstreits. Seit 2014 existiert das WTA-Merkblatt 6-5 „Innendämmung nach WTA II“ (Wissenschaftlich-Technische Arbeitsgemeinschaft für Bauwerkserhaltung und Denkmalpflege e.V. [WTA], 2014), in dem der Nachweis von Innendämmsystemen mittels numerischer Berechnungsverfahren dargestellt ist.

Praxistipp

Schalten Sie einen Bauphysiker oder einen anderen Fachmann ein, der über eines der modernen Verfahren der hygrothermischen Simulationsberechnung verfügt oder aber Zugriff darauf hat. Oder wenden Sie sich an den Hersteller des von Ihnen gewählten Innendämmsystems mit der Bitte, er möge Sie mit einer hygrothermischen Simulationsberechnung unterstützen.

Gleich was Sie unternehmen, es entstehen in jedem Fall zusätzliche Kosten. Unterlassen Sie dennoch möglichst die Ausführung einer nicht nachweisfreien Innendämmung, ohne dass hierfür eine hygrothermische Simulationsberechnung angefertigt worden ist. Wer diese Berechnung letztlich durchführt und vor allen Dingen, wer sie bezahlt, unterliegt der Vertragsfreiheit der Parteien. Sie können eine derartige Berechnung zum Bestandteil Ihres Angebotes machen. Die Berechnung kann der planende Architekt bereits im Vorfeld in Auftrag gegeben haben oder Sie geben aufgrund Ihrer Einschätzung der baulichen Situation vor Ort dem Planer oder dem Bauherrn den Hinweis, dass die geplante Ausführung mit einer entsprechenden Berechnung nachgewiesen werden muss.

Hinweis

> Die allgemein anerkannten Regeln der Technik sind nicht unveränderlich. Regeln werden weiterentwickelt. Wie die Konstruktionsprinzipien sind auch die allgemein anerkannten Regeln der Technik Änderungen unterworfen. Gerade im Bereich Innendämmung sind die allgemein anerkannten Regeln der Technik vor 20 Jahren kaum noch mit den heute geltenden Regeln zu vergleichen. Der Fachunternehmer ist daher verpflichtet, „am Ball zu bleiben“, z. B. durch Fachzeitschriften, Fachliteratur oder den Besuch von Seminaren oder Fachveranstaltungen. Das deckt sich auch mit der Erwartungshaltung der Rechtsprechung in Deutschland.

1.4.3 Mangel und Schaden

Schadenseintritt unerheblich für Mangel

Jegliche **Abweichung** der Arbeiten des Fachunternehmers von dem **Vertrag** oder von den **allgemein anerkannten Regeln der Technik** wird von einem Juristen als Mangel dargestellt. Dabei ist es für den Juristen vollkommen unbedeutend, ob bereits ein Schaden eingetreten ist oder die festgestellte

Abweichung jemals zu einem Schaden führen wird. Ihn interessiert ausschließlich die Tatsache der Abweichung. Das ist einem Praktiker nicht immer begreiflich zu machen, vor allem bei nur kleineren Vertragsabweichungen. Der Jurist bewertet jedoch nicht, ob die festgestellte Abweichung schwerwiegend ist oder ob sie zu einem Schaden führt. Ihm genügt das Risiko, dass es zu einem Schaden kommen kann. Deshalb sollte der Fachunternehmer den Vertrag und die allgemein anerkannten Regeln der Technik immer einhalten. Das senkt das Risikopotenzial seines unternehmerischen Handelns.

Gesamtbetrachtung des Systems

Unabhängig von der Vertragsart schuldet der Fachunternehmer dem Auftraggeber auch stets den **Erfolg** der Baumaßnahme. Eine nicht erfolgreiche Umsetzung stellt in erster Linie einen vertraglichen Mangel dar. Wird dieser erst zu einem späteren Zeitpunkt erkannt, handelt es sich in der Regel um einen Bauschaden. Wenn der Fachunternehmer eine Bauleistung ausführt, muss er dies nicht nur nach dem Vertrag und den allgemein anerkannten Regeln der Technik tun, sondern auch gleichzeitig sein Fachwissen in den Dienst des Erfolges der Gesamtmaßnahme stellen. Für den Bereich der Innendämmung bedeutet dies, dass er sich nicht kategorisch auf das Anbringen der Innendämmung zurückziehen kann. Er muss vielmehr mit dem Fachwissen, dass bei einem Fachunternehmer vorausgesetzt werden kann, eine Gesamtbetrachtung des Systems vornehmen und alle Einflüsse auf das mit seiner Innendämmung veränderte Bauteil bewerten. Er sollte sich nicht darauf verlassen, dass dies ein anderer für ihn tut. Tritt an einer verbauten Innendämmung ein Mangel oder noch schlimmer ein Bauschaden auf, wird er darlegen müssen, dass er neben der Erfüllung des Vertrages als Hauptpflicht auch die allgemein anerkannten Regeln der Technik eingehalten hat und außerdem seiner Hinweispflicht als Fachunternehmer nachgekommen ist.

Hinweis

Die **Hinweispflicht** (siehe Kapitel 5.2.2) nimmt bei der Thematik Innendämmung einen immer größer werdenden Stellenwert ein. Von einem Fachunternehmer, der sich mit Innendämmungen beschäftigt, wird erwartet, dass er sich mit den bei Innendämmungen relevanten bauphysikalischen Mechanismen auskennt.

Selbstverständlich kann es auch der Fall sein, dass sich der Erfolg einer Baumaßnahme aus Gründen, die der Fachunternehmer nicht zu vertreten hat, nicht einstellt, z. B. wenn es um Fachwissen anderer Gewerke oder bauphysikalische Besonderheiten geht.

Bei Streitigkeiten wird es sich aber für den Fachunternehmer in jedem Fall um die Fragestellung drehen, ob er das von ihm zu erwartende Fachwissen eingesetzt hat.

1.4.4 Gewährleistung

4 bis 5 Jahre

Für die erbrachte Leistung steht der Fachunternehmer in der Gewährleistung: 4 Jahre nach den Bestimmungen der VOB Teil B (VOB/B) und 5 Jahre nach dem BGB. Es darf allerdings die Frage erlaubt sein, ob ein schwerwiegender bautechnischer Fehler bei der Ausführung einer Innendämmung, der erst nach 6 Jahren entdeckt wird, dann bereits verjährt ist.

Versteckte Schäden

Ausführungsfehler bei Innendämmungen führen meistens zuerst zu versteckten Schäden. Die kritische Bauteilschicht ist die Ebene hinter der Innendämmung. Von da aus dauert es unter Umständen einige Jahre, bis sich die hier entstandene Feuchte weiter ausgebreitet und zu Folgeschäden geführt hat. Solche Schäden können für den Fachunternehmer ein riesiges Problem darstellen, denn die entstehenden Sanierungs- und Folgekosten können regelrecht explodieren.

Hohe Sanierungskosten

Die geschädigten Bereiche müssen in der Regel komplett geräumt werden; die Nutzer ziehen aus und werden ggf. im Hotel untergebracht. Die gesamte Konstruktion muss abgerissen, getrocknet und erneuert werden, der gesamte Innenausbau wieder hergestellt werden. Dies ist kein Schreckensszenario, sondern im Schadensfall bei Innendämmungen leider die Realität. Ist an der Außenseite eines Bauteils ein Ausführungsfehler oder Schaden vorhanden, kann dieser in aller Regel unabhängig von den Nutzern und mit eingrenzbaren Aufwendungen beseitigt werden. Bei einem Schaden auf der Innenseite sind deutlich größere Aufwendungen zur Beseitigung des Schadens erforderlich.

1.4.5 Rechtssituation in der Praxis

Hinweispflicht

Im Rahmen eines Rechtsstreits wird der Sachverständige danach befragt, ob der Fachunternehmer sein Fachwissen in den Dienst des Erfolges der Gesamtmaßnahme gestellt hat. Neben den Tatsachenfeststellungen, ob eine bestimmte vertraglich vereinbarte Innendämmung auch eingebaut oder eine bestimmte Arbeitsweise eingehalten wurde, wird dann auch stets die Frage nach der Einhaltung der allgemein anerkannten Regeln der Technik gestellt. Versierte Anwälte verbinden diese Frage zusätzlich mit der Frage an den Sachverständigen, wer denn aufgrund seines Fachwissens zu welchem Zeitpunkt der Baumaßnahme einer bestimmten Hinweispflicht hätte nachkommen müssen. Dabei können 2 unterschiedliche Konstellationen auftreten:

- Der erste Fall entsteht, wenn sich der Bauherr durch einen Fachmann, also z. B. einen Architekten, vertreten lässt. In einem solchen Fall lastet die Hinweispflicht natürlich auf mehreren Schultern, denn auch vom Planer wird erwartet, dass er die Fehlerhaftigkeit einer geplanten oder gerade in der Ausführung befindlichen Innendämmung aufgrund des bei ihm vorauszusetzenden Fachwissens jederzeit erkennt. Aber der Bauherr kann wegen der im Bauwesen üblichen **gesamtschuldnerischen Haftung** jeden beliebigen Baubeteiligten in einen Rechtsstreit zwingen und das muss nicht zwangsläufig der Architekt sein. Wenn der Fachunternehmer der Beklagte ist, kann er zwar im Rahmen eines Rechtsstreits den möglichen anderen Beteiligten den Streit erklären. Dann sind die Erkenntnisse aus dem Rechtsstreit auch für diese bindend. Ob er aber bei einem für ihn negativen Ausgang des Rechtsstreits, bei dem die Pflicht zur Regulierung eines Schadens nur bei ihm liegt, bei den anderen Beteiligten die bindenden Wirkungen aus dem Rechtsstreit auch in eine finanzielle Beteiligung umwandeln kann, ist dann noch eine offene Frage.

- Der andere Fall entsteht, wenn der Fachunternehmer im Rahmen seiner Tätigkeit für den Bauherrn direkt arbeitet (und dieser möglicherweise bautechnischer Laie ist). Das kommt in der Praxis sehr häufig vor und hat für den Fachunternehmer noch weiter reichende Folgen. Denn dann ist er auch der Planer, trägt also die **Gesamtverantwortung**. Dies wird in der Praxis offensichtlich unterschätzt. Bei der Betrachtung der bauphysikalischen Nachweismöglichkeiten für Innendämmungen wird schnell deutlich, dass diese Nachweise von einem Fachunternehmer nicht mehr selbst geleistet werden können. Er wird also Hilfe benötigen, insbesondere dann, wenn es sich nicht um eine nachweisfreie Lösung handelt.

1.5 Regelwerk

Vorauszusetzendes Fachwissen

Ein Fachunternehmer muss nicht sämtliche Normen oder Regeln kennen, die es in seinem Handwerk gibt. Insbesondere muss er nicht denselben Kenntnisstand wie Sachverständige oder Fachleute aus dem bauphysikalischen Bereich besitzen. Er muss aber die für sein Handwerk grundlegenden Normen und Regeln so weit kennen, dass er seine Leistungen einwandfrei ausführen kann. Er muss weiterhin seine Kenntnisse so gut einschätzen können, dass er seine Grenzen kennt und weiß, wann er entweder Bedenken gegen eine geplante Maßnahme äußern oder aber Hinweise aus fachlicher Sicht erteilen muss. Nachfolgend soll daher das Regelwerk für Innendämmungen so dargestellt werden, wie es bei einem Fachunternehmer als Fachwissen vorauszusetzen ist.

1.5.1 Energieeinsparverordnung (EnEV)

Bilanz- und Bauteilverfahren

Die Energieeinsparverordnung (EnEV) Fassung (2014) beschreibt in Form eines sog. Bilanzverfahrens den energetischen Haushalt eines Bauwerks. Hierbei werden sämtliche Aspekte des Energiegewinns (z. B. solare Einstrahlung) und des Energieverlustes (z. B. Transmissionswärmeverlust) sowie die Anlagentechnik des Gebäudes betrachtet. Alternativ zu diesem Bilanzverfahren gibt es auch das Bauteilverfahren nach EnEV, Anlage 3, in dem für die in einem Bauwerk üblicherweise anzutreffenden Bauteile Mindestanforderungen an den Wärmeschutz gestellt werden. Die EnEV ist im Internet unter **www.enev-online.de** kostenlos erhältlich. Dort sind auch weitere Informationen über den Stand der Entwicklung verfügbar.

Durch den Entfall der Innendämmungen aus der Fassung 2014 der EnEV sind Anwender nicht mehr gezwungen, sich bei Innendämmungen an die Forderungen an die *U*-Werte aus dem Bauteilverfahren zu halten, Innendämmungen sind daher in ihrer Dämmwirkung dem Grunde nach frei planbar und können von einer minimalen Korrektur der inneren Oberflächentemperaturen bis zu Dämmdicken von 10 cm und mehr reichen.

Trotzdem kann man die Festlegungen der EnEV 2014 selbstverständlich als Darstellung dessen annehmen, was energetisch möglich ist und dem Grunde nach bei Neubauten realisiert werden soll. Für Innendämmungen sind daher die Anmerkungen dieses Buches, bei denen auf die EnEV Bezug genommen wird, als Empfehlung oder Hinweis zu sehen.

1.5.2 Normenreihe DIN 4108 „Wärmeschutz und Energie-Einsparung in Gebäuden"

Bauphysikalische Grundnorm

Die Normenreihe DIN 4108 stellt eine bauphysikalische Grundnorm dar, die vom Umfang her ein eigenes Buch füllen würde. Die wichtigsten Teile für das Thema Innendämmung sind:

- DIN 4108-2 „Wärmeschutz und Energie-Einsparung in Gebäuden – Teil 2: Mindestanforderungen an den Wärmeschutz" (2003),
- DIN 4108, Beiblatt 2 „Wärmeschutz und Energie-Einsparung in Gebäuden – Wärmebrücken – Planungs- und Ausführungsbeispiele" (2006),
- DIN 4108-3 „Wärmeschutz und Energie-Einsparung in Gebäuden – Teil 3: Klimabedingter Feuchteschutz; Anforderungen, Berechnungsverfahren und Hinweise für Planung und Ausführung" (2018),
- DIN 4108-7 „Wärmeschutz und Energie-Einsparung in Gebäuden – Teil 7: Luftdichtheit von Gebäuden – Anforderungen, Planungs- und Ausführungsempfehlungen sowie -beispiele" (2011).

Luftdichtheit

In DIN 4108-2 wird festgestellt, dass Außenbauteile luftdicht nach den allgemein anerkannten Regeln der Technik auszuführen sind. **Wärmeverluste** durch ungewollte Luftströmungen von der warmen zur kalten Seite eines Bauteils können große Energieverluste darstellen. Die erforderlichen Maßnahmen für eine luftdichte Ausführung werden in DIN 4108-7 detailliert beschrieben.

Hygienischer Feuchteschutz

DIN 4108-2 stellt ebenfalls fest, dass **Wärmebrücken** nach DIN 4108, Beiblatt 2, ausgeführt werden sollten. Dadurch soll der Mindestwärmeschutz so dimensioniert werden, dass ein hygienischer Feuchteschutz gewährleistet ist, d. h., ein Wachstum von Schimmelpilzen soll vermieden werden. Die in DIN 4108, Beiblatt 2, dargestellten Ausführungsvorschläge für Wärmebrücken haben den Vorteil, dass sie **keinen weiteren Nachweis** erfordern. Alle anderen Ausführungen im Bereich von Wärmebrücken müssen in Bezug auf Schimmelpilzkriterien nachgewiesen werden.

Tauwasserausfall

In DIN 4108-3 werden für den Bereich der Innendämmung sehr wichtige Aussagen getroffen. Da Innendämmungen auch immer einen möglichen Tauwasserausfall betreffen, werden hier Hinweise für die Ausführung und die Bemessung von Innendämmungen gegeben. Auch diese Ausführungen basieren auf dem Grundgedanken, **nachweisfreie** und trockene Baukonstruktionen als normativ geregelte Standardleistung zu beschreiben.

Mauerwerk oder Beton

Für Innendämmungen, die auf Mauerwerk oder Beton aufgebracht werden, wird ein maximaler Wärmedurchlasswiderstand R von 1,0 $m^2 \cdot K/W$ bei gleichzeitigem Einhalten einer wasserdampfdiffusionsäquivalenten Luftschichtdicke s_d (kurz: s_d-Wert) von mindestens 0,5 m zugelassen. Der maximale Wärmedurchlasswiderstand R entspricht einer Dämmstoffdicke von 4 cm bei einem Dämmstoff mit der Wärmeleitfähigkeit λ von 0,04 W/(m · K). Durch die zumindest moderate dampfbremsende Wirkung des Dämmstoffs soll ein Feuchteeintrag in die Konstruktion verhindert werden.

Holzwolle-Leichtbauplatten

Alternativ ist eine Innendämmung auf Mauerwerk oder Beton auch nachweisfrei mit Holzwolle-Leichtbauplatten nach DIN EN 13168 „Wärmedämmstoffe für Gebäude – Werkmäßig hergestellte Produkte aus Holzwolle

(WW) – Spezifikation“ (2013) möglich, wenn der Wärmedurchlasswiderstand R 0,5 m^2 · K/W nicht überschreitet. Aufgrund der diesem Baustoff eigenen Charakteristika ist bei dieser Ausführung kein Nachweis des s_d-Wertes erforderlich.

Holzfachwerkwände

Für Holzfachwerkwände mit Luftdichtheitsschicht werden Innendämmungen normativ freigegeben, wenn der Wärmedurchlasswiderstand R 1,0 m^2 · K/W nicht überschreitet und der s_d-Wert zwischen 1,0 und 2,0 m liegt. Dies entspricht wiederum einer Dämmstoffdicke von 4 cm bei einem Dämmstoff mit der Wärmeleitfähigkeit λ von 0,04 W/(m · K).

Hinweis

Die in DIN 4108-3 angegebenen Werte beziehen sich auf das Gesamtsystem der Innendämmung, also auf die Dämmung einschließlich eventueller Beschichtungen, Putze oder Bekleidungen.

Nachweisfreiheit

Bei den **nachweisfreien Innendämmungen nach DIN 4108-3** stellt sich die Situation für den Fachunternehmer relativ entspannt dar. Da der Grad der Verbesserung des Wärmeschutzes beschränkt wird, erhält die zu dämmende Konstruktion immer noch einen Teil der Wärmeenergie, die im Winter von innen nach außen strömt und somit Feuchte im Bauteil trocknet. Aus diesem Grunde sind diese Maßnahmen nachweisfrei. Eine umfassende Bewertung der feuchtetechnischen Verhältnisse in der Gesamtkonstruktion kann entfallen.

Praxistipp

Zur Sicherheit sollten Sie auch bei nachweisfreien Innendämmungen zumindest überschlägig die Verhältnisse auf der Außenseite des Bauteils erfassen und bei dort vorhandenen deutlichen Schäden Ihrer Hinweispflicht nachkommen.

Fazit

Für den Fachunternehmer ist es wichtig zu wissen, dass eine Innendämmung stets **luftdicht** ausgeführt werden muss.

Für bestimmte Fälle gibt es **nachweisfreie** Möglichkeiten, eine Innendämmung auszuführen. Mit diesen Ausführungen sind die Forderungen der EnEV allerdings noch lange nicht eingehalten, denn mit 4 cm Dämmstoffdicke sind die dort hinterlegten Werte der Wärmedämmung nicht zu erzielen. Aber es sind zumindest Regeln für moderat wirkende Innendämmungen vorhanden. Auch eine 4 cm dicke Dämmstoffschicht senkt bereits spürbar den Bedarf an Heizenergie.

Schlagregenschutz

Eine weitere für die Innendämmung wichtige Regelung in DIN 4108-3 betrifft den Schlagregenschutz von Außenwänden. Die Regionen in Deutschland werden den sog. Schlagregenbeanspruchungsgruppen I, II und III zugeordnet (siehe Kapitel 2.1.2). Für diese einzelnen Gruppen werden in DIN 4108-3 Forderungen an den Schlagregenschutz der Außenbauteile ge-

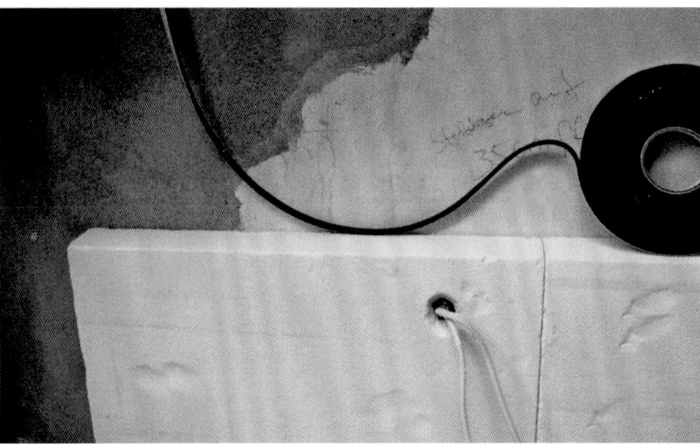

Abb. 1.8: Vorkomprimiertes Dichtungsband für die Anschlussbereiche (Quelle: Knauf Aquapanel GmbH, Dortmund)

stellt, der sich im Regelfall durch die äußere, dem Wetter zugewandte Bauteilschicht ergibt. Für den Fachunternehmer ist es wichtig zu wissen, dass die Schlagregenbeanspruchung in Deutschland **regional unterschiedlich** ist. Der Fachunternehmer muss die grundsätzliche Situation des zu dämmenden Bauteils nach den Bestimmungen in DIN 4108-3 klären und den vorhandenen Schlagregenschutz überprüfen.

Luftdichte

In DIN 4108-7 wird bei der Ausführung einer luftdichten Schicht grundsätzlich unterschieden zwischen

- einer **luftdichten** plattenförmigen **Bekleidung** oder Folie und
- den **Anschlüssen** bzw. Überlappungen dieser Bekleidung oder Folie.

Plattenförmige Bekleidungen

Beides ist luftdicht auszuführen, damit die Forderungen der EnEV eingehalten werden können. Für Innendämmungen, die ebenfalls luftdicht auszuführen sind, werden in DIN 4108-7 wichtige Randbedingungen dargestellt. Plattenförmige Bekleidungen können selbst die Funktion einer luftdichten Schicht übernehmen oder aber sie werden innenseitig verputzt bzw. beschichtet und sind dann in der Fläche luftdicht.

Luftdichte Anschlüsse

Die Anschlüsse an die begrenzenden Bauteile werden in der Regel mit **vorkomprimierten Dichtungsbändern** ausgeführt (Abb. 1.8). Dabei ist eine ausreichende Komprimierung zu gewährleisten. Bei der Ausführung von nicht vermeidbaren Durchdringungen (z. B. Steckdosen) ist darauf zu achten, dass auch diese luftdicht sind (z. B. durch Verwendung von luftdichten Hohlwanddosen, siehe Kapitel 4.3).

Hinweis

> Die Hersteller von Innendämmsystemen berücksichtigen in ihren Verarbeitungsrichtlinien oder Einbauanleitungen zumeist die grundsätzlichen Anforderungen von DIN 4108-7, auch wenn nicht immer klar herausgestellt wird, wie wichtig diese Regelungen sind.

1.5.3 WTA-Merkblatt 6-4-16/D „Innendämmung nach WTA I: Planungsleitfaden"

Hohes erreichbares Dämmniveau

Das WTA-Merkblatt 6-4-16/D (WTA, 2016) der Wissenschaftlich-Technischen Arbeitsgemeinschaft für Bauwerkserhaltung und Denkmalpflege e. V. (WTA) ist eine allgemein anerkannte Regel der Technik. Im WTA-Merkblatt

6-4-16/D werden die für das Thema Innendämmung maßgeblichen bauphysikalischen Mechanismen untersucht und in einer Tabelle unter bestimmten Voraussetzungen **nachweisfreie Innendämmungen** dargestellt. Wie dies im Einzelnen baupraktisch umzusetzen ist, wird in Kapitel 5.4.2 näher erläutert. Das nach dem WTA-Merkblatt 6-4-09/D erreichbare Dämmniveau liegt über dem Standard der DIN 4108-3. Nachweisfreie Innendämmungen bis zu einer Dicke von 10 cm bei einer Wärmeleitfähigkeit λ des Dämmstoffs von 0,04 W/(m · K) sind danach möglich. Auch im WTA-Merkblatt 6-4-09/D wird wie in DIN 4108-3 eine Abhängigkeit vom s_d-Wert definiert und zusätzlich die Wasseraufnahmefähigkeit der Außenseite „ins Spiel gebracht".

1.5.4 RAL-GZ 964 „Innendämmung – Gütesicherung"

Auch Montage „gütegesichert"

Das Gütezeichen RAL-GZ 964 (RAL, 2013) des RAL Deutschen Instituts für Gütesicherung und Kennzeichnung e. V. ist eine Richtlinie für Innendämmungen und gehört ebenfalls zu den allgemein anerkannten Regeln der Technik. Neu am Gütezeichen RAL-GZ 964 ist die Tatsache, dass es für die **am Objekt eingebaute Innendämmung** verliehen wird und nicht nur für die gelieferten Baustoffe oder Bausätze gilt. Somit wird also auch die Montage der Innendämmung „gütegesichert". Das Gütezeichen wird auf Antrag verliehen und beinhaltet Anforderungen an die Herstellung der Dämmstoffe, die Ausführung und die Dokumentation der Maßnahme. Für den Endverbraucher soll es ein Qualitätssiegel sein, das die Umsetzung von dem kennzeichnen soll, was in der Praxis als allgemein anerkannte Regel der Technik angesehen wird (siehe auch Kapitel 5.4.1).

Praxistipp

Sie sollten sich sorgfältig mit den Bestimmungen des RAL-GZ 964 auseinandersetzen, wenn eine Innendämmung mit diesem Qualitätssiegel ausgeführt werden soll, denn diese Bestimmungen betreffen nicht nur das zu leistende Soll, sondern auch die Ausführung.

Fazit

Das in Kapitel 1.5 dargestellte Regelwerk ist das, was als allgemein anerkannte Regeln der Technik für Innendämmungen gelten kann. Jeder Fachunternehmer, der mit Innendämmungen beschäftigt ist, sollte sich in einem gebotenen Maß mit diesen Regeln näher auseinandersetzen.

Weitere Regeln oder Merkblätter zur Innendämmung sind zwar durchaus vorhanden, aber nicht zwangsläufig in den Status der allgemein anerkannten Regeln der Technik einzuordnen. Die weiteren Veröffentlichungen zum Thema Innendämmung lassen sich auf die grundsätzlichen Forderungen der Normenreihe DIN 4108 und die Erweiterungen im WTA-Merkblatt 6-4-09/D zurückführen.

2 Ist-Zustand und Soll-Zustand des Bauteils bzw. des Objektes

2.1 Ist-Zustand

Verlässliche Berechnungen

In diesem Kapitel werden die für die Planung und Ausführung einer Innendämmung zu erhebenden Daten und Fakten des zu dämmenden Bauteils bzw. des Objektes behandelt, die für eine Bewertung der Maßnahme nach den allgemein anerkannten Regeln der Technik notwendig sind. Die Daten dienen gleichzeitig als Grundlage für die hygrothermischen Simulationsberechnungen, denn nur mit objektspezifischen Daten lassen sich auch verlässliche Berechnungen durchführen. Die Ermittlung des Ist-Zustandes und die Bestimmung der sich hieraus ergebenden Folgen für die Auswahl und die Ausführung der geplanten Innendämmung sind eine planerische Leistung. Sie sind demzufolge zunächst einmal nicht die Aufgabe des Fachunternehmers; es sein denn, es gibt keinen Planer und der Unternehmer ist im direkten Vertragsverhältnis mit dem Bauherrn tätig. Ist dieser wiederum Baulaie, übernimmt der Unternehmer in diesem Sonderfall die Aufgabe des Planers automatisch mit.

2.1.1 Objektbezogene Daten und Fakten

Das Zusammentragen der objektbezogenen Daten und Fakten ist für die Einschätzung der baulichen Situation unbedingt erforderlich. Nur wer diese Daten ermittelt und die vorhandenen Beanspruchungen des Bauteils kennt, kann sich sinnvoll mit der Frage beschäftigen, welche Innendämmung für den jeweiligen Fall die passende Lösung ist.

Lage des Objektes

Regionale Schlagregenbeanspruchung

Zunächst einmal muss die **geografische Lage** des Objektes ermittelt werden, um Aussagen über die Schlagregen- und die Windbeanspruchung machen zu können. Deutschland wird nach DIN 4108-3 „Wärmeschutz und Energie-Einsparung in Gebäuden – Teil 3: Klimabedingter Feuchteschutz; Anforderungen, Berechnungsverfahren und Hinweise für Planung und Ausführung" (2024) in 3 Beanspruchungsgruppen für Schlagregen unterteilt (siehe Kapitel 2.1.2).

Einflüsse auf die Schlagregenbeanspruchung

Die an einem Objekt auftretenden Verhältnisse aus der **Windbeanspruchung** können eine bereits vorhandene Schlagregenbeanspruchung noch weiter intensivieren. Das trifft besonders auf die Fassadenseiten mit einer Westausrichtung zu, da hier die Beregnung einer Fassade durch den in Deutschland im Regelfall vorherrschenden Westwind am stärksten ist. Weiterhin ist zu bedenken, dass die Schlagregenbeanspruchungsgruppe III (Regenmenge > 800 mm/Jahr) nach oben hin nicht mehr weiter differenziert ist und die anfallende Regenmenge bei Objektlagen in den **Mittelgebirgen** (ab etwa 600 m über dem Meeresspiegel) gerade an den Westseiten noch deut-

Abb. 2.1: Die Konstruktionseigenschaften von Bestandsgebäuden mit altem Mauerwerk sind häufig nur annähernd bestimmbar. (Quelle: Xella International GmbH, Duisburg)

lich größer sein kann. Darüber hinaus spielt die **Höhe eines Gebäudes** bei der tatsächlich zu erwartenden Schlagregenbeanspruchung eine Rolle, da die Beanspruchung mit größerer Höhe exponentiell zunimmt.

Praxistipp

Vergleichen Sie die Bauteilsituationen in der näheren Nachbarschaft: Wie sind die Bauteile an der Außenseite aufgebaut, welche Einflüsse von außen sind feststellbar?

Fragen Sie Ihren Auftraggeber, ob er von bereits ausgeführten Innendämmungen in der Nachbarschaft weiß. Wenn sich dies bestätigt, vergleichen Sie die Konstruktion mit der von Ihnen geplanten Ausführung.

Konstruktion des Objektes

Baustoffe und Schichtdicken

Ebenfalls wichtig für eine fachlich einwandfreie Einschätzung des Ist-Zustandes ist die Ermittlung der vorhandenen Konstruktion mit ihren **bautechnischen Eigenschaften**. Auch wenn unter Umständen nicht zweifelsfrei geklärt werden kann, wie das zu dämmende Bauteil tatsächlich aufgebaut ist (Abb. 2.1), sollten zumindest die Baustoffe und deren Schichtdicken so weit ermittelt werden, dass eine Bewertung der vorhandenen Wärmedämmung annähernd möglich ist.

Eine zumindest überschlägige Berechnung des vorhandenen **Wärmedurchlasswiderstandes** R sollte unbedingt erfolgen. Hierzu werden die Schichtdicken und die jeweiligen Wärmeleitfähigkeiten λ der Baustoffe benötigt (bei älteren Bestandsgebäuden werden hier häufiger Annahmen zu treffen sein):

$$R = d : \lambda \text{ in } m^2 \cdot K/W \quad (2.1)$$

mit

d Schichtdicke des Baustoffs in m

λ Wärmeleitfähigkeit des Baustoffs in W/(m · K)

Die bei üblichen Baustoffen vorhandenen Werte für λ sind in DIN V 4108-4 „Wärmeschutz und Energie-Einsparung in Gebäuden – Teil 4: Wärme- und feuchteschutztechnische Bemessungswerte" (2020) angegeben.

Über den Wärmedurchlasswiderstand R der einzelnen Bauteilschichten kann dann anhand der Baustoffeigenschaften auch bewertet werden, inwieweit die Bauteilschichten zu einem kapillaren Transport von Feuchte beitragen. Außerdem sollte der Feuchtegehalt der Konstruktion gemessen werden. All dies dient der fachlichen Bewertung der individuellen Einbausituation und soll dafür sensibilisieren, ob es sich um eine anspruchsvolle Dämmmaßnahme handelt oder aber die Randbedingungen moderat sind.

Wärmebrückentypen

Abschließend sollte die Konstruktion des Objektes so weit erfasst werden, dass eine Bewertung von Wärmebrücken möglich ist. Es wird unterschieden zwischen

- stofflichen Wärmebrücken (Baustoffe mit schlechter Wärmedämmung),
- konstruktiven Wärmebrücken (aus speziellen baulichen Details entstehend) und
- geometrischen Wärmebrücken (z. B. Außenecken von Wänden).

Hinweis

Alle 3 Typen von Wärmebrücken sind im Bereich Innendämmung anzutreffen.

Energie fließt immer von der warmen zur kalten Seite, deshalb gibt es auch keine „Kältebrücken" (auch wenn dieser Begriff umgangssprachlich häufiger benutzt wird). Wenn ein Bauteil mit einer Innendämmung versehen wird, stellt dies für den unvermeidbaren Wärmestrom von warm nach kalt bildlich gesprochen eine **„Straßensperre"** dar. Die Wärme will aber trotzdem zur kalten Seite und wird sich ihre Wege über die **„Umleitungen"** suchen, die am Objekt möglich sind.

Bereiche mit Energieverlusten

Vor dem Aufbringen einer Innendämmung durchdringt der Wärmestrom das Bauteil mehr oder weniger gleichmäßig. Nach der Montage der Innendämmung ist in der Fläche kaum noch ein Wärmestrom möglich, deshalb wird im Bereich der Ränder bzw. der **Wärmebrücken** nun deutlich **mehr Energie abfließen**. Diese Bereiche können dadurch kälter werden. Es ist Aufgabe einer sach- und fachgerechten Planung, Wärmebrücken zu erfassen und sicherzustellen, dass dort die Oberflächentemperaturen kein Risiko für einen möglichen Tauwasserausfall bilden.

Wärmebrücken sind vor allem in Außenwände einbindende oder daran **anschließende Geschossdecken** und innere **Trennwände**. Weitere Wärmebrücken entstehen im Bereich von Fensteranschlüssen bzw. **Fensterlaibungen** und an darüber befindlichen **Rollladenkästen**. Auch der **Bodenbereich** einer geplanten Innendämmung sollte nicht außer Acht gelassen werden, denn

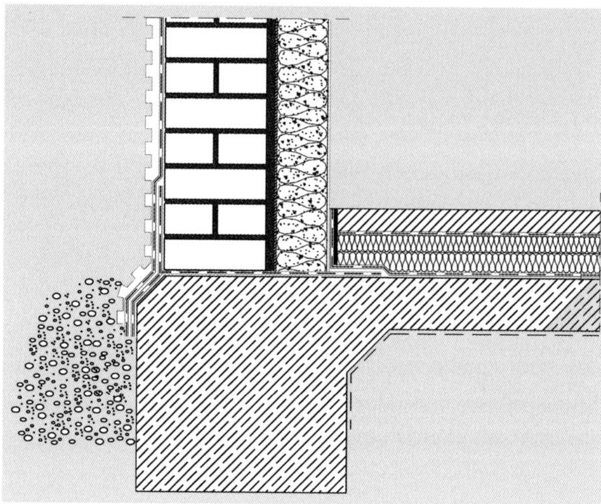

Abb. 2.2: Schematische Darstellung einer Innendämmung im Bodenanschluss gegen ein kaltes Untergeschoss (Quelle: Xella International GmbH, Duisburg)

wenn die Innendämmung auf einen vorhandenen Estrich montiert wird, kann darunter eine Wärmebrücke entstehen (Abb. 2.2).

Hinweis

Wärmebrücken können nicht vollständig vermieden, sondern nur „entschärft" werden. Es wird auch nach der Montage der Innendämmung Bereiche des Bauteils geben, die eine geringere Oberflächentemperatur aufweisen als die gedämmte Fläche an sich. Das kann bei entsprechenden klimatischen Bedingungen des Innenraumes unter Umständen zu Tauwasserausfall im Bereich der Wärmebrücken führen.

2.1.2 Einflüsse von außen: Schlagregenschutz und was dazugehört

In sämtlichen Einbaurichtlinien oder Montageanleitungen der Hersteller von Innendämmungen wird der Schlagregenschutz der Fassade erwähnt. Hier ist dann häufiger die Aussage anzutreffen: „Der Schlagregenschutz der Fassade muss gewährleistet sein." Es wird aber leider nicht erklärt, was das im Einzelnen bedeutet bzw. welche Folgen hieraus für die Prüfungspflicht des Fachunternehmers entstehen. Eine Auseinandersetzung hiermit muss aber zwangsläufig erfolgen.

Entscheidendes Kriterium

Der Schlagregenschutz einer Außenwand ist ein entscheidendes Kriterium für die Planung einer Innendämmung. Nur ein für die jeweilige Situation des Objektes genügender Schlagregenschutz stellt sicher, dass sich das von innen zu dämmende Bauteil nicht zu sehr von der Außenseite auffeuchtet. Jede Planung einer Innendämmung beginnt eigentlich auf der Außenseite, denn wenn der Schlagregenschutz des Bauteils nicht gesichert ist, stellt die Innendämmung ein Risiko dar.

Feuchtemenge

Eine Fassade nimmt stets eine bestimmte Menge an Feuchte durch Beregnung auf (Abb. 2.3). Diese Feuchte sollte natürlich auch wieder aus dem Bauteil entweichen, also trocknen können. Von der Außenseite her erfolgt die Trocknung durch Sonneneinstrahlung oder einfach durch trockenes

Abb. 2.3: Die Fassade hat nach einer Beregnung Feuchte aufgenommen, die langsam wieder trocknet.

Wetter. In einem ursprünglich schlecht wärmegedämmten Bauteil wird stets auch eine bestimmte Menge an Wärmeenergie von innen bis in die äußeren Bauteilschichten vordringen und ebenfalls einen Beitrag zur Trocknung leisten. Nach der Montage der Innendämmung ist dieser Anteil an der Trocknung nicht mehr gegeben; die Fassade kann **nur** noch **von außen trocknen**. Hierfür ist dann entscheidend, welche Feuchtemenge überhaupt in die Fassade eindringen kann, was wiederum vom Schlagregenschutz der Fassade abhangt.

Beispiel

Wie sich der Schlagregenschutz einer verputzten Fassade in Abhängigkeit von einer Innendämmung auf den **Wassergehalt auf der Innenseite** auswirkt, hat der Bauphysiker Borsch-Laaks eindrucksvoll dargelegt (Borsch-Laaks, 2010):

Bei dem untersuchten Objekt handelte es sich um eine 300 mm dicke Außenwand aus Vollziegeln, beidseitig verputzt, die dann auf der Innenseite gedämmt wurde. Untersucht wurde über einen Zeitraum von 3 Jahren der Feuchtegehalt des Innenputzes in Abhängigkeit von der Ausrichtung der Fassade und der aufgebrachten Dämmstoffdicke.

Bei der **regenarmen Ost- und Nordseite** zeigte sich, dass hier überhaupt keine kritischen Situationen entstanden, selbst dann nicht, wenn der Wasseraufnahmekoeffizient w des Außenputzes nur 2,0 kg/(m^2 · $\sqrt{h}$) betrug. Auch die Erhöhung der Dämmstoffdicke beeinflusste den Wassergehalt nur moderat. Die Werte erhöhten sich zwar leicht, blieben aber im unkritischen Bereich.

Ganz anders sah die Situation auf der **Westseite** aus. Selbst bei Einhaltung eines Wasseraufnahmekoeffizienten w von 0,5 kg/(m^2 · $\sqrt{h}$) nach der Forderung in DIN 4108-3 für die Schlagregenbeanspruchungsgruppe III ergab sich schon bei einer Verbesserung des Wärmedurchlasswiderstandes R von 1,0 m^2 · K/W – das entspricht einer Dämmstoffdicke von 4 cm bei einem Dämmstoff mit der Wärmeleitfähigkeit λ von 0,04 W/(m · K) – ein Wassergehalt im Innenputz von 141 kg/m^3. Das ist ein völlig indiskutabler Wert, bei dem der Innenputz praktisch „absäuft“.

Erst bei einer Beschränkung des Wasseraufnahmekoeffizienten w auf 0,1 kg/(m² · √h) zeigte sich, dass auch bei hoher Schlagregenbelastung keine nennenswerte Feuchteaufnahme in der Fassade stattfand, sodass auch keine Feuchte über kapillare Transportmechanismen in den Innenputz weitergegeben werden konnte.

Schlagregenschutz in der Normung

Die grundsätzlichen Festlegungen zum Schlagregenschutz finden sich in DIN 4108-3, wo zwischen wasseraufnehmenden, wasserhemmenden und wasserabweisenden Schichten unterschieden wird. Die physikalische Größe zur Beurteilung ist der sog. Wasseraufnahmekoeffizient w:

- **wasseraufnehmend** sind Schichten mit $w > 2{,}0$ kg/(m² · √h),
- **wasserhemmend** sind Schichten mit $w \leq 2{,}0$ kg/(m² · √h),
- **wasserabweisend** sind Schichten mit $w \leq 0{,}5$ kg/(m² · √h).

Wasseraufnahmekoeffizient

Die Einheit kg/(m² · √h) beschreibt die Wasseraufnahme einer Schicht in Kilogramm je Quadratmeter Fläche, die innerhalb eines bestimmten Zeitraumes stattfindet. Das mathematische Wurzelzeichen beim Zeitfaktor in der Einheit ist der Tatsache geschuldet, dass die Wasseraufnahme einer Schicht zu Beginn der Befeuchtung stärker ist und dann im Verlauf der Zeit abnimmt.

s_d-Wert

Ein weiteres Kriterium für den Regenschutz von Putzen und Beschichtungen ist in DIN 4108-3 mit den Festlegungen für den s_d-Wert (die wasserdampfdiffusionsäquivalente Luftschichtdicke) gegeben. Für **wasserabweisende Schichten** wird hier ein s_d-Wert von maximal 2,0 m gefordert, gleichzeitig soll das Produkt aus w- und s_d-Wert ebenfalls maximal 2,0 sein. Für wasserhemmende bzw. wasseraufnehmende Schichten werden keine Festlegungen zum s_d-Wert getroffen. Es wird aber ausgeführt, dass Verdunstungsmöglichkeiten für aufgenommene Feuchte vorhanden sein müssen und nicht eingeschränkt werden dürfen.

Schlagregenbeanspruchungsgruppen

In der Schlagregenbeanspruchungsgruppe I (Jahresniederschlagsmengen unter 600 mm, überwiegend östliche Bundesländer) werden nach DIN 4108-3 keine besonderen Anforderungen an den Schlagregenschutz gestellt. In der Schlagregenbeanspruchungsgruppe II (Jahresniederschlagsmenge von 600 bis 800 mm, westliche Bundesländer in niedrigen Lagen) sollte ein wasserhemmender Außenputz eingesetzt werden. In der Schlagregenbeanspruchungsgruppe III (Jahresniederschlagsmenge über 800 mm, westliche Bundesländer in höheren Lagen und küstennahe Regionen) sollte ein wasserabweisender Außenputz oder ein Kunstharzputz verwendet werden. Ebenfalls geeignet für die Schlagregenbeanspruchungsgruppe III sind nach DIN 4108-3 folgende **Wandbauarten**:

- zweischaliges Mauerwerk mit Luftschicht und Wärmedämmung oder mit Kerndämmung (mit Innenputz),
- Außenwände mit im Dickbett oder Dünnbett angemörtelten Fliesen oder Platten nach DIN 18515-1 „Außenwandbekleidungen – Teil 1: Angemörtelte Fliesen oder Platten; Grundsätze für Planung und Ausführung mit wasserabweisendem Ansetzmörtel“ (2023),
- Außenwände mit gefügedichter Betonaußenschicht
- Wände mit hinterlüfteten Außenwandbekleidungen
- Wände mit Außendämmung durch ein Wärmedämmputzsystem

- oder durch ein zugelassenes Wärmedämm-Verbundsystem,
- Außenwände in Holzbauart mit Wetterschutz nach DIN 68800-2 „Holzschutz – Teil 2: Vorbeugende bauliche Maßnahmen im Hochbau“ (2022), Abschnitt 8.2.

Hinweis

Der Vollständigkeit halber soll an dieser Stelle erwähnt werden, dass sich die Festlegungen in DIN 4108-3 hinsichtlich des Schlagregenschutzes auch in DIN V 18550-1 „Planung, Zubereitung und Ausführung von Außen- und Innenputzen – Teil 1: Ergänzende Festlegungen zu DIN EN 13914-1:2016-09 für Außenputze“ (2018) wieder finden. DIN V 18550 ist eigentlich eine Vornorm, stellt aber dennoch für Stuckateure eine Art „Bibel“ und eine anerkannte Regel der Technik dar. In DIN V 18550 werden dieselben Forderungen an den Wasseraufnahmekoeffizienten *w* und den s_d-Wert von Außenputzen bei wasserhemmenden und wasserabweisenden Schichten gestellt wie in DIN 4108-3.

Anpassung der Normung verwirrt

Die Festlegungen in DIN 4108-3 wurden durch die immer weiter fortschreitende **europäische Normung** bei Außenputzen quasi überholt. Seit September 2003 gilt DIN EN 998-1 „Festlegungen für Mörtel im Mauerwerksbau – Teil 1: Putzmörtel“ (2016) für werkmäßig hergestellte Putzmörtel aus anorganischen Bindemitteln. In DIN EN 998-1 wird die neue Größe der kapillaren Wasseraufnahme *C* mit den Klassen W 0, W 1 und W 2 eingeführt. Für W 0 bestehen keine Anforderungen. Für W 1 wird die **kapillare Wasseraufnahme** *C* auf maximal 0,4 kg/(m² · √min) und für W 2 auf maximal 0,2 kg/(m² · √min) beschränkt. Eigentlich sagt diese Größe nichts anderes aus als der bereits bekannte Wasseraufnahmekoeffizient *w*.

Nachweis nach DIN 4108-3 schwierig

Seit Einführung der DIN EN 998-1 geben viele Hersteller von Außenputzen allerdings nur noch die kapillare Wasseraufnahme *C* an. Während bei dem Wasseraufnahmekoeffizienten *w* der Faktor Stunde in der Einheit enthalten war, sind es nunmehr bei der kapillaren Wasseraufnahme *C* nur noch Minuten. Es steht zwar noch das Wurzelzeichen davor, der **Unterschied beträgt** aber √60, also etwa **7,75**. Eine kapillare Wasseraufnahme *C* von 0,2 kg/(m² · √min) ist also rechnerisch um den Faktor 7,75 schlechter als ein Wasseraufnahmekoeffizient *w* von 0,2 kg/(m² · √h). Dieses Problem wurde bereits in der Fachpresse angesprochen und ist nicht zu vernachlässigen. Bei einer Nachweisführung des Schlagregenschutzes nach DIN 4108-3 wird es regelmäßig erforderlich sein, den Wasseraufnahmekoeffizienten *w* der Außenputze oder der Farbschichten zu kennen. Wenn dieser aber von den Herstellern nicht mehr angegeben wird, weil eine Angabe nur nach der neuen europäischen Norm gefordert ist, dürfte ein Nachweis schwierig werden. Es bleibt zu hoffen, dass diese Diskrepanz in der Normung bei der Überarbeitung ausgeräumt wird.

Prüfung des Schlagregenschutzes

Der Fachunternehmer muss den Schlagregenschutz der zu dämmenden Außenwand vor Beginn seiner Arbeiten prüfen. Dies gehört zur gewerkeüblichen Prüfung der Vorleistung (siehe Kapitel 5.2.3).

Praxischeck

- Ist die Außenwandkonstruktion grundsätzlich intakt (insbesondere hinsichtlich der den Schlagregenschutz bestimmenden Schichten)?
- Liegen Ausblühungen aufgrund von Feuchte vor?
- Ist ein sinnvoller Witterungsschutz vorhanden?
- Bei zweischaligen Konstruktionen oder außenseitig angemörtelten Fliesen oder Platten: Wie sieht das Fugenbild der Vormauerschale aus? Ist bereits Feuchte in die Konstruktion eingedrungen?

Hinweis

Fachwerkbauten stellen in diesem Zusammenhang sicherlich eine besondere Aufgabe dar und sollten in ihrem Fugenbereich nur von versierten Fachleuten bewertet werden.

Prüfung auch bei Konstruktionen nach DIN 4108-3

In DIN 4108-3 werden die gängigsten Bauarten von Wandkonstruktionen den einzelnen Beanspruchungsgruppen für Schlagregen zugeordnet. Aber auch bei diesen Konstruktionen wird der Fachunternehmer nicht umhinkommen, vor dem Beginn der Innendämmung den Schlagregenschutz zu überprüfen. Denn selbstverständlich sind nur intakte Bauteile in der Lage, einen Schlagregenschutz so zu leisten, wie sie es nach DIN 4108-3 können.

Prüfung der äußeren Schichten

Der Schlagregenschutz einer Fassade kann selbstverständlich nicht nur über die entsprechenden Werte der Putze oder Beschichtungen erbracht werden, sondern ist natürlich nur dann gegeben, wenn die hierfür verantwortlichen Schichten auch intakt sind. Es wird daher unumgänglich sein, neben der grundsätzlichen Einstufung der Wasseraufnahme eine Untersuchung der äußeren Bauteilschichten vorzunehmen.

Praxischeck

Um den vorhandenen Schlagregenschutz richtig einschätzen zu können, müssen vor allem die folgenden Fragen beantwortet werden:

- Was für ein Putz befindet sich auf der Fassade?
- Kann mit Sicherheit bestimmt werden, welchen Wasseraufnahmekoeffizienten w der vorhandene Putz besitzt?
- Kann zumindest der Wasseraufnahmekoeffizient w der auf den Putz aufgetragenen Farbschicht bestimmt werden?
- Ist der Putz intakt oder weist er bereits Rissbildungen auf?
- Wenn ja, in welchem Bereich befinden sich diese Risse?
- Welche Rissbreiten sind vorhanden?
- Sind die Rissflanken bereits durch eingedrungene Feuchte sehr gut wahrnehmbar?

Im Zweifel Bewertung vom Fachmann

Bestehen nachhaltig Zweifel am vorhandenen Schlagregenschutz der Fassade, sollte dieser von einem Fachmann bewertet werden. Im Bereich des **Außenputzes** sind es die **Stuckateure** (zum Teil auch Maler), die den Schlagregenschutz der Fassade herstellen und somit auch in der Lage sind, diesen zu bewerten. Nicht bekannte Putzschichten können labortechnisch auf ihre Wasseraufnahmefähigkeit untersucht werden, um mit der gebotenen Sicherheit eine Einschätzung vornehmen zu können. Gerissene Putze sind ggf. instand zu setzen, defekte Farbschichten sind zu erneuern.

Hinweis

> Wenn der Schlagregenschutz eines Bauteils nicht richtig eingeschätzt werden kann, ist die Ausführung einer Innendämmung nach den allgemein anerkannten Regeln der Technik nicht möglich!

Die gewerkeübliche Prüfungspflicht der Vorleistung besitzt Grenzen: Niemand kann und darf erwarten, dass sich ein Fachunternehmer für Innendämmungen in allen nur erdenklichen Besonderheiten der Konstruktionen anderer Gewerke perfekt auskennt.

Praxistipp

Grenzen Sie sich ab und weisen Sie Ihren Auftraggeber darauf hin, dass zur Prüfung von bestimmten Konstruktionen Fachleute eingeschaltet werden sollten.

Fazit

> Der Schlagregenschutz des innen zu dämmenden Bauteils ist ein ganz wichtiges Kriterium für die **Auswahl**, **Bemessung** und **Ausführung** einer Innendämmung. Wenn hier Fehler gemacht werden, droht ein Auffeuchten der äußeren Bauteilschichten bei gleichzeitig durch die Innendämmung verringertem Trocknungspotenzial. Dann ist es oft nur noch eine Frage der Zeit, bis die Feuchte das gesamte Bauteil erfasst hat und bis zur inneren Grenzschicht hinter der Innendämmung vorgedrungen ist.

2.1.3 Einflüsse von innen: Raumklima und was dazugehört

Nutzung

Die Nutzung des Objektes bzw. der Räume sollte bekannt sein. In der Regel wird bei Innendämmungen davon ausgegangen, dass es sich um beheizte Räume handelt (d. h. um Räume mit einer Raumtemperatur von mindestens 19 °C im Mittel), zumindest sieht DIN 4108-2 „Wärmeschutz und Energie-Einsparung in Gebäuden – Teil 2: Mindestanforderungen an den Wärmeschutz“ (2003) dies so.

Beheizte Räume

Hinweis

> Für Gebäude mit niedrigen Innentemperaturen (Durchschnittstemperatur zwischen 12 und 19 °C) werden geringere Anforderungen an die Wärmedämmung von Außenwänden gestellt. Eine Innendämmung in einem Gebäude mit niedrigen Innentemperaturen kann aufgrund der dann schneller möglichen Aufheizung durchaus sinnvoll sein, stellt aber sicherlich eher einen Sonderfall dar.

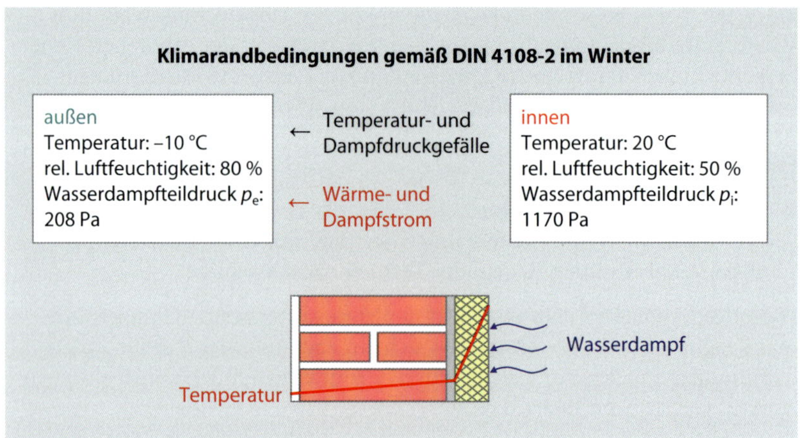

Abb. 2.4: Bauphysikalische Betrachtung einer Innendämmung bei winterlichen Temperaturverhältnissen nach Normklima (Quelle: Knauf Aquapanel GmbH, Dortmund)

Nutzungsspezifische Besonderheiten

Es sollten aber nicht nur die zu erwartenden Innenraumtemperaturen, sondern auch die nutzungsspezifischen Besonderheiten bekannt sein. Jeder Mensch hat eigene Gewohnheiten bei der Nutzung seines Wohnraumes. Gerade diese Gewohnheiten wirken sich auf die späteren klimatischen Bedingungen im Raum aus und beeinflussen die Raumluftfeuchte. Von Bedeutung kann hierbei z. B. das Vorhandensein von **Zimmerpflanzen**, das individuelle **Lüftungsverhalten** oder auch das **Trocknen von Wäsche** im Wohnraum sein.

Erfassung der Temperatur- und Feuchtebedingungen

Zur Erfassung der Temperatur- und Feuchtebedingungen in Innenräumen stehen auf dem Markt sog. **Datenlogger** zur Verfügung. Diese Geräte erfassen und dokumentieren die klimatischen Bedingungen über längere Zeiträume.

Eine andere Möglichkeit besteht in der Erfassung der Holzfeuchte in den zu dämmenden Räumen während der Nutzung. Holz ist ein Baustoff, der seinen eigenen Feuchtegehalt nur sehr **träge an die Umgebung anpasst** und nach einem Lüftungsvorgang noch lange keine anderen Feuchtewerte aufweist. Mit einem einfachen Feuchtemessgerät kann die Holzfeuchte in der Nutzungseinheit gemessen werden (ein Tisch oder ein Schrank findet sich schließlich immer). Wenn sich dabei Werte von über 12 % ergeben, ist dies zumindest ein Indiz dafür, dass in diesem Raum dauerhaft eine Luftfeuchte im Bereich von 70 % oder mehr vorhanden ist.

Normklima

Rechnerische Nachweise zum Feuchtetransport „hinken" oft ein wenig, da mit dem sog. Normklima gerechnet wird (Abb. 2.4). Das Normklima wird für die Winterzeit mit 20 °C Raumtemperatur und 50 % relativer Luftfeuchte sowie –10 °C Außentemperatur in DIN 4108-2 angegeben, ist aber abhängig von der konkreten Nutzung nicht in allen Räumen vorzufinden. Ein rechnerischer Feuchtenachweis mit den Daten des Normklimas, der **eng** an den vorgegebenen **Grenzwerten** liegt, ist also als durchaus **kritisch** zu betrachten. Wenn sich nur eine Größe der Berechnung in eine ungünstige Richtung verschiebt, kann der Nachweis der Praxissituation möglicherweise nicht standhalten.

Beispiel

Die in der „Normluft" bei 20 °C Raumtemperatur und 50 % relativer Luftfeuchte enthaltene Feuchte beträgt 8,65 g Wasser pro Kubikmeter Luft. Dieser Feuchtegehalt entspricht aber einer relativen Luftfeuchte von bereits **80 %** bei einer **Oberflächentemperatur** des gedämmten Bauteils von **12,6 °C**. Das ist das sog. **Schimmelpilzkriterium**: Bei solchen Feuchtebedingungen ist in der Regel davon auszugehen, dass das Wachstum von Schimmelpilzen begünstigt ist. Nach Normklima soll daher die Oberflächentemperatur immer oberhalb von diesem Wert liegen.

Wird jetzt z. B. als Folge einer individuellen Nutzung die Temperatur der Innenluft auf 23 °C und die relative Luftfeuchte auf 60 % erhöht, enthält diese Luft bereits 12,33 g Wasser pro Kubikmeter Luft. Bei einer Überprüfung des Schimmelpilzkriteriums mit diesen Bedingungen wird festzustellen sein, dass jetzt bereits bei einer Oberflächentemperatur von knapp über 14 °C die kritischen 80 % Luftfeuchte entstehen.

Es ist demnach durchaus möglich, dass aufgrund einer individuellen Nutzung die normativen Werte für die Oberflächentemperaturen in der Fläche wie auch insbesondere im Bereich von Wärmebrücken nicht ausreichen, um eine für Schimmelpilzwachstum günstige Feuchte zu verhindern.

Kritischer Bereich Wärmebrücken

Die klimatischen Bedingungen im innen gedämmten Raum, die durch eine individuelle Nutzung entstehen, wirken sich auch auf die Wärmebrücken aus. Raumluftbedingungen mit dauerhaften relativen Luftfeuchten von über 60 % führen selbst bei üblichen Raumtemperaturen von 20 bis 23 °C zu durchaus problematischen Verhältnissen im Bereich der Wärmebrücken. Schnell können hier relative Luftfeuchten von 80 % oder mehr entstehen und dann ist selbst die beste Detailausführung überfordert. Die Detailausführung in diesen Bereichen ist daher im Einzelfall zu planen und im Zweifel mit fachkundiger Hilfe durch einen Bauphysiker nachzuweisen.

Fazit

Zur Ermittlung der zu erwartenden Raumluftfeuchte aufgrund der Nutzung sollten im Rahmen der Bestandserfassung die Gewohnheiten derjenigen Personen berücksichtigt werden, die das Gebäude bzw. die von innen gedämmten Räume bewohnen. Diese individuelle Nutzung kann Auswirkungen auf die Planung und Ausführung im Bereich der **Wärmebrücken** nehmen, bei denen unter Umständen eine Ausführung nach den normativen Vorgaben nicht mehr als risikolos anzusehen ist.

Innere Bauteilschichten und Konstruktion der Innendämmung

Raumluftfeuchte und Konstruktion

Die den Raum begrenzenden Bauteilschichten müssen mit den Raumluftverhältnissen auskommen, d. h., es muss sichergestellt sein, dass die Oberflächenschichten einer Innendämmung Feuchte in der jeweilig anfallenden Menge aufnehmen und auch wieder abgeben können. Dies hängt von der zu erwartenden Raumluftfeuchte, aber auch von der Konstruktion der Innendämmung ab. Bei einer eher **diffusionshemmenden Konstruktion** sind lediglich die Bauteilschichten für den Feuchtehaushalt heranzuziehen, die sich vor dieser diffusionshemmenden Schicht befinden. Bei einer **nicht diffusionshemmenden Konstruktion**, kann, je nach Wahl des Dämmstoffes, die gesamte Innendämmung zum Feuchtehaushalt beitragen.

Raumklima regulieren

Es sind immer auch Überlegungen notwendig, inwieweit das zu erwartende Raumklima auf die Konstruktion der Innendämmung Einfluss nehmen wird. Je mehr Feuchte die dem Raum zugewandten Schichten aufnehmen können, umso leichter lässt sich das Raumklima regulieren – immer vorausgesetzt, dass entstandene und in den Schichten gespeicherte Feuchte auch durch gezieltes Lüften wieder abgeführt wird.

Ausgleichsfeuchte

Um die auf dem Markt inzwischen regelmäßig verwendeten Begriffe für die Eigenschaften von Dämmstoffen, wie „feuchteregulierend", „klimaaktiv" oder „feuchtepuffernd", einschätzen zu können, ist es entscheidend, den Wert der sog. Ausgleichsfeuchte zu kennen. In DIN V 4108-4 wird dieser Wert für ein Klima von 23 °C und 80 % relative Luftfeuchte angegeben.

Beispiel

Bei 23 °C und 80 % relative Luftfeuchte besitzen kapillaraktive Dämmstoffe eine Ausgleichsfeuchte von etwa 6 % (der Masse des Dämmstoffs), Gipsputze können 2 % Feuchte aufnehmen. Die Dämmstoffe sind demnach zwar 3-mal besser, wiegen aber auch nur etwa 1/6 so viel. Ein kapillaraktiver Dämmstoff mit einer Masse von 150 kg/m^3 kann somit 9 l Wasser pro Kubikmeter aufnehmen bzw. bei einer Dämmstoffdicke von 10 cm etwa 0,9 l pro Quadratmeter Fläche. Ein Gipsputz mit einer Masse von 1.000 kg/m^3 kann bei einer Schichtdicke von 15 mm etwa 0,3 l Wasser pro Quadratmeter Fläche aufnehmen. Bei einem normal großen Wohnraum mit einer Fläche von 25 m^2 und einer Raumhöhe von 2,50 m stehen somit als theoretische Wasseraufnahmekapazität der Wandflächen etwa 45 l bei einem 10 cm dicken kapillaraktiven Dämmstoff und 15 l bei einem 15 mm dicken Gipsputz zur Verfügung.

Richtiges Lüftungsverhalten

Bei Schwankungen der Raumluftfeuchte sind die inneren Bauteilschichten Putz oder kapillaraktiver Dämmstoff in der Lage, Feuchte aus der Raumluft aufzunehmen. Viel wichtiger ist aber, dass zusätzliche Feuchtelasten auch wieder abgeführt werden, denn feuchte Bauteilschichten bleiben feucht, so lange sie nicht trocknen können. Wenn also schon der Begriff Feuchtehaushalt verwendet wird, muss zwangsläufig auch über eine **Entfeuchtung** nachgedacht werden. Die Entfeuchtung erfolgt am besten über die Lüftung. Einem richtigen Lüftungsverhalten ist für eine innen gedämmte Außenwand ein sehr großer Stellenwert einzuräumen.

Praxistipp

Weisen Sie den Auftraggeber bei der Ausführung einer Innendämmung stets darauf hin, dass ein dauerhafter Bestand der Innendämmung, besonders im Bereich der Wärmebrücken, von seinem Lüftungsverhalten abhängig sein kann.

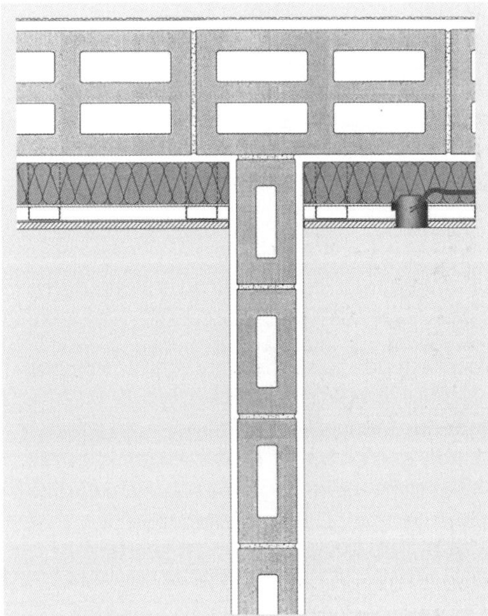

Abb. 2.5: Schematische Darstellung einer Wärmebrücke (Anschluss an eine einbindende Innenwand) – Flankendämmung empfehlenswert (Quelle: „Gemeinsames Merkblatt Innenwärmedämmung, Ausgabe XX/2014", Hrsg.: Fachverband der Stuckateure für Ausbau und Fassade Baden-Württemberg, Stuttgart)

Fazit

Die Beschäftigung mit dem zu erwartenden Raumklima kann Auswirkungen auf die Konstruktion der Innendämmung und vor allen Dingen auf die Detailausbildung im Bereich der Wärmebrücken haben. Die tatsächlich durch die beabsichtigte Nutzung entstehenden **Feuchtelasten müssen bekannt** sein, um so Überlegungen zu den Speicherkapazitäten der vorgesehenen Dämmstoffe vornehmen zu können. Zudem muss dafür Sorge getragen werden, dass die durch Nutzung entstandene und in den inneren Bauteilschichten „zwischengelagerte" Feuchte regelmäßig **wieder abgeführt** wird.

2.1.4 Erfassung „gefährlicher" Details

Entstehungsorte

Analyse des Ist-Zustands

Als „gefährlich" können die Details bezeichnet werden, die eine Innendämmung in eine nicht mehr fehlerfreie Konstruktion verwandeln können. Selbst wenn eine geeignete Innendämmung mit viel Mühe ausgewählt und in der Fläche fachgerecht eingebaut wird – Fehler in den Details können alles wieder zunichte machen. Um dies zu verhindern, müssen bei einer Innendämmung sämtliche **Detailausbildungen** berücksichtigt und in die **Planung** einbezogen werden. Deshalb muss auch der Ist-Zustand genau analysiert werden.

„Gefährliche" Details können bei einer Innendämmung stets entstehen an

- begrenzenden Randanschlüssen,
- sonstigen Anschlüssen, Einbauten und Durchdringungen,
- Wärmebrücken (Abb. 2.5),
- Schwächungen der Innendämmung durch Installationen.

Hinweis

Innendämmungen verbessern die Wärmedämmung einer vorhandenen Außenwand deutlich. Deshalb wird der Einfluss von eventuell bereits vorher vorhandenen Wärmebrücken nach der Montage einer Innendämmung steigen; in diesen Bereichen ist erhöhte Sorgfalt gefragt.

Praxischeck

Betrachten Sie den Verlauf Ihrer Innendämmung sowohl an den Rändern als auch in der Fläche:

- Wie sind darunter oder darüber liegende Geschosse gedämmt, wie groß ist daher der Einfluss von einbindenden Geschossdecken?
- Sind in die Außenwand einbindende Innenwände vorhanden, an denen die Innendämmung unterbrochen werden muss? An derartigen konstruktiven Wärmebrücken empfiehlt es sich regelmäßig, eine sog. Flankendämmung vorzusehen, von der Industrie oft als Dämmkeil angeboten.
- Wie ist die bauliche Situation im Fußbodenanschluss zu bewerten? Ist ein Estrich vorhanden und welche Temperaturen sind in der darunter befindlichen Geschossdecke zu erwarten? Gegebenenfalls sollte ein vorhandener Estrich in der geplanten Dicke der Innendämmung aufgetrennt werden, damit die Innendämmung bis zur Rohdecke oder aber bis zu einer eventuell vorhandenen Dämmstoffschicht bei schwimmenden Estrichen geführt werden kann.
- Sind Fenster in der Außenwand und wenn ja, wie sehen deren Anschlüsse aus? Gerade im Bereich der Fensterlaibung empfiehlt es sich stets, zumindest eine begleitende Flankendämmung einzubauen, die die Temperatur im Bereich des Fensteranschlusses erhöht. Dazu kann auch der Innenputz im Bereich der Fensterlaibung entfernt werden, um hier eine möglichst dicke Flankendämmung einbauen zu können. Dies hat zudem den Vorteil, dass nach dem Entfernen des Innenputzes auch gleichzeitig luftdichte Folien für einen luftdichten Fensteranschluss eingeklebt werden können.
- Sind Heizkörpernischen unterhalb der Fenster vorhanden, an denen die Außenwand eine verminderte Dicke aufweist? Ändert sich in diesem Bereich die auszuführende Dicke der Innendämmung durch konstruktive Gegebenheiten (z. B. die nicht mögliche Verlegung der Heizkörperanschlüsse) oder durch die hier schlechtere Wärmedämmung der vorhandenen Wand?
- Sind Installationen hinter der Dämmebene vorhanden und gibt es hier Durchdringungen (z. B. Steckdosen)? Diese schwächen zwangsläufig die Innendämmung und stellen hohe Anforderungen an eine dichte Ausführung.

Luftdichtheit von Anschlüssen, Einbauten und Durchdringungen

Luftdichte Schicht

Nach der EnEV sind Gebäude dauerhaft luftdicht nach den allgemein anerkannten Regeln der Technik zu errichten. Dies bedeutet, dass auf der warmen Seite eines Gebäudes eine luftdichte Schicht vorhanden sein muss, die

Abb. 2.6: Ausführung von luftdichten Anschlüssen: Einbau eines Entkopplungsstreifens (Quelle: Knauf Aquapanel GmbH, Dortmund)

ein Durchströmen der äußeren Bauteilschichten mit warmer und feuchter Raumluft dauerhaft verhindern soll. Diese luftdichte Schicht ist zu planen und muss **durchgängig** im Gebäude vorhanden sein.

Praxistipp

Die luftdichte Schicht ist dann funktionsfähig, wenn sie in einer Schnittzeichnung des Gebäudes mit einem Stift nachgezeichnet werden kann, ohne dass der Stift dabei abgesetzt werden muss.

Innen verputztes Mauerwerk

Innen verputztes Mauerwerk gilt im Sinne der EnEV und der DIN 4108-3 als luftdicht. Wird also für die Montage einer Innendämmung der vorhandene Innenputz entfernt und stellte dieser (was die Regel ist) die luftdichte Schicht dar, muss diese Funktion nunmehr von der Innendämmung übernommen werden. Wenn eine **neue Putzschicht**, die auf der Innendämmung aufgebracht wird, diese Funktion wieder übernehmen soll, muss die Putzschicht auch im Bereich der Anschlüsse luftdicht ausgeführt werden.

Vermeidung von Luftströmen

Ob die Innendämmung die Funktion der luftdichten Schicht ausübt, ist eine ganz entscheidende Frage hinsichtlich der Detailplanung, denn in diesem Fall müssen alle Anschlüsse (Abb. 2.6), Einbauten (z. B. Steckdosen) und Durchdringungen natürlich ebenfalls luftdicht ausgeführt werden. Auch später in der Nutzung vielleicht in die Innendämmung eingebrachte Befestigungen durch **Dübel** o. Ä. haben für die Luftdichtheit Bedeutung. Derartige Durchdringungen, insbesondere wenn sie unfachmännisch vorgenommen werden (zu große Bohrlöcher, keine dichtenden Maßnahmen), können erhebliche Luftströme von der warmen Raumseite in die Konstruktion verursachen und so zu Feuchteschäden führen.

Bauphysikalische Transportmechanismen

Diffusion und Konvektion

Diffusion (Wasserdampftransport durch Baustoffe hindurch) und Konvektion (Wasserdampftransport infolge von Luftströmen) sind die beiden wesentlichen Transportmechanismen für Feuchte bei Bauteilen. Diese beiden Mechanismen **unterscheiden sich** in ihrer **Größenordnung deutlich**. Während sich die Feuchtemenge durch Diffusion noch im Bereich von wenigen Millilitern pro Tag und Quadratmeter Fläche bei einer diffusionshemmenden Konstruktion bewegt, fallen bei einer offenen Fuge von 3 mm Breite und nur 1 m Länge bei derselben Konstruktion bereits mehrere Liter Wasser durch Konvektion an. Die durch Konvektion mitgeführte Feuchte kann also sehr schnell Größenordnungen erreichen, die von keiner Innendämmung mehr zu verkraften sind. Bei einem **Fehler im Anschlussbereich** einer luftdichten Konstruktion ist der **Feuchteschaden** quasi vorprogrammiert, auch wenn es einige Zeit dauert, bis der Schaden sichtbar wird. Die Planung dauerhaft luftdichter Anschlüsse einer Innendämmung ist für einen schadensfreien Bestand daher unabdingbar.

Fazit

Als Ergebnis von Kapitel 2.1 kann festgehalten werden, dass vor der Festlegung des Soll-Zustands und der Auswahl einer Innendämmung immer folgende **Sachverhalte geklärt** werden sollten:

- Lage des Objektes, Schlagregenbeanspruchungsgruppe, Windbeanspruchung, Geländehöhe und Gebäudehöhe,
- Konstruktionsaufbau der innen zu dämmenden Außenwand, vorhandene Wärmedämmung, vorhandener Feuchtegehalt, vorhandene Wärmebrücken,
- Schlagregenschutz der Fassade,
- raumklimatische Beanspruchung der Innendämmung,
- Anschlüsse, Einbauten und Durchdringungen.

Im günstigsten Fall wird ein Bauphysiker oder sonstiger Fachmann eingeschaltet, der bei dieser wichtigen Grundlagenermittlung unterstützend mitwirkt. Es muss bedacht werden, dass eine fehlerhafte Einschätzung der vorhandenen Situation Einfluss auf die Auswahl der Innendämmung nehmen kann und eine für die individuelle Situation nicht geeignete Innendämmung immer die Gefahr eines vertraglichen Mangels darstellt. Hierzu muss unter Umständen noch nicht einmal ein Schaden vorliegen.

2.2 Soll-Zustand

Feuchtelasten

Der Soll-Zustand einer Innendämmung stellt immer eine komplexe Bauteilsituation dar. Das gesamte Bauteil muss thermisch und in Bezug auf den Feuchtehaushalt nach der Montage der Innendämmung funktionieren, d. h., die geforderten Werte hinsichtlich der **Wärmedämmung** müssen eingehalten sein **und** es dürfen sich durch die veränderte bauphysikalische Situation keine kritischen **Feuchtegehalte** in den jeweiligen Bauteilschichten ergeben. Es muss daher im Rahmen der Betrachtung des Soll-Zustandes auch möglichst genau und nachweisbar ermittelt werden, mit welchen Feuchtelasten bei der jeweiligen baulichen Situation gerechnet werden muss. Hierfür ist im Zweifel eine der in der Praxis eingeführten hygrothermischen Simulationsberechnungen durchzuführen (siehe Kapitel 2.2.4.2).

Hinweis

Der Soll-Zustand einer Innendämmung muss zuerst einmal ganz einfach **schadensfrei** sein. Kein Mensch will etwas für eine schadhafte Leistung bezahlen. Aus diesem Grunde muss der Fachunternehmer, um eine realistische Gewährleistung für seine Innendämmung abgeben zu können, alle bauphysikalischen Aspekte der Maßnahme abgesichert bewertet haben.

2.2.1 Festlegung des Soll-Zustandes

Soll-Zustand kennen

Den Soll-Zustand zu ermitteln und zu kennen, damit er in der Ausführung auch umgesetzt werden kann, ist mit das Wichtigste im Bauablauf. Das hört sich zunächst recht einfach an, stellt sich aber in der Praxis als durchaus schwierig dar. Oft werden Baustoffe oder Bauteilschichten unzulässig miteinander kombiniert oder untereinander ausgetauscht, Fehler in der Detailplanung oder in der Ausführung gemacht und der notwendige Blick auf das nach der Montage der Innendämmung entstandene neue Bauteil mit seinen Erfordernissen des Schlagregenschutzes vernachlässigt.

Leistungsverzeichnis

Der Soll-Zustand einer Innendämmung wird im Regelfall durch das vom **Planer vorgegebene** Leistungsverzeichnis definiert. Im Leistungsverzeichnis wird die Montage einer bestimmten Innendämmung beschrieben und die hierbei im Einzelnen zu erbringenden Arbeiten werden (mehr oder weniger vollständig) in einzelnen Positionen dargestellt. Der **Fachunternehmer** ist aufgefordert, die vorgegebene Ausführung mit dem bei ihm vorauszusetzenden Fachwissen zu **überprüfen**, d. h. die bauphysikalischen Randbedingungen der Maßnahme zu bewerten und ggf. notwendige Veränderungen zu fordern, zu veranlassen oder durchzuführen. Nur durch die Zusammenarbeit von Planer und Fachunternehmer kann hierbei eine sach- und fachgerechte Festlegung des Soll-Zustandes erreicht werden (zu den einzelnen Pflichten von Planer und Fachunternehmer siehe Kapitel 5).

Bewertung

In die Bewertung des Soll-Zustandes sind bei einer Innendämmung neben der Festlegung der geschuldeten Konstruktion mindestens einzubeziehen:

- die Verbesserung der Wärmedämmung,
- die Ausführung im Bereich von Anschlüssen, Durchdringungen und Wärmebrücken,
- die Behandlung des zu dämmenden Untergrundes,
- die Ausführung der raumseitigen Beschichtung bzw. Bekleidung,
- das bauphysikalische Verhalten der gedämmten Gesamtkonstruktion sowie
- die Luftdichtheit der Innendämmung.

Randbedingungen

Der Soll-Zustand einer Innendämmung unter Berücksichtigung der allgemein anerkannten Regeln der Technik betrifft nur zum Teil die eigentliche Montage der Innendämmung selbst. Der ganz wesentliche andere Teil des Soll-Zustandes besteht in der **Gesamtbetrachtung** des zu dämmenden Bauteils und der ggf. erforderlichen Herbeiführung von Randbedingungen, innerhalb derer die geplante Innendämmung auch dauerhaft schadensfrei bestehen kann. Auch wenn der Fachunternehmer vielleicht einwenden mag, er wäre für derartige Dinge nicht zuständig und hätte seine Arbeit doch fachgerecht erbracht: Er wird im Schadensfall immer mindestens eine Teilverantwortung übernehmen müssen, da bei ihm ein entsprechendes Fachwissen hinsichtlich der Bewertung der Gesamtkonstruktion vorausgesetzt wird.

Gegebenenfalls erforderliche Maßnahmen können zu erheblichen weiteren **Aufwendungen** führen, z. B. durch

- einen schlagregendichten Neuanstrich der Außenseite,
- eine Sanierung oder gar ein neues Verputzen der Außenseite,
- das Entfernen von alten Innenputzen,

- das Auftragen von neuen Ausgleichsputzen auf der Innenseite des zu dämmenden Bauteils,
- horizontale Sperrschichten bei aufsteigender Feuchte,
- zusätzliche Trocknungsmaßnahmen.

Hinweis

Das Erkennen und Umsetzen der notwendigen Randbedingungen erfordert eine hohe Fachkompetenz vom Fachunternehmer, aber auch oft **Verhandlungsgeschick** im Gespräch mit dem Auftraggeber, denn nicht immer sind geplante Innendämmungen professionell geplant und alle notwendigen Untersuchungen oder Berechnungen auch durchgeführt. Werden Nachträge oder Bedenkenanmeldungen erforderlich, um den Soll-Zustand herbeizuführen, sind gerade solche diplomatischen Fähigkeiten des Fachunternehmers gefragt.

Fazit

Ziel bei der Festlegung des vertraglichen **Soll-Zustandes** muss für den Fachunternehmer sein, dass er

- bei einem vorgegebenen Leistungssoll dieses gemäß dem bei ihm vorauszusetzenden Fachwissen überprüft hat und seine Leistungspflichten in allen Einzelheiten kennt,
- bei einem von ihm selbst festzulegenden Leistungssoll die notwendigen Untersuchungen bzw. Berechnungen durchführt bzw. durchführen lässt und mit dem bei ihm vorauszusetzenden Fachwissen entscheidet, was wie im objektspezifischen Einzelfall einzubauen ist.

2.2.2 Vertragliche Vereinbarung des Soll-Zustandes

Vertraglich geschuldete Leistung

Der Soll-Zustand einer Bauleistung definiert sich nach dem Inhalt des Vertrages und den allgemein anerkannten Regeln der Technik. Abweichungen hiervon sollten stets nachweisbar vereinbart werden. Die vom Fachunternehmer geschuldete Leistung ist vor der Ausführung genauestens zu prüfen. Bei einer Innendämmung sollte die vertraglich geschuldete Leistung mindestens folgende Angaben enthalten:

- Angaben zum vorhandenen Untergrund bzw. zu den Bauteilschichten,
- Angaben zu notwendigen Vorarbeiten,
- Angaben zur vorgesehenen Innendämmung und ihren Bestandteilen,
- Angaben zum Prinzip der Luftdichtheit,
- Angaben zur Detailausbildung von Wärmebrücken,
- Angaben zur vorgesehen Oberflächenbearbeitung,
- Angaben zu ggf. vorhandenen haustechnischen Installationen,
- Angaben zur geplanten Nutzung.

Jede Planung einer Baumaßnahme muss bei der vertraglichen Vereinbarung des Soll-Zustandes in sich abgeschlossen, d. h. nicht nur sach- und fachgerecht, sondern auch vollständig sein (siehe Kapitel 5.1.1).

Baurechtliche Zuordnung nach VOB/C

ATV DIN 18340 und ATV DIN 18350

Innendämmungen sind den Allgemeinen Technischen Vertragsbedingungen für Bauleistungen (ATV) in der VOB/C nur teilweise eindeutig zuzuordnen. Vorsatzschalen mit Unterkonstruktion, Dämmstoff und einer Bekleidung aus Gipskartonplatten oder Gipsfaserplatten gehören sicherlich zum Geltungsbereich der ATV DIN 18340 **„Trockenbauarbeiten“** (2023). Bei plattenförmigen, auf den Untergrund geklebten Innendämmungen mit einer Spachtel- oder Putzbeschichtung ist die Zuordnung schon schwieriger. In ATV DIN 18340 werden nur Wandbekleidungen erwähnt; der Begriff Innendämmung ist dort aber an keiner Stelle zu finden. Mit etwas Fantasie könnte eine Innendämmung auch als Wärmedämm-Verbundsystem interpretiert werden, nur eben innen angebracht. Dagegen spricht aber, dass Wärmedämm-Verbundsysteme allgemein bauaufsichtlich zugelassene Systeme sind, die ATV DIN 18345 „Wärmedämm-Verbundsysteme“ (2019) in ihrem Geltungsbereich auch nur solche Systeme vorsieht, die Individuallösung Innendämmung aber kein allgemein bauaufsichtlich zugelassenes System sein kann. Bleibt noch die ATV DIN 18350 **„Putz- und Stuckarbeiten“** (2019), in der auch tatsächlich im Abschnitt 3 „Ausführung“ etwas zum Thema Innendämmung zu finden ist:

- In Abschnitt 3.10 werden verputzte Innendämmungen,
- in Abschnitt 3.11 Innenwandbekleidungen (z. B. mit Calciumsilikatplatten) und
- in Abschnitt 3.13 Wärmedämmputze beschrieben.

Calciumsilikatplatten

Handwerksrechtlich ist diese Einstufung nicht unerheblich, da die kapillaraktiven Innendämmungen mit Calciumsilikatplatten eindeutig dem Stuckateur-Handwerk zugeordnet werden. Diese Zuordnung resultiert aus den im Regelfall auf den Platten erforderlichen Bewehrungen und Putzschichten und hat zur Folge, dass derartige Arbeiten auch nur von entsprechend ausgebildetem Personal ausgeführt werden sollen.

Hinweis

> Verputzte Innendämmungen stellen im Sinne der VOB/C keine Leistungen des Trockenbaugewerks dar!

Leistungen, Aufmaß, Abrechnung

Aufgrund der teilweise uneindeutigen Regelungen ist es dem Fachunternehmer dringend anzuraten, eine eindeutige vertragliche Grundlage für die Ausführung seiner Arbeiten zu schaffen. Im günstigsten Fall wird diese vertragliche Grundlage bereits vom Planer vorgegeben. In der Praxis ist das aber leider nicht oft der Fall. Nur eindeutige Regelungen schaffen jedoch Klarheit bei den für den Ausführenden wesentlichen Punkten:

- Unterscheidung zwischen Nebenleistungen und Besonderen Leistungen,
- Aufmaß und Abrechnung.

In den jeweiligen Abschnitten 4 und 5 der ATV in der VOB/C sind zu diesen beiden Punkten die entsprechenden Festlegungen getroffen.

Beispiele

Festlegungen zu An- und Beiputzarbeiten sind in ATV DIN 18340 nicht enthalten, dafür aber in ATV DIN 18350.

Festlegungen zum Aufmaß von überwölbten Wandflächen sind ebenfalls nur in ATV DIN 18350 enthalten.

Fazit

Es gibt beachtenswerte Unterschiede in den Festlegungen der verschiedenen ATV für Aufmaß und Abrechnung von Innendämmungen. Bei der vertraglichen Vereinbarung des Soll-Zustandes sollte der Fachunternehmer daher auf die **Grundlage einer ATV bestehen**. Nur eine eindeutige vertragliche Vereinbarung, nach welcher ATV der VOB/C die Leistung ausgeführt werden soll, verhindert spätere Diskussionen über Besondere Leistungen sowie Aufmaß- und Abrechnungsmodalitäten.

Planerseitige Festlegungen für die vertragliche Vereinbarung

Fachregeln

Neben der konkreten Innendämmung, die eingebaut werden soll, sind an erster Stelle die Fachregeln anzugeben, nach denen die Ausführung vorgesehen ist:

- Handelt es sich um eine nachweisfreie Innendämmung nach DIN 4108-3,
- wird eine Innendämmung nach dem WTA-Merkblatt 6-4-09/D (WTA, 2009) ausgeführt oder
- eine gütegesicherte Innendämmung mit dem Ziel, dass nach Abschluss der Maßnahme das RAL-GZ 964 (RAL, 2013) für die fertige Leistung verliehen wird?

Leistungsbeschreibung

Die Innendämmung ist dann in der Leistungsbeschreibung so **erschöpfend darzustellen**, dass der Fachunternehmer eine eindeutige Zuordnung der Einzelleistungen in seinem Angebot vornehmen kann. Die häufig verwendete Formulierung „oder gleichwertig“ sollte dabei möglichst unterbleiben. Sämtliche für die fachgerechte Ausführung der Innendämmung notwendigen Details und Anschlüsse sind festzulegen und in Leistungspositionen zu erfassen.

Eine Zuordnung der Leistung im Sinne der VOB/C ist ebenfalls vorzunehmen. Außerdem sind über die eigentliche Innendämmung hinausgehende Maßnahmen, die mit der Gesamtmaßnahme in engem Zusammenhang stehen, in der Leistungsbeschreibung oder in der Beschreibung des Soll-Zustandes darzustellen.

Fachunternehmerseitige Festlegungen für die vertragliche Vereinbarung

Materialauswahl

Die Materialauswahl ist letztlich vom Fachunternehmer vorzunehmen. Sind Fabrikat und Typ eines Innendämmsystems angegeben, muss der Fachunternehmer die einzelnen zum **System gehörigen Materialien** ermitteln und eigenverantwortlich disponieren. Ist die Innendämmung dagegen nur in ihrer Funktionsweise beschrieben (z. B. Vorsatzschale mit Mineralfaserdämmstoff und Dampfbremse mit vorgegebenem s_d-Wert), kann der Fachunternehmer die Materialauswahl **herstellerunabhängig** vornehmen.

Bei zusätzlichen **Schallschutzanforderungen** an Vorsatzschalen in Trockenbauweise ist wiederum eine systemgebundene Auswahl der Materialien bei einem Hersteller fast unvermeidbar.

Fachgerechter Untergrund

Bei der Herstellung eines fachgerechten Untergrundes für das Kleben von Innendämmungen sind mehrere Szenarien denkbar. Ist das Entfernen des alten Innenputzes erforderlich und auch seitens der Planung vorgesehen, wird regelmäßig ein neuer **Ausgleichsputz** aufzubringen sein. In diesem Fall kann es notwendig sein, eine Vorbehandlung durchzuführen, einen Vorspritzmörtel aufzubringen oder aber den Ausgleichsputz aufgrund von erforderlichen Schichtdicken in 2 Lagen herzustellen. Diese Detailleistungen sind in den seltensten Fällen so umfassend in der Planung ausgeschrieben. Es ist vielmehr die ureigenste Aufgabe des Fachunternehmers, mit seinem Fachwissen sowohl die notwendigen Untergrundvorbehandlungen als auch die erforderlichen handwerklichen Detailleistungen für die Putzausführung (zweilagiger Putzaufbau, Bewehrungseinlagen usw.) zu bestimmen und diese Leistungen nachträglich anzubieten, wenn sie nicht bereits in der Planung vorgesehen sind.

2.2.3 Energetische Qualität

Aus energetischer Sicht sind 3 Fälle für die Definition des Soll-Zustandes denkbar:

- energetische Verbesserung einer Konstruktion mit einer nachweisfreien Innendämmung nach DIN 4108-3,
- energetische Verbesserung einer Konstruktion mit einer nachzuweisenden Innendämmung über das Maß der nachweisfreien Innendämmungen nach DIN 4108-3 hinaus, aber unterhalb des Niveaus der EnEV,
- energetische Verbesserung einer Konstruktion auf das nach der EnEV geforderte Niveau (oder besser).

Grenzwerte und Dämmstoffdicken

Die in der EnEV für Außenwände festgelegte Grenze für den Wärmedurchgangskoeffizienten U beträgt bei einer außen aufgebrachten Dämmung 0,28 $W/(m^2 \cdot K)$, bei einer innen montierten Dämmung 0,35 $W/(m^2 \cdot K)$. An die Innendämmung werden also geringere Anforderungen gestellt; es darf mehr Wärme durch das gedämmte Bauteil entweichen als bei der Außendämmung. Bei der Umrechnung des maximal zulässigen Wärmedurchgangskoeffizienten U in erforderliche Dämmstoffdicken ergibt sich für eine übliche Bestandskonstruktion (36,5 cm Vollziegel) eine Dicke von etwa 8 cm, wenn ein Dämmstoff mit der Wärmeleitfähigkeit $\lambda = 0{,}035\ W/(m \cdot K)$ verwendet wird, und eine Dicke von etwa 10 cm, wenn ein Dämmstoff mit der Wärmeleitfähigkeit $\lambda = 0{,}040\ W/(m \cdot K)$ verwendet wird. Bei dem Einsatz von in der kondensattolerierenden Systemgruppe häufig anzutreffenden Calciumsilikatplatten mit einer Wärmeleitfähigkeit $\lambda = 0{,}060\ W/(m \cdot K)$ ergibt sich sogar eine notwendige Dicke des Dämmstoffs von etwa 14 cm.

Hinweis

Bedacht werden muss, dass **feuchte Baustoffe mehr Wärme leiten als trockene**. Die von den Herstellern angegebenen Werte für die Wärmeleitfähigkeit λ ihrer Produkte gelten im Regelfall für das trockene Produkt. Bei der Ermittlung der für die gewünschte Verbesserung des Wärmeschutzes notwendigen Dämmstoffdicke ist deshalb darauf zu achten, dass eine gewisse Feuchte des Dämmstoffes zumindest im Winter nicht zu vermeiden ist. Die wärmedämmenden Eigenschaften des Dämmstoffs werden daher in dieser Zeit etwas schlechter sein als vom Hersteller angegeben. Dies kann dazu führen, dass die auszuführende Dämmstoffdicke etwas erhöht werden sollte, um auch baupraktisch die gewollten Verbesserungen zu erreichen.

Wirtschaftlichkeit

Die Forderungen der EnEV zur Begrenzung des Wärmeverlustes stellen nicht zwangsläufig die wirtschaftlichste Lösung dar. Bei einer Außenwand, die von innen gedämmt wird, ist die **Verringerung des Energieverlustes** mit den **ersten 4 bis 6 cm** Dämmstoffdicke am **größten**. Bei einer solchen Innendämmung ist auch die Auswirkung auf die Wärmebrücken noch moderat. Die Oberflächentemperaturen an den die Innendämmung begrenzenden Bauteilflächen sinken noch nicht so stark ab. Die nächsten etwa 4 cm Dämmstoffdicke bringen ebenfalls noch eine recht ansehnliche Verringerung des Energieverlustes, aber bereits nicht mehr so effektiv. Jetzt wird auch der Einfluss auf die Wärmebrücken deutlich größer und eine sach- und fachgerechte Planung und Ausführung dieser Bereiche wird unvermeidbar. Dämmstoffdicken über 10 cm verbessern den Wärmeverlust zwar immer noch, aber deutlich geringer und mit einem steigenden Einfluss auf die Wärmebrücken. Bei solchen Dämmstoffdicken werden in der Regel besondere Lösungen erforderlich.

Fazit

Es ist im Einzelfall durchaus möglich, dass sich die wirtschaftlichste und bautechnisch mit den geringsten Problemen umsetzbare Lösung mit einer Dämmstoffdicke ergibt, die unterhalb des rein wärmetechnisch bestmöglichen Niveaus liegt.

Fachwerkbauten

Für den Bereich der Fachwerkbauten sind die Anforderungen deutlich geringer. Hier wird in der EnEV ein Wärmedurchgangskoeffizient *U* von nur maximal 0,84 W/(m · K) gefordert, was lediglich dem Mindestwärmeschutz nach DIN 4108-2 entspricht. Innendämmungen bei Fachwerkbauten stellen aus gutem Grund einen Sonderfall dar. Ein **Feuchteeintrag von außen** kann bei Fachwerkbauten **baupraktisch nie vermieden** werden und die Trocknung dieser Feuchte muss in jedem Fall gewährleistet sein. Bei der Trocknung kommt neben dem Trocknungspotenzial der äußeren Bauteilschichten auch der von innen nach außen transportierten Wärmeenergie und den Materialeigenschaften des gewählten Dämmstoffs einer Innendämmung eine große Bedeutung zu. Durch die Begrenzung der Wärmedämmung soll letztlich vermieden werden, dass von innen gar keine Wärmeenergie mehr durch das Bauteil strömt. Ein kapillaraktiver Dämmstoff sichert für den Fall, dass Feuchte bis in die Ebene hinter der Innendämmung vordringt, ein gewisses Rücktrocknungspotenzial in Richtung des Innenraumes.

Hinweis

> Innendämmungen bei Fachwerkbauten sollten stets mit einer hygrothermischen Simulationsberechnung nachgewiesen werden (siehe Kapitel 2.2.4.2).

2.2.4 Festlegung der Nachweise

In der Praxis wird nicht bei jeder Innendämmung mit eher geringem Ausmaß eine umfangreiche Bestandsermittlung, Planung und Nachweisführung betrieben werden müssen. Bei einer Innendämmung in begrenztem Ausmaß, z. B. in einem älteren Einfamilienhaus an der Außenwand im Schlafzimmer, die nur einige wenige Tausend Euro Bausumme benötigt, ist es kaum wirtschaftlich, für die Planungsmaßnahmen genauso viel Geld oder noch mehr zu investieren.

Umfangreiche Innendämmung

Bei einer sehr umfangreichen Innendämmung dagegen, z. B. bei der Restrukturierung eines größeren Bürogebäudes, entstehen ganz andere Bausummen und der Aufwand für eine vollständige Nachweisführung einschließlich aller Berechnungen macht dann nur einen kleinen Anteil an den Baukosten aus. Der Umfang der Nachweisführung wird also auch immer mit dem Gesamtumfang der Maßnahme wirtschaftlich zusammenhängen: Je geringer der Umfang der Gesamtinvestition einer Innendämmung oder der Grad ihrer energetischen Verbesserung ist, desto eher kann zumindest über eine Vereinfachung der Nachweisführung nachgedacht werden. Ein gutes **Augenmaß** ist hier gefragt. Der Fachunternehmer kann mit seinem Fachwissen bereits eine grobe Einschätzung von Bestandssituationen leisten. Stuckateure, aber auch Maler, die sich regelmäßig mit Außen- und Innenputzen beschäftigen, sind bei dieser Einschätzung noch routinierter als z. B. reine Trockenbauer.

Praxistipp

Bedienen Sie sich insbesondere bei unklaren Situationen des Gebäudebestandes fachkundiger Hilfe, z. B. eines Bauphysikers.

Eine Bewertung der von Ihnen erbrachten Leistung durch einen Gutachter, ob bei der Abnahme oder zu einem späteren Zeitpunkt, wird immer nach dem vertraglichen Soll-Zustand erfolgen. Es ist Ihnen daher nachhaltig anzuraten, diesen Soll-Zustand exakt zu ermitteln und bis ins Detail umzusetzen.

Fazit

> Die Festlegung der zu führenden Nachweise stellt sich in der Praxis stets als **Zusammenspiel** von Fachunternehmer, Planer und Auftraggeber dar. Wird von einer vollständigen Nachweisführung abgewichen, z. B. aus wirtschaftlichen Gründen oder weil es sich um eine sehr gut einschätzbare Bestandskonstruktion handelt, sollte trotzdem der Weg dorthin zumindest so dokumentiert werden, dass er später nachvollzogen werden kann.

2.2.4.1 Wärmeschutznachweis

Anfertigung durch Sonderfachmann

Bei jeder größeren Baumaßnahme, insbesondere wenn ein Gebäude komplett energetisch saniert wird und/oder für die Baumaßnahme ein Bauantrag zu stellen ist, fertigt im Regelfall ein Sonderfachmann einen Wärmeschutznachweis an. Bestandteil eines solchen Nachweises ist neben der energetischen Betrachtung der zu dämmenden Bauteile auch eine Aussage darüber, wie mit Wärmebrücken umzugehen ist.

Praxistipp

Fordern Sie stets einen vorhandenen Wärmeschutznachweis vom Planer ein und sehen Sie sich ihn genau an. Abweichungen des Wärmeschutznachweises von den Vorgaben im Leistungsverzeichnis sind unbedingt zu klären.

2.2.4.2 Hygrothermische Simulationsberechnungen

Im Folgenden sollen nur die grundsätzlichen Inhalte der hygrothermischen Simulationsberechnungen dargestellt werden. Der Fokus liegt hierbei auf der Bedeutung dieser Berechnungen für den Fachunternehmer. Eine intensivere Auseinandersetzung würde den Rahmen dieses Buches sprengen, da es sich bei diesen Verfahren um wissenschaftliche Methoden handelt, die das beim Fachunternehmer vorauszusetzende Fachwissen übersteigen.

Begriff und Nutzen

Alle Transportmechanismen berücksichtigt

Hygrothermische Simulationsberechnungen stellen, vereinfacht gesagt, den **Feuchtehaushalt** einer Baukonstruktion über einen **längeren Zeitraum** dar. In den hygrothermischen Simulationsberechnungen werden nicht nur Diffusionsvorgänge (wie früher bei dem Glaser-Verfahren), sondern auch alle anderen Transportmechanismen der Feuchte berücksichtigt, also kapillare Leitung, Trocknung durch solare Einstrahlung, Sorption, Speicherverhalten der Baustoffe und Rücktrocknung nach innen. Ferner wird die Beanspruchung der Konstruktion aus dem individuellen äußeren und inneren Klima ermittelt. Diese Berechnungen können für Jahre im Voraus durchgeführt werden, weshalb auch ein langfristig bestehendes Feuchterisiko einer innen gedämmten Konstruktion erkannt werden kann.

EDV-Programme und Regelwerk

Bewältigung großer Datenmengen

Die hygrothermischen Simulationsberechnungen wurden etwa ab Mitte der 1990er-Jahre entwickelt und haben sich in der Zwischenzeit zu einem wichtigen Instrument bei der Planung und Bemessung von Baukonstruktionen etabliert. Nachdem die unterschiedlichen Mechanismen des Feuchtetransports in einem innen gedämmten Bauteil berechnet werden konnten, wurden Programme entwickelt, die in der Lage sind, die bei solchen Berechnungen anfallende immens große Datenmenge zu bewältigen (Abb. 2.7). Die wohl bekanntesten dieser Programme sind **„Wärme und Feuchte instationär“** (WUFI) des Fraunhofer-Instituts für Bauphysik und **„Delphin“** des Instituts für Bauklimatik der TU Dresden. Die Arbeit der WTA hat sicherlich zur Weiterentwicklung und Verbreitung dieser Programme beigetragen.

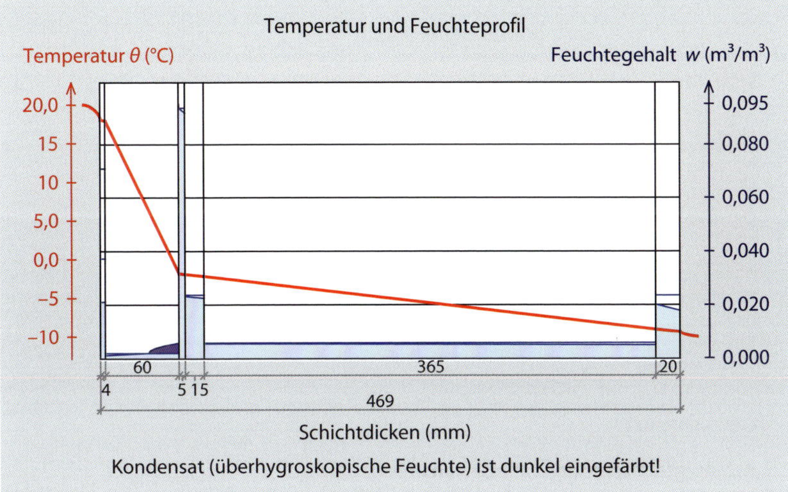

Abb. 2.7: Diagramm einer hygrothermischen Simulationsberechnung (Quelle: Knauf Aquapanel GmbH, Dortmund)

Mit den WTA-Merkblättern 6-1-01/D „Leitfaden für hygrothermische Simulationsberechnungen" (WTA, 2002), 6-2-01/D „Simulation wärme- und feuchtetechnischer Prozesse" (WTA, 2002) und 6-3-05/D „Rechnerische Prognose des Schimmelpilzwachstumsrisikos" (WTA, 2006) wurden auch viele Grundlagen für die DIN EN 15026 „Wärme- und feuchtetechnisches Verhalten von Bauteilen und Bauelementen – Bewertung der Feuchteübertragung durch numerische Simulation" (2007) geschaffen. Seit 2014 existiert das WTA-Merkblatt 6-5, in dem der Nachweis von Innendämmsystemen mittels numerischer Berechnungsverfahren dargestellt ist.

Baustoffdaten

Es ist nicht leicht, für jede denkbare Bestandssituation alle erforderlichen Daten exakt zu bestimmen. Da es sich allerdings um Rechenverfahren handelt, werden die Ergebnisse nur dann zutreffend sein, wenn auch die eingegebenen Daten zumindest annähernd korrekt sind. Für die meisten Baustoffe können die materialspezifischen Daten aus Tabellenwerken übernommen werden; die Beschaffung der äußeren und inneren Klimabedingungen stellt ebenfalls kein unüberwindliches Hindernis dar. Etwas schwieriger wird es bei der Bestimmung von materialspezifischen Baustoffdaten von älteren Bestandskonstruktionen.

Sicherheit der Berechnung

Tatsache ist, dass jede instationäre Feuchteberechnung nur so gut ist, wie die Daten, mit denen sie vorgenommen wurde (Abb. 2.8). Nur **ein falscher Wert** kann bereits dazu führen, dass die gesamte Berechnung ein Ergebnis bringt, das dann später in der Praxis einen Feuchteschaden nach sich zieht. Die Durchführung einer hygrothermischen Simulationsberechnung ist somit eine Aufgabe, die nur von erfahrenen Fachleuten vorgenommen werden sollte.

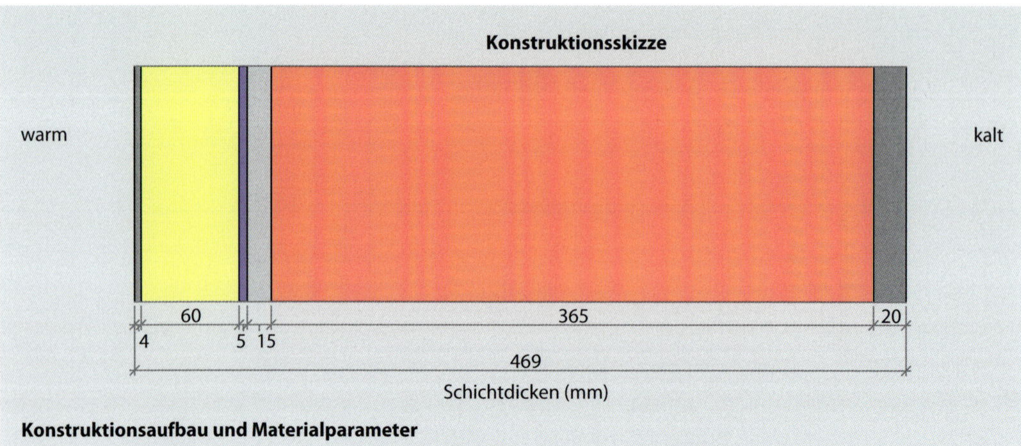

Konstruktionsaufbau und Materialparameter

	Material	*d* (mm)	λ (W/m · K)	μ (---)	w_{80} (m^3/m^3)	w_{sat} (m^3/m^3)	A_w ($kg/m^2s^{1/2}$)
1	TecTem Flächenspachtel	4	0,411	13,3	0,031	0,071	0,007
2	TecTem Insulation Board Indoor	60	0,045	6,0	0,002	0,422	1,980
3	TecTem Klebespachtel	5	0,930	35,0	0,079	0,257	0,009
4	Kalkzementputz	15	0,890	21,0	0,020	0,250	0,026
5	Altbauziegel	365	0,800	8,3	0,005	0,319	0,333
6	Kalkzementputz	20	0,890	21,0	0,020	0,250	0,026

d = Schichtdicke; λ = Wärmeleitfähigkeit; μ = Wasserdampfdiffusionswiderstandszahl; w_{80}/w_{sat} = Feuchtegehalt bei 80 % rel. Luftfeuchte bzw. bei Sättigung; A_w = Wasseraufnahmekoeffizient

Klimadaten

Winterklima

Klima auf der Warmseite		Klima auf der Kaltseite	
Temperatur	20,0 °C	Temperatur	–10,0 °C
relative Luftfeuchte	50,0 %	relative Luftfeuchte	80,0 %

Dauer der Kondensationsperiode (Winter): 60 Tage

Abb. 2.8: Bearbeitungsmaske eines Simulationsprogrammes (Quelle: Knauf Aquapanel GmbH, Dortmund)

Bedeutung in der Praxis und für den Fachunternehmer

Erfolgsnachweis vor der Ausführung

Waren Innendämmungen noch vor 30 Jahren rechnerisch nicht nachweisbar, ist der Nachweis heute computergestützt sehr sicher und über lange Zeiträume hinweg möglich. Für die Praxis auf der Baustelle stellt dies einen immensen Vorteil dar, kann doch so der Erfolg einer Innendämmung bereits vor der Ausführung theoretisch nachgewiesen werden.

Von dem Fachunternehmer wird auf der einen Seite nicht erwartet, dass er über so tief gehende Kenntnisse dieser hygrothermischen Simulationsberechnungen verfügt wie die Fachleute, die die Berechnungen ausführen. Auf der anderen Seite sollte er aber aufgrund des bei ihm vorauszusetzenden Fachwissens in der Lage sein, zumindest grobe Fehler in den der **Berechnung zugrunde liegenden Daten** zu erkennen. Ein z. B. grob falscher Wasseraufnahmekoeffizient *w* des Außenputzes oder s_d-Wert einer vorhandenen inneren Bauteilschicht (z. B. des Innenputzes) sollte von einem Fachunternehmer erkannt werden.

Hinweis bei fehlender Berechnung

Sofern eine hygrothermische Simulationsberechnung für die geplante Innendämmung durchgeführt wurde, sollte der Fachunternehmer diese vom Planer **anfordern**, zur Kenntnis nehmen und auf grobe Unstimmigkeiten **überprüfen**. Sofern keine Berechnung erfolgt ist, sollte er diese einfordern. In den Fällen, in denen eine hygrothermische Simulationsberechnung aus Kostengründen unterbleibt, ist er in der Pflicht, sich durch entsprechende Hinweise an den Bauherrn abzusichern. Er wird sich sonst in einem eventuell später auftretenden Schadensfall dem Vorwurf ausgesetzt sehen, seiner Hinweispflicht nicht nachgekommen zu sein.

Hinweis

Für nicht nachweisfreie Innendämmungen sind hygrothermische Simulationsberechnungen allgemein anerkannte Regeln der Technik. Sofern bei kleineren Maßnahmen auf eine hygrothermische Simulationsberechnung verzichtet wird, sollten die Überlegungen, die hierzu geführt haben, und die durchgeführte Ermittlung der Bestandssituation aus Gewährleistungsgründen im Verhältnis zwischen Auftraggeber und Fachunternehmer eindeutig dokumentiert werden.

2.3 Zusammenfassung

Die Ermittlung des Ist- und die Festlegung des Soll-Zustandes sind, gerade bei Bestandsbauten, ein oft komplexes und aufwendiges Prozedere. In der klassischen Rollenverteilung des Bauens wird diese Leistung vom Planer erbracht, der hierfür im Zweifelsfall weitere Fachleute einschalten muss. Wird eine solche Ermittlung bzw. Festlegung einem Fachunternehmer in Form von Angebotsunterlagen vorgelegt, hat dieser eine Prüfung der Planung nach dem Maßstab des bei einem Fachunternehmer vorauszusetzenden Fachwissens vorzunehmen. Dies hat Grenzen, denn es kann nicht erwartet werden, dass ein Fachunternehmer des Handwerks weitreichendere Kenntnisse zu bauphysikalischen Themen besitzt als ein mit der Planung beauftragter Bauphysiker.

Einen ganz anderen Fall stellt die direkte Zusammenarbeit des Unternehmers mit dem Bauherrn dar, also ohne Architekt (Planer), wie sie gerade bei Bestandsbauten immer häufiger anzutreffen ist. Die Modernisierung einer Bestandsimmobilie nach Kauf durch einen privaten Bauherrn erfordert keinen Bauantrag und somit nicht zwangsläufig die Mitwirkung eines Architekten. Oft werden in einem solchen Fall aber tiefgreifende Veränderungen der Bausubstanz vorgenommen und aus energetischen Gründen Innendämmungen angebracht. Arbeitet der Fachunternehmer in einem solchen Fall also ohne vorgegebene Ermittlung des Ist- bzw. Festlegung des Soll-Zustandes, muss er sich mit diesen Themen zwangsläufig auseinandersetzen. Er muss dem Bauherrn daher mitteilen, dass diese planerische Leistung zusätzlich zu erbringen ist und dass hierfür auch eine Vergütung angesetzt werden muss. Auch in einem solchen Fall müssen der Ist-Zustand und dessen Folgen für die Auswahl der Innendämmung sowie deren Soll-Zustand dokumentiert werden.

3 Auswahl einer Innendämmung

3.1 Die „Kunst", den richtigen s_d-Wert zu erreichen

Der s_d-Wert, also die wasserdampfdiffusionsäqivalente Luftschichtdicke, einer Innendämmung stellt neben dem Wärmedurchlasswiderstand R die zweite wichtige bauphysikalische Kenngröße einer Innendämmung dar. Ein für die individuelle Situation geeigneter s_d-Wert der Innendämmung ist für einen dauerhaft schadensfreien Bestand unabdingbar.

Wasserdampf-diffusionswiderstandszahl

Jeder Baustoff besitzt eine Wasserdampfdiffusionswiderstandszahl μ. Dieser Wert gibt an, wie groß **im Verhältnis zu Luft** der Widerstand dieses Stoffes ist, den Durchgang von Wasserdampf zu verhindern. Die in der Praxis auftretenden Werte für μ sind in DIN 4108-4 „Wärmeschutz und Energie-Einsparung in Gebäuden – Teil 4: Wärme- und feuchteschutztechnische Bemessungswerte" (2020) angegeben. Gipsputz besitzt z. B. eine Wasserdampfdiffusionswiderstandszahl μ von 10, ist also 10-mal so widerstandsfähig gegen Wasserdampfdurchgang wie Luft. Je dichter ein Baustoff in seinem Gefüge ist, desto höher ist seine Wasserdampfdiffusionswiderstandszahl μ. Eine Bitumenbahn hat z. B. eine Wasserdampfdiffusionswiderstandszahl μ von 80.000. Ist die Wasserdampfdiffusionswiderstandszahl μ eines Baustoffes bekannt, kann über die Schichtdicke der s_d-Wert der Baustoffschicht errechnet werden:

$$s_d = \mu \cdot d \tag{3.1}$$

mit

- d Dicke der Baustoffschicht (m)
- μ Wasserdampfdiffusionswiderstandszahl des Baustoffes
- s_d wasserdampfdiffusionsäqivalente Luftschichtdicke (m)

Beispiel

Eine 10 cm dicke Baustoffschicht mit $\mu = 20$ besitzt also einen s_d-Wert von $20 \cdot 0{,}1$ m = 2 m. Diese Baustoffschicht hat demnach einen Wasserdampfdiffusionswiderstand, der dem einer 2 m dicken Luftschicht entspricht.

DIN 4108-3 „Wärmeschutz und Energie-Einsparung in Gebäuden – Teil 3: Klimabedingter Feuchteschutz; Anforderungen, Berechnungsverfahren und Hinweise für Planung und Ausführung" (2024) unterscheidet **Schichten nach ihrem s_d-Wert** in

- diffusionsoffen (s_d-Wert bis 0,5 m),
- diffusionshemmend (s_d-Wert 0,5 bis 1.500 m) und
- diffusionsdicht (s_d-Wert ab 1.500 m).

Sommerliche „Umkehrdiffusion"

Je höher der s_d-Wert einer Innendämmung ist, desto mehr Widerstand wird sie dem Durchgang von Wasserdampf entgegensetzen. Der Wasserdampfdruck nimmt mit Temperatur und relativer Luftfeuchte zu. Die Richtung des Diffusionsstromes verläuft immer vom höheren zum niedrigeren Druck, im Winter also von innen nach außen, von warm nach kalt. Im Sommer dagegen ist es bei **schwül-warmem Wetter** möglich, dass auf der Außenseite eines Bauteils Temperatur und relative Luftfeuchte höher sind als auf der Innenseite und außen auch ein höherer Dampfdruck vorhanden ist. In diesem Fall wird ein Diffusionsstrom von außen nach innen feststellbar sein. Der s_d-Wert einer Innendämmung ist daher nicht nur für den Klimafall im Winter, sondern auch für die sommerliche „Umkehrdiffusion" zu betrachten. Da der s_d-Wert einer Innendämmung selbstverständlich in beide Richtungen gilt, beeinflusst er nicht nur den Eintrag von Wasserdampf in die Konstruktion von der jeweils feuchteren Seite, sondern auch deren Trocknung.

Hoher s_d-Wert

Rücktrocknung nach innen

In die Konstruktion eingedrungene Feuchte kann bei einem hohen s_d-Wert nicht so gut trocknen wie es bei einem niedrigen s_d-Wert der Fall wäre. Ein hoher s_d-Wert verhindert zwar im Winter den Eintrag von Feuchte in die Konstruktion durch Diffusion von innen. Wenn aber durch äußere Einflüsse (z. B. fehlender Schlagregenschutz) ein Auffeuchten der Gesamtkonstruktion erfolgt, verhindert ein hoher s_d-Wert auch die Rücktrocknung dieser Feuchte nach innen. Ähnlich verhält es sich bei Fehlstellen einer Innendämmung mit hohem s_d-Wert, die z. B. bei einer nicht luftdichten Verarbeitung entstehen können. Über diese Fehlstellen in die Dämmebene eingetragene Feuchte kann aufgrund des hohen s_d-Wertes nicht gut in den Raum rücktrocknen.

Begrenzung der Feuchte

Hohe s_d-Werte sind grundsätzlich nicht unproblematisch. Sie erfordern genaueste Kenntnis der Konstruktion, ihrer Schichten und der anfallenden Feuchte. Je höher der s_d-Wert einer Innendämmung ist, umso **weniger Feuchte** verträgt die Gesamtkonstruktion. In jedem Fall müssen die Anforderungen des Schlagregenschutzes erfüllt sein. Mit einem hohen s_d-Wert verringert sich das Trocknungspotenzial der Innendämmung, und zwar sowohl für von innen als auch für von außen eingetragene Feuchte. Daher muss bei der Auswahl einer Innendämmung mit hohem s_d-Wert größter Wert auf eine fehlerfreie, luftdichte Ausführung gelegt werden. Jegliche Fehlstelle kann sonst zu einem Schaden führen. Außerdem ist über den rechnerischen Nachweis der Innendämmung sicherzustellen, dass nicht eine über Jahre ansteigende Auffeuchtung des Bauteils entsteht.

Niedriger s_d-Wert

Sorptionsfähige Baustoffe verwenden

Ein niedriger s_d-Wert behindert den Wasserdampfdurchgang in beide Richtungen nur gering. Daher ist der Einsatz von sorptionsfähigen (wasseraufnehmenden) Baustoffen bei niedrigen s_d-Werten wichtig. Das sind Baustoffe, die die anfallenden Feuchtemengen auch verarbeiten können. Bei niedrigen s_d-Werten wird daher eine Art **Feuchtemanagement** betrieben. Ein Feuchteeintrag in die Innendämmung wird zugelassen, weil die eingesetzten Baustoffe Feuchte aufnehmen können und die Rücktrocknung in den Raum gewährleistet ist. Wichtig hierbei ist aber, dass die raumklimatischen Bedingungen eine Rücktrocknung überhaupt ermöglichen, d. h., dass durch Lüftung die vorher vorhandenen Feuchtigkeitsspitzen abgeführt werden.

Richtiger s_d-Wert

Der s_d-Wert einer Innendämmung sollte stets unter Berücksichtigung der bauphysikalischen Gesamtsituation festgelegt werden. Je **weniger** über die **Konstruktion bekannt** ist, desto eher sollte der s_d-Wert einer Innendämmung **nach oben begrenzt** werden. Auf der anderen Seite können Innendämmungen mit hohen s_d-Werten vor ebenso dichten Konstruktionen, z. B. Betonwänden, durchaus Sinn machen.

Baustoff und Konstruktion

Für die Festlegung des s_d-Werts einer Innendämmung sind die verwendeten Baustoffe von Bedeutung. Werden Baustoffe eingesetzt, die sich relativ unkritisch gegenüber einer (moderaten) Feuchte zeigen, kann auch der s_d-Wert begrenzt werden. Werden aber feuchteempfindliche Baustoffe verwendet, ist der s_d-Wert sicherlich höher zu wählen. Typische Konstruktionen für Innendämmungen mit den jeweils charakteristischen s_d-Werten werden in **Systemgruppen** unterteilt (siehe Kapitel 3.2).

Feuchteregulierende Schicht

Auch die Lage einer diffusionshemmenden oder diffusionssperrenden Schicht ist für die Festlegung des s_d-Werts der Innendämmung von entscheidender Bedeutung. Wird ein hoher s_d-Wert gewählt, weil der Feuchteeintrag beschränkt werden soll, kann trotzdem auf der Raumseite eine Schicht vorgesehen werden, die zu einer gewissen Feuchteregulierung der Raumluft beiträgt.

Beispiel

Eine klassische Variante für den raumseitigen Einsatz einer feuchteregulierenden Schicht ist die Vorsatzschale in Trockenbauweise mit eingebauter Dampfsperre (s_d-Wert > 1.500 m) und einer Bekleidung aus Gipskartonplatten. Raumseitig ist bei dieser Konstruktion somit eine Lage 12,5 mm dicker Gips vorhanden, der eine Ausgleichfeuchte von 2 % besitzt und je Quadratmeter Fläche rund ¼ l Wasser bis zu den Bedingungen der Ausgleichsfeuchte (23 °C und 80 % relative Luftfeuchte) aufnehmen kann. Bei einer zweilagigen Bekleidung kann der Gips sogar rund ½ l Wasser je Quadratmeter Fläche aufnehmen. Auch bei modernen, diffusionsdichten Varianten von Innendämmungen werden daher zunehmend Putzschichten auf der Innenseite eingesetzt, um eine Feuchteregulierung durch die sorptionsfähige Schicht vor der diffusionsdichten Ebene zu erhalten.

s_d-Wert bei nachweisfreien Innendämmungen

Mindestens 0,5 m

Für nachweisfreie Konstruktionen von Innendämmungen wird in DIN 4108-3 für die „klassische" Außenwand (Mauerwerk oder Beton) ein s_d-Wert von mindestens 0,5 m gefordert (nach oben offen!), aber eine Beschränkung des Wärmedurchlasswiderstands R auf maximal 1,0 m² · K/W vorgenommen. Dies hat seinen Grund darin, dass die aufgrund der **Beschränkung der Wärmedämmwirkung** der Innendämmung immer noch an die ehemalige Innenfläche der Außenwand gelangende Wärme eventuell die hier durch Diffusion oder kapillare Leitung auftretende Feuchte trocknen kann. Bei einer derartigen Beschränkung der Dämmwirkung werden stets auch hinter der Innendämmung noch Temperaturen herrschen, die über dem Gefrierpunkt liegen.

Hinweis

> Je höher der s_d-Wert bei einer nachweisfreien Konstruktion gewählt wird, desto weniger Feuchteeintrag wird durch Diffusion stattfinden und desto weniger spielt dann auch die Rücktrocknungsmöglichkeit eine Rolle. Je niedriger der s_d-Wert gewählt wird, desto mehr Feuchteeintrag wird es geben und desto wichtiger wird dann die **Rücktrocknung**.

Fachwerkkonstruktionen

Bei Fachwerkkonstruktionen wird der s_d-Wert von Innendämmungen auf Werte zwischen 1 und 2 m eingeschränkt. Grund für diese Einschränkung ist die gewollte Rücktrocknungsmöglichkeit von Feuchte in den Raum. Diffusionsdichte Innendämmungen im Fachwerkbereich sollten unterbleiben.

Fazit

> Der s_d-Wert einer Innendämmung sollte festgelegt werden in Abhängigkeit
>
> - vom Konstruktionsaufbau,
> - von der raumklimatischen Beanspruchung und
> - von den Feuchteeinflüssen von außen.
>
> Die Lage einer diffusionsdichten bzw. -hemmenden Schicht ist auf der warmen Seite der Konstruktion zu wählen, damit möglichst wenig Feuchte in das Bauteil eindringen kann, wobei das Anbringen zusätzlicher feuchteregulierender Schichten auf der Innenseite möglich ist.
>
> Konstruktionen mit **niedrigen s_d-Werten** können als **fehlertoleranter** bezeichnet werden. Konstruktionen mit **hohen s_d-Werten** erfordern eine stärkere **Begrenzung des Feuchteeintrags von außen**, da mit steigendem s_d-Wert auch das Rücktrocknungspotenzial zur Raumseite hin geringer wird.

3.2 Systemgruppen von Innendämmungen

Grundsätzlich werden Innendämmungen in 3 Systemgruppen eingeteilt:

- kondensatverhindernde Innendämmungen,
- kondensatbegrenzende Innendämmungen und
- kondensattolerierende Innendämmungen.

Schutzprinzip gegen Tauwasserbildung

Dabei stellt das Schutzprinzip gegen eine mögliche Tauwasserbildung in bzw. hinter der Dämmebene das Unterscheidungsmerkmal der einzelnen Gruppen dar. Die Gruppen unterscheiden sich hinsichtlich der Art der **Dämmstoffe**, und zwar primär hinsichtlich der Fähigkeit der Dämmstoffe, Feuchte aufzunehmen und wieder abzugeben, sowie hinsichtlich ihrer **s_d-Werte**, also ihrer Eigenschaft, der Wasserdampfdiffusion einen Widerstand entgegenzusetzen.

Praxistipp

Bei einer individuellen Konstruktion sind Sie in der Pflicht, die Verträglichkeit der einzelnen gewählten Baustoffe bzw. Bauteilschichten miteinander und deren Funktionalität selbst nachzuweisen. Da dies in aller Regel mit einer sehr umfangreichen Nachweisführung verbunden ist, wird die Auswahl eines **Innendämmsystems als Komplettlösung** in den meisten Fällen die praktikablere Lösung sein.

Abb. 3.1: Ausführung einer dampfdichten Innendämmung (Quelle: Deutsche Foamglas GmbH, Erkrath)

Abb. 3.3: Schwimmbäder sind ein typischer Einsatzbereich für dampfdichte Innendämmungen. (Quelle: Deutsche Foamglas GmbH, Erkrath)

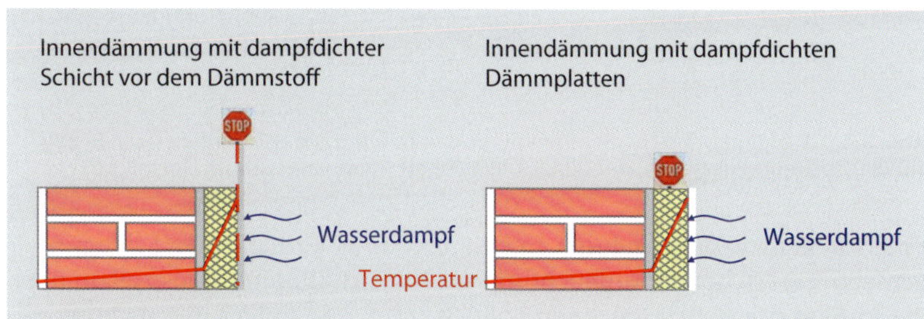

Abb. 3.2: Wirkungsweise einer kondensatverhindernden Innendämmung mit dampfdichter Schicht und dampfdichtem Dämmstoff (Quelle: Knauf Aquapanel GmbH, Dortmund)

3.2.1 Kondensatverhindernde Innendämmungen

Wie funktionieren diese Innendämmungen?

Dampfdichte Schicht

Bei kondensatverhindernden Innendämmungen soll **keine Wechselwirkung** des **Raumklimas** mit dem **Bauteil** stattfinden (Abb. 3.1). Um dies zu erreichen, wird entweder der Dämmstoff selbst dampfdicht ausgeführt oder aber raumseitig eine dampfdichte Schicht vor den Dämmstoff gesetzt. Hierdurch wird jegliche Wasserdampfdiffusion von der warmen Raumseite in die Konstruktion unterbunden (Abb. 3.2). Dampfdicht im Sinne der DIN 4108-3 bedeutet hierbei, dass der s_d-Wert des dampfdichten Dämmstoffs oder der dampfdichten Schicht mehr als 1.500 m beträgt.

Schwimmbäder

Ein **typischer Einsatzbereich** für solche Innendämmungen sind Schwimmbäder (Abb. 3.3) mit ihrem ständig feuchten Innenklima, bei denen selbstverständlich verhindert werden muss, dass diese Feuchte in die Dämmebene eindringt.

Was ist zu beachten?

Unabhängig vom Innenraumklima

Charakteristisch für diese Innendämmungen ist, dass sie praktisch unabhängig vom Innenraumklima funktionieren und Feuchteanreicherungen in der Dämmebene durch dauerhaft hohe Raumluftfeuchte nicht entstehen können. Dies ist sicher als **Vorteil** zu werten, bringt aber auch **Risiken** mit sich. Denn so dampfdicht derartige Innendämmungen von der Raumseite aus sind, so dampfdicht sind sie auch von der Konstruktionsseite aus. Innendämmungen dieser Bauart besitzen praktisch keinerlei Rücktrocknungspotenzial in Richtung des Innenraumes und müssen somit dauerhaft trocken bleiben.

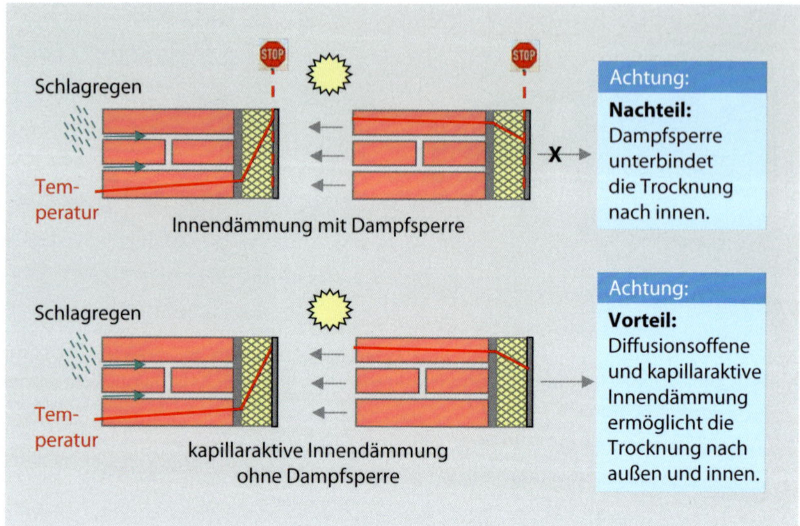

Abb. 3.4: Wirkungsweise einer Innendämmung mit und ohne Dampfsperre in Bezug auf die Trocknung nach Schlagregen (Quelle: Knauf Aquapanel GmbH, Dortmund)

Hoher Schlagregenschutz

Eine von der Außenseite durch einen nur bedingt vorhandenen Schlagregenschutz entstehende Auffeuchtung der Konstruktion muss also allein über die **Außenseite** wieder **trocknen** können (Abb. 3.4). Sofern dies nicht möglich ist, reichert sich im Querschnitt der Konstruktion über mehrere Jahre hinweg immer mehr Feuchte an, die bis in den Bereich hinter der Innendämmung vordringen und hier zu Bauschäden führen kann. Die Temperaturen hinter der Innendämmung werden sich insbesondere im Winter nahe der Frostgrenze oder sogar darunter bewegen, sodass hier vorhandene Feuchte zudem noch gefrieren kann. Für den Fachunternehmer bedeutet dies, dass er bei der Ausführung von kondensatverhindernden Innendämmungen unbedingt auf eine fachgerechte Bewertung des Schlagregenschutzes achten muss (siehe Kapitel 2.1.2).

Hinweis

> Je dampfdichter die auf der Innenseite des Bauteils angebrachte Innendämmung ist, desto höhere Anforderungen müssen an den äußeren Schlagregenschutz gestellt werden.

Detailausbildung

Bei der Ausführung von kondensatverhindernden Innendämmungen ist der Detailausbildung größte Aufmerksamkeit zu widmen. Insbesondere Bauteilanschlüsse im Bereich von Fenstern oder sonstigen Durchdringungen sind genauso dampfdicht herzustellen wie die zu dämmende Fläche selbst. Undichte Anschlüsse führen zu einem Feuchteeintrag in die Dämmebene und können zu Schäden führen, die erst sehr spät erkannt werden. Da derartige Konstruktionen kein Rücktrocknungspotenzial in den Innenraum besitzen, bleibt einmal eingedrungene Feuchte in der Dämmebene und reichert sich bei konstruktiven Fehlern auch immer mehr an. Dampfdichte Innendämmungen müssen daher stets auch konsequent **luftdicht** ausgeführt werden.

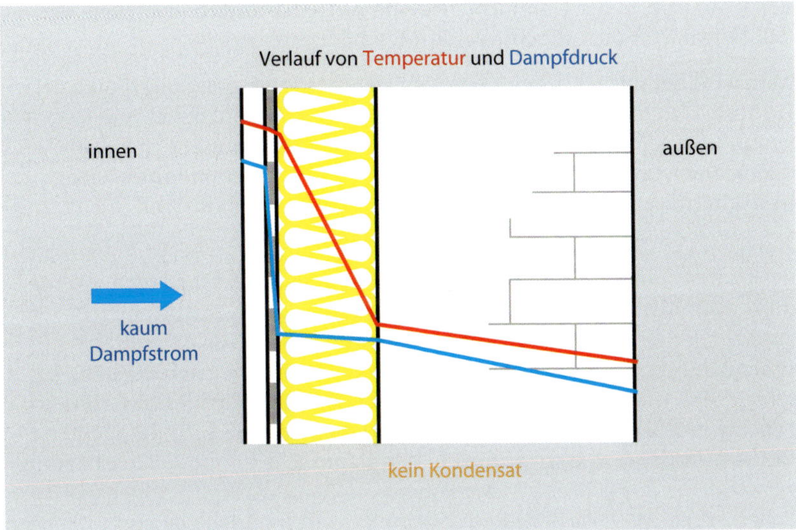

Abb. 3.5: Wirkungsweise einer kondensatbegrenzenden Innendämmung (Quelle: Xella International GmbH, Duisburg)

Fazit

Kondensatverhindernde Innendämmungen sind sinnvoll und für den Fachunternehmer unter Gewährleistungsaspekten vertretbar auszuführen, wenn die Außenseite der zu dämmenden Konstruktion keinerlei Risiko einer Auffeuchtung aufweist und über die Bewertung des Innenraumklimas eine Wechselwirkung desselben mit der Konstruktion verhindert bzw. ausgeschlossen werden soll.

3.2.2 Kondensatbegrenzende Innendämmungen

Wie funktionieren diese Innendämmungen?

Dampfbremsende Schicht

Bei kondensatbegrenzenden Innendämmungen wird der Wasserdampfdiffusion von der Raumseite her ein Widerstand entgegengesetzt, der jedoch einen **begrenzten Eintrag von Feuchte** in die Dämmebene zulässt (Abb. 3.5). Hierbei können nach DIN 4108-3 dampfbremsende Schichten mit einem s_d-Wert von 0,5 bis 1.500 m zum Einsatz kommen. Diese recht große Spanne bedingt erhebliche Unterschiede in der feuchtetechnischen Bewertung solcher Konstruktionen. Während eine dampfbremsende Schicht mit einem s_d-Wert von 0,6 m fast noch diffusionsoffen ist, muss eine dampfbremsende Schicht mit einem s_d-Wert von 1.499 m praktisch als dampfdicht bezeichnet werden. Schon deshalb wird klar, dass derartige Innendämmungen eine sorgfältige Bewertung des Innenraumklimas und der Wechselwirkungen desselben mit der Dämmebene erfordern.

Was ist zu beachten?

Rücktrocknungspotenzial

Die Menge an Feuchte, die bei dieser Art der Innendämmungen toleriert wird, muss selbstverständlich bekannt sein und es muss sichergestellt sein, dass die eingedrungene Feuchte wieder in Richtung des Raumes rücktrocknen kann bzw. in der Dämmebene **keine Auffeuchtungen** entstehen, die den Dämmstoff oder die Konstruktion schädigen können.

Man wird bei solchen Konstruktionen stets das Rücktrocknungspotenzial in Richtung des Innenraumes bewerten müssen. In Abhängigkeit vom jeweils gewählten s_d-Wert des Dämmstoffs bzw. der dampfbremsenden Schicht wird daher eine feuchtetechnische Bewertung der Konstruktion mittels einer hygrothermischen **Simulationsberechnung** quasi unabdingbar.

Feuchteadaptive Folien

Auch bei kondensatbegrenzenden Innendämmungen muss die Außenseite des Bauteils hinsichtlich des Schlagregenschutzes bewertet werden. Dieser muss auch hier den objektspezifischen Anforderungen entsprechen, da ein zusätzlicher Eintrag von Feuchte über die Außenseite von der gewählten Innendämmung unter Umständen nicht mehr verkraftet werden kann. Im selben Maß wie die gewählte damfbremsende Schicht den Eintrag von Feuchte von der Raumseite her verhindert, begrenzt sie auch das mögliche Rücktrocknungspotenzial zurück in den Raum. Die für diese Bauart häufig verwendeten dampfbremsenden Folien sind heute als sog. feuchteadaptive Folien erhältlich. Dies bedeutet, dass ihr s_d-Wert innerhalb gewisser Grenzen variabel auf den Feuchtehaushalt reagiert und einen besseren Ausgleich zwischen der feuchteren und der trockeneren Seite zulässt.

Detailausbildung

Die Detailausbildung der Innendämmung im Bereich von Anschlüssen und Durchdringungen ist äußerst sorgfältig zu planen. Auch kondensatbegrenzende Innendämmungen müssen **luftdicht** ausgeführt werden, da über Leckagen Hinterströmungen der Dämmebene entstehen, die zu einem unzulässigen Eintrag von Feuchte führen können.

Praxistipp

Sie sollten stets prüfen, ob eine derartige Innendämmung einen feuchtetechnischen Nachweis erfordert. Hiervon ist in der Regel dann auszugehen, wenn bereits einer der beiden Faktoren Schlagregenschutz und Innenraumklima nicht abschließend sicher beurteilt werden kann.

Fazit

Kondensatbegrenzende Innendämmungen sind sinnvoll in den Fällen einsetzbar, in denen sowohl der äußere Schlagregenschutz sicher nachgewiesen ist als auch die zu erwartenden klimatischen Bedingungen im Innenraum dauerhaft unkritisch sind.

3.2.3 Kondensattolerierende Innendämmungen

Wie funktionieren diese Innendämmungen?

Hydrophile Baustoffe

Innendämmungen dieser Gruppe setzen der **Wasserdampfdiffusion** von der Raumseite her in die Dämmebene bzw. Konstruktion **praktisch keinen Widerstand** entgegen. Sie sind daher diffusionsoffen und besitzen auch keine separate Schicht auf der Raumseite mit diffusionsregulierenden Eigenschaften (Abb. 3.6). Im Sinne der DIN 4108-3 ist bei kondensattolerierenden Innendämmungen ein s_d-Wert von unter 0,5 m vorhanden. Typische Konst-

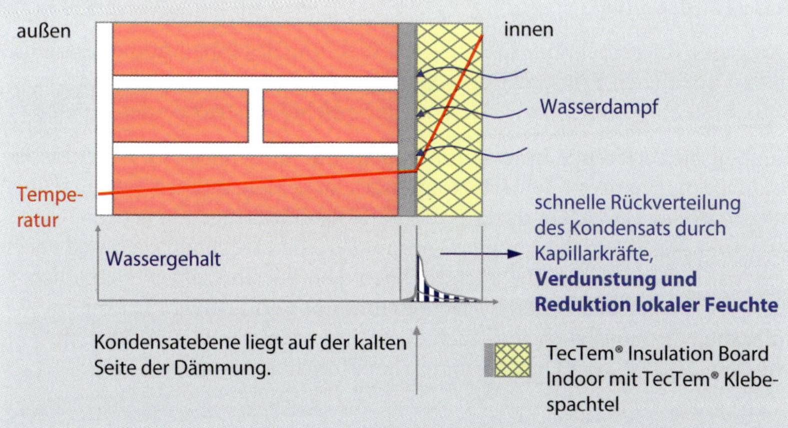

Abb. 3.6: Wirkungsweise einer kondensattolerierenden Innendämmung (Quelle: Knauf Aquapanel GmbH, Dortmund)

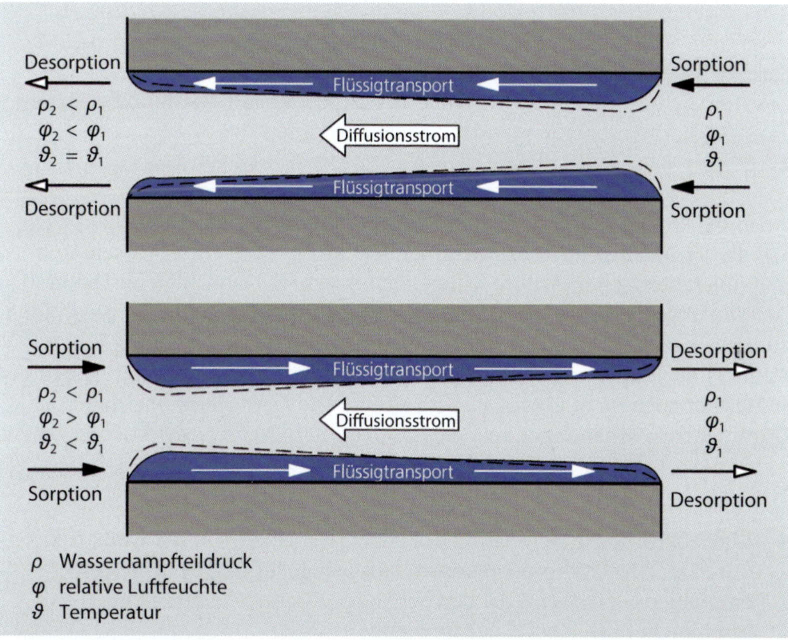

Abb. 3.7: Feuchtetransport in hydrophilen, porösen Materialien bei unterschiedlichen Randbedingungen (Quelle: Fraunhofer-Institut für Bauphysik, Holzkirchen; in: B+B [2011], 2, S. 43)

ruktionen dieser Bauart beinhalten einen kapillaraktiven Dämmstoff, der aufgrund seiner bauphysikalischen Eigenschaften in der Lage ist, entstehende Feuchte aufzunehmen, in seiner Baustoffstruktur schadensfrei zu verteilen und auch wieder abzugeben, entsprechende Verhältnisse vorausgesetzt. Derartige Baustoffe werden auch als hydrophil bezeichnet und können Feuchte bis zu den ihnen eigenen Grenzen aufnehmen (Abb. 3.7). Sie werden in der Regel vollflächig auf die vorhandene Konstruktion mit einem hierfür geeigneten Mörtel geklebt und auf der Raumseite mit einer ebenfalls diffusionsoffenen Beschichtung versehen.

Was ist zu beachten?

Diffusionsoffene Oberfläche

Das große Rücktrocknungspotenzial in Richtung des Innenraumes dieser diffusionsoffenen Konstruktionen darf **nicht** durch **diffusionsdichte Schichten eingeschränkt** werden, wie z. B. dichte Anstriche oder Tapeten.

Detailausbildung

Kondensattolerierende Innendämmungen sind im Bereich von Anschlüssen und Durchdringungen fehlertoleranter als die beiden anderen Systemgruppen. In diesen Bereichen durch bauliche Fehler eindringende Feuchte wird aufgrund der Eigenschaften der Dämmmaterialien aufgenommen und verteilt, kann aber auch wieder rücktrocknen. Hierbei sind selbstverständlich die Grenzen der Baustoffe zu beachten und nur **geringfügige Leckagen tolerabel**. Grundsätzlich sind auch diese Innendämmungen im Bereich von Anschlüssen und Durchdringungen luftdicht auszuführen.

Praxistipp

Da bei kondensattolerierenden Innendämmungen quasi ein Feuchtemanagement betrieben wird, kommt den Eigenschaften der einzelnen Bestandteile und ihrem Zusammenwirken sehr große Bedeutung zu. In dieser Systemgruppe wird in aller Regel die Auswahl eines **Innendämmsystems** eines Herstellers die beste Lösung darstellen, bei dem die einzelnen Komponenten aufeinander abgestimmt sind.

Rücktrocknung nicht überbewerten

Auch bei kondensattolerierenden Innendämmungen muss der Schlagregenschutz der Außenseite des zu dämmenden Bauteils gewährleistet sein und den objektbezogenen Anforderungen entsprechen. Denn auch bei dieser Ausführungsart würde eine Anreicherung von Feuchte in der Konstruktion zu Bauschäden führen. Das Rücktrocknungspotenzial in Richtung Innenraum ist bei kondensattolerierenden Innendämmungen zwar relativ hoch, sollte aber auch nicht überbewertet werden. Die Frostgefahr bei hinter der Dämmebene vorhandener Feuchte ist auch mit dieser Konstruktion gegeben.

Hinweis

> Eine abgesicherte Bewertung des Feuchtehaushaltes in der Konstruktion durch eine hygrothermische Simulationsberechnung ist insbesondere empfehlenswert, wenn die den Schlagregenschutz bestimmenden Faktoren nicht hinreichend bekannt sind.

Nutzerverhalten

Kondensattolerierende Innendämmungen werden in der Praxis als feuchteregulierend oder raumklimatisch aktiv beworben, da sie eine hohe Raumluftfeuchte wirksam reduzieren und die eingelagerte Feuchte zu einem späteren Zeitpunkt wieder abgeben können. Das trifft natürlich nur dann zu, wenn einer Phase mit hoher Luftfeuchte auch eine **Phase mit geringer Luftfeuchte** folgt. Ansonsten wird die im Baustoff eingelagerte Feuchte keinerlei Veranlassung haben, den Baustoff wieder zu verlassen. Ist also die Raumluftfeuchte dauerhaft hoch, wird sich auch ein sorptionsfähiger Dämmstoff immer mehr mit Feuchte anreichern. Dann können durchaus oberflächennah Feuchtewerte in der Innendämmung von mehr als 90 % auftreten und zum Versagen der Konstruktion führen. Das dauerhafte Funktionieren einer diffusionsoffenen und kapillaraktiven Innendämmung wird daher auch immer vom Nutzerverhalten abhängen. Rücktrocknungspotenziale können nur dann ausgeschöpft werden, wenn Innenräume auch mit Bedacht genutzt und gelüftet werden.

Praxistipp

Übergeben Sie dem Nutzer bzw. seinem Auftraggeber mit Abschluss der Arbeiten einen Hinweis auf die für das dauerhafte Funktionieren einer kondensattolerierenden Innendämmung erforderliche Nutzung und Lüftung und dokumentieren Sie dies.

Fazit

Kondensattolerierende Innendämmungen können in den Fällen eingesetzt werden, in denen der äußere Schlagregenschutz gewährleistet ist und die inneren klimatischen Bedingungen für eine Rücktrocknung der Dämmschicht geeignet sind. Für übliche Innenraumnutzungen als Wohnraum sind diese Innendämmungen im Regelfall sehr gut geeignet.

3.3 Konstruktionsvarianten der Systemgruppen und Herstellerübersicht

3.3.1 Konstruktionsvarianten der Systemgruppen

Die einzelnen Konstruktionsvarianten der dargestellten Systemgruppen unterscheiden sich im Wesentlichen dadurch, dass entweder ein Baustoff allein oder ein mehrschichtiger Aufbau die Systemeigenschaften definiert. Die Oberflächenbeschichtungen der Innendämmung, wie z. B. Tapeten, Farben, Putze o. Ä., dürfen die Systemeigenschaften nicht negativ beeinflussen.

Kondensatverhindernde Innendämmungen

Für diese Systemgruppe sind 3 Konstruktionsvarianten in der Praxis verbreitet:

- Innendämmung aus einem dampfdichten Dämmstoff,
- Innendämmung als Vorsatzschale mit Unterkonstruktion, Dämmstoff, dampfdichter Schicht auf der Raumseite des Dämmstoffs und einer raumseitigen Bekleidung aus z. B. Gipskartonplatten,
- Innendämmung aus Verbundplatten mit dampfdichter Schicht.

Dampfdichter Dämmstoff

Bei Innendämmungen aus einem dampfdichten Dämmstoff wird in der Praxis häufig **Schaumglas** als dampfdichter Dämmstoff verwendet, ein genormter Baustoff, der aus aufgeschäumtem Recyclingglas besteht. Es steht eine umfangreiche Palette von Innendämmsystemen zur Verfügung, die nach den Vorschriften des Herstellers zu verarbeiten sind. In Abstimmung mit dem Hersteller sind unterschiedliche raumseitige Beschichtungen ausführbar.

Vorsatzschale in Trockenbauweise

Bei Innendämmungen als Vorsatzschalen in Trockenbauweise wird die kondensatverhindernde Schicht in aller Regel durch eine **Aluminiumfolie** hergestellt. Diese Folie wird nach der Montage der Unterkonstruktion und dem Einbau des Dämmstoffs vollflächig auf der Unterkonstruktion montiert und im Bereich der Überlappungen bzw. der Randanschlüsse mit Aluminium-Klebeband abgedichtet. Die Bekleidung auf der Raumseite kann dann mit unterschiedlichen Baustoffen hergestellt werden.

Verbundplatten

Bei Innendämmungen aus Verbundplatten besteht die kondensatverhindernde Schicht zumeist ebenfalls aus einer **Aluminiumfolie**, die als Zwischenlage auf der Dämmschicht dann bereits vom Hersteller vorkonfektioniert ist. Gipskarton-Verbundplatten mit einer solchen kondensatverhindernden Schicht werden ähnlich wie ein Trockenputz mit hierfür geeigneten Klebern an dem zu dämmenden Bauteil befestigt und ggf. zusätzlich gedübelt.

Hinweis

Am Markt werden seit Kurzem auch **Verbundplatten** vertrieben, die die Eigenschaften von **kondensatverhindernden und kondensattolerierenden** Innendämmungen miteinander kombinieren. Bei diesen Verbundplatten ist vor der dampfdichten Schicht eine Schicht aus einem hydrophilen Dämmstoff vorhanden, wodurch die Verbundplatten auf der Raumseite Feuchte bis zu einem gewissen Grad aufnehmen können. Die aufgenommene Feuchte wird aber nur bis maximal zur dampfdichten Schicht in den Verbundplatten verteilt.

Kondensatbegrenzende Innendämmungen

Bei dieser Systemgruppe sind folgende Konstruktionsvarianten in der Praxis verbreitet:

- Innendämmung aus dampfbremsendem Dämmstoff, bedingt sorptionsfähig,
- Innendämmung als Vorsatzschale mit Unterkonstruktion, Dämmstoff, dampfbremsender Schicht auf der Raumseite des Dämmstoffs und einer raumseitigen Bekleidung aus z. B. Gipskartonplatten,
- Innendämmung aus Verbundplatten mit dampfbremsender Schicht.

Dampfbremsende raumseitige Beschichtung

Kondensatbegrenzende Innendämmungen sind in der Praxis nicht mehr so verbreitet, wie dies noch vor einigen Jahren der Fall war. Der Vorteil dieser Innendämmungen besteht jedoch darin, dass auch raumseitige Beschichtungen ausgeführt werden können, die eine gewisse dampfbremsende Wirkung haben. Die dampfbremsende Wirkung der raumseitigen **Beschichtung** sollte nur **kleiner** als die der eigentlichen dampfbremsenden **Schicht** sein. In der Praxis sind am häufigsten die Vorsatzschalen mit Unterkonstruktion, Dämmstoff, feuchtevariabler Folie und Bekleidung anzutreffen.

Seitens der Industrie werden für kondensatbegrenzende Innendämmungen die unterschiedlichsten Folien und Dampfbremspappen mit s_d-Werten von etwa 2 bis 150 m angeboten.

Kondensattolerierende Innendämmungen

Diese Systemgruppe ist in der Praxis am häufigsten mit folgenden Konstruktionsvarianten vertreten:

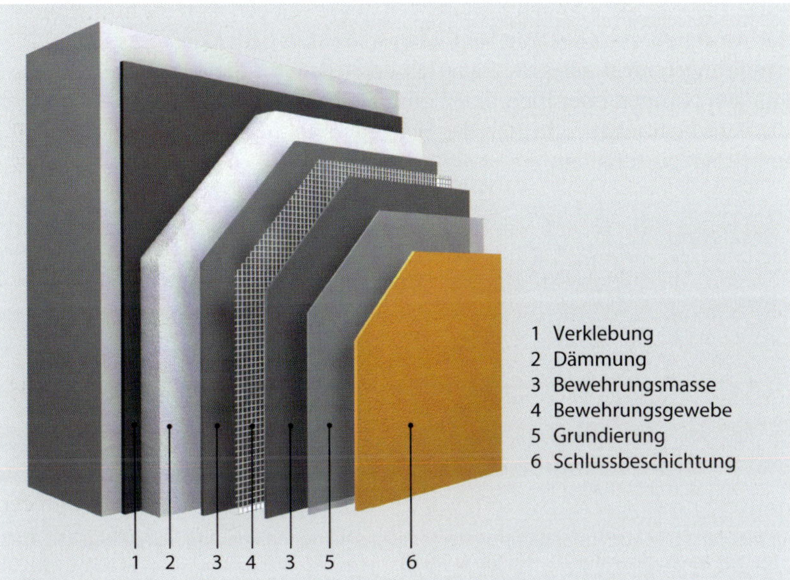

Abb. 3.8: Schichtenaufbau einer kondensattolerierenden Innendämmung (Quelle: Sto AG, Stühlingen)

- Innendämmung aus plattenförmigen Baustoffen (in aller Regel sorptionsfähiges Material) mit einer raumseitigen Beschichtung (Abb. 3.8),
- Innendämmung aus wärmedämmendem, sorptionsfähigem Putz bzw. Putzmischungen (Wärmedämmputz).

Wärmedämmputze

Es ist durchaus festzustellen, dass in den vergangenen 10 Jahren immer mehr auf kondensattolerierende Innendämmungen gesetzt wurde, denen von der Industrie eine praktisch uneingeschränkte Verwendbarkeit attestiert wird. Während die erstgenannte Konstruktionsvariante eine immer stärkere Verbreitung in der Praxis erfährt, stellt die zweite Variante eher den Sonderfall dar. Wärmedämmputze stellen allerdings aufgrund ihrer porösen Struktur und ihrer wärmedämmenden Eigenschaft insbesondere im **Fachwerkbereich** eine sinnvolle Alternative dar.

Plattenförmige Baustoffe

Kondensattolerierende Innendämmungen aus plattenförmigen Baustoffen sind in aller Regel Systeme, die komplett von einem Hersteller geliefert werden und aus einem Kleber für die Dämmplatten, aus den Dämmplatten selbst sowie aus einem Beschichtungs- bzw. Putzsystem zur Herstellung der raumseitigen Oberfläche bestehen. Die **Materialvielfalt** bei den plattenförmigen Baustoffen reicht von Perlite über Calciumsilikat und Mineralschaum bis hin zu Lehmbaustoffen und Holzfaserprodukten. Es dürfen nur diffusionsoffene raumseitige Beschichtungen ausgeführt werden.

In sich funktionsfähiges System

Soweit eine kondensattolerierende Innendämmung als System komplett bezogen und nach den Herstellerangaben verarbeitet wird, kann der Fachunternehmer von einem in sich funktionsfähigen System ausgehen. Es müssen dann nur noch die **Randbedingungen** für das Funktionieren des Systems im objektspezifischen Einzelfall sichergestellt werden. Für die Verarbeitung dieser Systeme ist eine Kenntnis der Herstellerangaben natürlich obligatorisch. Insbesondere sollten die Grenzen des jeweiligen Systems hinsichtlich der Anwendbarkeit bekannt sein. Man sollte stets bedenken, dass Innendämmungen nicht geregelte Bauarten darstellen, für die es keine allgemeingültigen Normen oder Richtlinien gibt. Deshalb treten bei diesen Bauarten die Verarbeitungsvorschriften des Herstellers an die erste Stelle und sind unbedingt einzuhalten.

Praxistipp

Fordern Sie eine objektbezogene Beratung durch den Hersteller des Systems ein.

Tabelle 3.1: Übersicht über die Hersteller von Innendämmsystemen (Quelle: Innendämmung Marktübersicht, B+B [2012], Trockenbau Akustik, Spezial Innendämmung, S. 40–53, Auszug)

Hersteller	Produktname	Materialbasis	Formate in cm
ALLIGATOR FARBWERKE GmbH Enger	ALLFAtherm Innendämmsystem	Mineralschaum-Dämmplatten auf Calciumsilikat-Basis	60 × 39
HECK WALL-Systems GmbH & Co. KG Marktredwitz	Heck DP MIN (Heck Mineralischer Dämmputz)	Wärmedämmputz nach DIN EN 998-1 aus mineralischen Bindemitteln mit mineralischen Leichtzuschlägen	./.
	Heck DP EPS (Heck Dämmputz EPS)	Wärmedämmputz nach DIN EN 998-1 aus mineralischen Bindemitteln mit Leichtzuschlägen aus expandiertem Polystyrol (EPS)	./.
	Heck IDP MS (Heck Innendämmplatte MS)	hydrophile mineralische Dämmplatte auf natürlicher Basis (ohne Faser- und Kunststoffzusätze); Zusammensetzung: Weißkalkhydrat, Siliciumdioxid, Protein als Porenbildner	38 × 58
Calsitherm Silikatbaustoffe GmbH Bad Lippspringe	Calsitherm Klimaplatte	anorganisch, Calciumsilikat	125 × 100
CASIPLUS GmbH Augsburg	Casiplus Klimaplatten zur Schimmelsanierung und Innendämmung	quarzfreies Calciumsilikat	122 × 100, alternativ 61 × 50
CLAYTEC e. K. Viersen	Claytec Pavadentro	organisch, Nadelholz	40 × 102

Vor der Ausführung von kondensattolerierenden Innendämmungen ist zu prüfen, ob vorhandene Innenputze, insbesondere Gipsputze, verbleiben können. Die Aussagen der Hersteller hierzu sind durchaus different. Aufgrund der geänderten thermischen und feuchtetechnischen Situation im Bereich der alten Oberfläche ist ein Verbleib von gipshaltigen Putzen zumindest fraglich (siehe Kapitel 6.2.2). Gipsputze

3.3.2 Herstellerübersicht

Im Folgenden wird eine Übersicht über die Hersteller von Innendämmsystemen gegeben, die keinen Anspruch auf Vollständigkeit erhebt (Tabelle 3.1). Insbesondere im Bereich der natürlichen Baustoffe weist die Übersicht sicherlich Lücken auf.

Dicken in cm	Bemessungswert der Wärmeleitfähigkeit in W/(m · K)	Wasserdampfdiffusionswiderstandszahl μ (~)	mögliche Untergründe	Abrufadresse Technisches Datenblatt
5; 6; 8; 10; 12; 14; 16; 18; 20	0,042	2 bis 3	Mauerwerk, Beton, Zementputz, Kalkputz, Kalkzementputz	www.alligator.de
2 bis 10	0,09	ca. 7	Mauerwerk jeder Art (mit oder ohne Altputz/Anstrich), auch im Fachwerkbereich als kapillaraktive Innendämmung einsetzbar	www.wall-systems.com
2 bis 10	0,07	ca. 8	Mauerwerk jeder Art (mit oder ohne Altputz/Anstrich), auch im Fachwerkbereich als kapillaraktive Innendämmung einsetzbar	www.wall-systems.com
5 bis 10	0,042	ca. 5	Mauerwerk jeder Art, auch auf tragfähigem und klebegeeignetem Altputz	www.wall-systems.com
2,5 bis 12,0	0,06	3 bis 6	Kalkzementputz, Mauerwerk jeder Art, kein Gipsputz	https://www.calsitherm.de/
2,5; 3; 5; alle Dicken bis 10 auf Anfrage lieferbar	0,062	3	alle Untergünde; Gipsputze ggf. entfernen bzw. grundieren	www.casiplus.de/downloads
4; 6; 8	0,045	5	Putze jeder Art, Mauerwerk, Fachwerk	www.claytec.de

Tabelle 3.1: Fortsetzung

Hersteller	Produktname	Materialbasis	Formate in cm
conluto® Vielfalt aus Lehm Blomberg/Istrup	conluto Innendämmsystem	dampfdiffusionsoffene Innendämmung ohne Dampfbremse, bestehend aus einer in Lehm eingebetteten Holzfaserdämmplatte und Lehmverputz mit Wandheizung	120 × 80
	conluto Leichtlehm-Innenschale	dampfdiffusionsoffene mineralische Innendämmung ohne Dampfbremse, bestehend aus Blähton-Leichtlehm und Lehmverputz	Schüttgut
	conluto Leichtlehm – Innenschale aus Leichtlehmsteinen 2 DF 700 und Leichtlehm	dampfdiffusionsoffene Innendämmung ohne Dampfbremse, bestehend aus Leichtlehmsteinen 2 DF 700 und Blähtonschüttung	Schüttgut, 2 DF Steine
Danogips GmbH & Co. KG Neuss	DANO Dämm PS	EPS	250 × 125
Deutsche FOAMGLAS® GmbH Erkrath	FOAMGLAS T4+	anorganischer Dämmstoff aus Glas	60 × 45
DEUTSCHE ROCKWOOL Mineralwoll GMBH & Co. OHG Gladbeck	Innendämmsystem Aerorock ID -bestehend aus Aerorock ID-VP, Aerorock ID-VPL, Aerorock ID-VPK	anorganisch, Aerowolle (Steinfaser + Aerogel)	Aerorock ID-VP: 120 × 60 × 5 und 120 × 60 × 3 Aerorock ID-VPL: 120 × 60 × 2 Aerorock ID-VPK: 120 × 60 × 2,4/1,6
Erfurt & Sohn KG Wuppertal	KlimaTec KV 600	2-Komponenten-Verbundsystem aus allergenkontrollierten Textilfasern (lt. TÜV Nord)	Rollenabmessung: 1.500 × 100 (Länge × Breite)
	KlimaTec KP 2500+	Glasschaum-Granulat, vorderseitig kaschiert mit einem Vlies und rückseitig mit einem Gewebegitter	120 × 80
	KlimaTec LP 1000+	Glasschaum-Granulat, vorderseitig kaschiert mit einem Vlies und rückseitig mit einem Gewebegitter	120 × 40

Dicken in cm	Bemessungswert der Wärmeleitfähigkeit in W/(m · K)	Wasserdampfdiffusionswiderstandszahl μ (~)	mögliche Untergründe	Abrufadresse Technisches Datenblatt
4; 6; 8; 10	0,045	5	auf vorhandenem Mauerwerk und unbehandelten Altputzen, außer auf Gipsputzen und trennenden Altanstrichen	www.conluto.de
Wir empfehlen einen Wandaufbau bis max. 20 Schichtstärke.	0,17	5 bis 10	auf vorhandenem Mauerwerk und unbehandelten Altputzen, außer auf Gipsputzen und trennenden Altanstrichen	www.conluto.de
bis 17,5 (Gesamtaufbau)	0,20	5 bis 10	auf vorhandenem Mauerwerk und unbehandelten Altputzen, außer auf Gipsputzen und trennenden Altanstrichen	www.conluto.de
3,3; 4,3	0,04	40	Gipsputze, Kalkzementputze, Mauerwerk, Beton etc.	www.danogips.de/download/produktdatenblaetter/gipsplatten/produktdatenbltter-gipsplatten.de
4 bis 18	0,04	∞ unendlich	alle tragenden Untergünde, sofern es keine bauphysikalischen Bedenken gibt	www.foamglas.de
siehe Formate	0,019	≥ 3 (s_d-Wert: 3,1 m)	Gipsputze, Kalkzementputze, Mauerwerk jeder Art	www.rockwool.de
0,4	0,04	KV 600 + Systemkleber SR2: $\mu = 15$	alle tapezierfähigen Untergründe im Innenbereich, die trocken, tragfähig und sauber sind	www.erfurt.com
2,5	0,086	10	auf allen Putzmörtelgruppen (Innenputze nach DIN V 18550); der Untergrund muss trocken, sauber, fest und tragfähig sein	www.erfurt.com
1	0,086	10	auf allen Putzmörtelgruppen (Innenputze nach DIN V 18550), der Untergrund muss trocken, sauber, fest und tragfähig sein	www.erfurt.com

Tabelle 3.1: Fortsetzung

Hersteller	Produktname	Materialbasis	Formate in cm
epasit GmbH Spezialbaustoffe Ammerbuch-Altingen	Wohnklimaplatte epatherm etp	Calciumsilikat	Normalplatte: 100 × 75; Laibungsplatte: 100 × 24; Thermkeil: 100 × 60
FEMA Farben + Putze GmbH Ettlingen	FEMA-MaxiPor-Mineraldämmplatten WI	Dämmplatten aus Calciumsilikat-Hydraten	60 × 39
	FEMA-KlimaPlus-Sanierungsplatten	zellstoffarmierte Calciumsilikatplatten	100 × 152
Getifix GmbH Bremen	ambio hydrophil (Warmseitendämmung)	mineralisch (Weißkalkhydrat, Quarzmehl)	50 × 38
	ambio hydrophob (Kaltseitendämmung)	mineralisch (Weißkalkhydrat, -Quarzmehl)	50 × 38
	ambio dur hydrophil	mineralisch (Weißkalkhydrat, -Quarzmehl)	58 × 38
	Laibungsplatte	mineralisch (Kalziumsilikat)	25 × 50
	Klimaplatte	mineralisch (Kalziumsilikat)	125 × 122
	Wärmedämmputz WD	rein mineralisch auf Perlitebasis	50 l
	fovio	Luftpolsterfolien	Rollen; 1.250 × 82,5
Glutolin Renovierungsprodukte GmbH Hann. Münden	Depron Dämmplatte, Depron Faltplatte, mit oder ohne Haftbrücke	extrudierter Polystyrol-Hartschaum mit Flammschutzmittel	125 × 80; 250 × 80
	Depron Dämmplatte, Depron Faltplatte, mit oder ohne Haftbrücke	extrudierter Polystyrol-Hartschaum mit Flammschutzmittel	125 × 80; 250 × 80
	Depron Magnum Dämmplatte, mit Haftbrücke	extrudierter Polystyrol-Hartschaum mit Flammschutzmittel	125 × 80

Dicken in cm	Bemessungswert der Wärmeleitfähigkeit in W/(m · K)	Wasserdampfdiffusionswiderstandszahl μ (~)	mögliche Untergründe	Abrufadresse Technisches Datenblatt
Normalplatte: 3 und 5; Sondergrößen: 2 bis 16 möglich; Laibungsplatte: 2; Thermkeil: 0,5 bis 4	0,067	3	Mauerwerk, Zementputz, Kalkzementputz, Kalkputz, Gipsputz, Klimaputz	www.epasit.de
5 bis 18 (Sondermaße auf Anfrage)	0,042	3	Mauerwerk, Zementputze, Kalkzementputze, Gipsputze usw.	
2,5; 3; 5	0,07	5	Mauerwerk, Zementputze, Kalkzementputze, Gipsputze usw.	
5; 6; 8; 10; 12 (Sondermaße auf Anfrage)	0,042	5	mineralische Untergründe, z. B.: Gipsputz, Kalkzementputz, Kalkputz, Zementputz, Mauerwerk, Beton usw.	www.getifix.de
5; 6; 8; 10; 12 (Sondermaße auf Anfrage)	0,042	5	mineralische Untergründe, z. B.: Gipsputz, Kalkzementputz, Kalkputz, Zementputz, Mauerwerk, Beton usw.	www.getifix.de
2,5	0,050	3; 7	mineralische Untergründe, z. B.: Gipsputz, Kalkzementputz, Kalkputz, Zementputz, Mauerwerk, Beton usw.	www.getifix.de
1,5	0,060	3; 6	mineralische Untergründe, z. B.: Gipsputz, Kalkzementputz, Kalkputz, Zementputz, Mauerwerk, Beton usw.	www.getifix.de
2,5; 3; 5 (Sondermaße auf Anfrage)	0,063	4,61	mineralische Untergründe, z. B.: Gipsputz, Kalkzementputz, Kalkputz, Zementputz, Mauerwerk, Beton usw.	www.getifix.de
2 bis 20	0,077	7	mineralische Untergründe, z. B.: Gipsputz, Kalkzementputz, Kalkputz, Zementputz, Mauerwerk, Beton usw.	www.getifix.de
3	0,012	innen: 330 außen: 50.000	Leichtbauwände; Untersparrenbereich	www.getifix.de
0,3	0,03	650	alle tragfähigen Untergründe, z. B. Gips-Platten, Gipsputze, Kalkzementputz, Mauerwerk jeder Art usw.; auch einzusetzen z. B. an kalten Außenwänden, kalten Trennwänden, kalten Kellerwänden, bei Wärmebrücken (Abzeichnung), Putzrissen, in Raumecken, bei Wärmeverlust in Heizkörpernischen, an Fenster- und Türlaibungen, auf und in Rollokästen, an Wänden und hinter Möbeln, an Deckenflächen und Dachschrägen, unter Spanplatten, Fertigparkett und Laminat	www.glutolin.de
0,6	0,0306	450		www.glutolin.de
0,9	0,031	300		www.glutolin.de

Tabelle 3.1: Fortsetzung

Hersteller	Produktname	Materialbasis	Formate in cm
GUTEX Holzfaser-plattenwerk Waldshut-Tiengen	Gutex Thermoroom	Holzfaser (Dämmplatten aus Schwarzwaldholz)	50 × 120
Haacke Energie-Effizienz GmbH + Co. KG Celle	Cellco Wärmedämm-lehm (WDL)	Kork und Lehm (expandiertes Kork-Granulat, spezieller Ton, Kieselgur und Holzvlies) organische Bestandteile	Big Bag und Sackware
	Cellco Wärmedämm-lehm-Platte (WDP)	Kork und Lehm (expandiertes Kork-Granulat, spezieller Ton, Kieselgur und Holzvlies) organische Bestandteile	25 × 50
	Cellco Kork-Dämm-Platte (EKP)	expandierter Kork organische Bestandteile	50 × 100
HASIT Trockenmörtel GmbH Freising	HASIT MULTIPOR	Calciumsilikat	60 × 39
Hock GmbH & Co. KG Nördlingen	Thermo-Hanf premium	Hanffasern	Mattenware: 58 × 120; 62,5 × 120; 100 × 240 und Sonderzuschnitte Rollenware: Breiten: 58 und 62,5 und Sonderzuschnitte Längen je nach Dicke: 3 = 1.000; 4, 5, 6 = 800; 8 = 600
	Thermo-Hanf PLUS (Bindefaser aus Mais)	Hanffasern	Mattenware: 58 × 120; 62,5 × 120; 100 × 240 und Sonderzuschnitte
	Opti Plan universal	Holzfasern	189 × 60 (Nennmaß); 187,5 × 58,5 (Deckmaß)
HOMATHERM GmbH Berga	ID-Q11 standard	Holzfaser	125 × 60
INTHERMO GmbH Ober-Ramstadt	INTHERMO HFD-Interior Clima	Holzfaser	102 × 60
ISOCELL GmbH Neumarkt am Wallersee	Renocell – Innendämmung ohne Dampfbremse	Zellulose	flexibel

Dicken in cm	Bemessungswert der Wärmeleitfähigkeit in W/(m · K)	Wasserdampfdiffusionswiderstandszahl μ (~)	mögliche Untergründe	Abrufadresse Technisches Datenblatt
2; 4; 6; 8; 10	0,04	3	Tragfähige Holzwerkstoffplatten, Kalk-, Kalkzementputz, Mauerwerk jeder Art usw.	https://www.gutex.de/medien-downloads
ab 2 bis 20 (stufenlos)	0,07	9 bis 11	Fachwerk und Mauerwerk jeglicher Art. Lehm-, Kalk- und Kalkzementputz	https://cellco-systeme.de/
4; 6; 8; 10; 12	0,07	10	Fachwerk und Mauerwerk jeglicher Art. Lehm-, Kalk- und Kalkzementputz	https://cellco-systeme.de/
2; 4; 6; 8; 10;	0,04	25 bis 30	Mauerwerk jeglicher Art. Lehm-, Kalk- und Kalkzementputz	https://cellco-systeme.de/
5; 6; 8; 10; 12; 14; 16; 18; 20; 22; 24; 26; 28; 30	0,042/0,045	3	massive Untergründe, wie Mauerwerk, Beton oder tragfähiger Altputz	www.hasit.de
Mattenware: 3 bis 22 Rollenware: 3 bis 8	0,04	1	Massivbauwände, Fachwerk, Blockbohlenwände	www.thermo-hanf.de
Mattenware: 3 bis 22	0,04	1	Massivbauwände, Fachwerk, Blockbohlenwände	www.thermo-hanf.de
5,2	0,047	3	Massivbauwände, Fachwerk, ggf. vorher ausgleichen bzw. je nach vorh. Tragfähigkeit des Untergrundes grundieren	www.thermo-hanf.de
2; 4; 6; 8	0,04	3	Mauerwerk und Putze jeder Art	www.homatherm.com
6	0,05	5	tragfähige kapillar-saugfähige Untergründe	www.inthermo.de
6 bis 8	0,052	2,4	alle Untergründe außer Gips, Trennschichten (Tapeten, Fliesen) entfernen	www.isocell.at/uploads/media/PDBL_RENOCELL_Innendaemmung_de.pdf

Tabelle 3.1: Fortsetzung

Hersteller	Produktname	Materialbasis	Formate in cm
Isotec GmbH Kürten	ISOTEC-Klimaplatte	Calciumsilikat, mineralisch	125 × 100
Keimfarben GmbH & Co. KG Diedorf	Keim iPor-Mineral-dämmplatte	rein mineralische, hydrophile, nicht brennbare Dämmplatte auf Basis von Quarzmehl und Kalkhydrat	58 × 38
Kingspan Insulation BV NL-Tiel	Kingspan Kooltherm K12	Resolhartschaum	120 × 60; 120 × 300
	Kingspan Kooltherm K17	Resolhartschaum Dämmplatte mit einseitig aufgeklebter Gips-kartonplatte	120 × 260; 120 × 300
Knauf Gips KG Iphofen	Knauf InTherm	Verbundplatte aus Gipsplatte und elastifizierter EPS-Dämmung, nach Bedarf mit Dampfbremse integriert	60 × 250
Knauf Insulation GmbH Simbach am Inn	Tektalan TK-DB (mit integrierter Dampfbremse, s_d = 2 m), Holzwolle-Mehrschichtplatte mit Steinwollekern nach DIN EN 13168	magnesitbegundene Holzwolle-Deckschichten, Steinwolle, Polypropylen-Spinnvlies	100 × 60
Knauf Aquapanel GmbH Dortmund	TecTerm Insulution Board Indoor	expandiertes Perlite	62,5 × 41,6
Krautol GmbH Ober-Ramstadt	INSO.BLUE 60/80 Innendämmplatte	Calciumsilikathydrate, Kalk, Sand, Zement, Wasser, Porenbildner	60 × 39 × 6/60 × 39 × 8
	INSO.BLUE LP Laibungsdämmplatte	Calciumsilikathydrate, Kalk, Sand, Zement, Wasser, Porenbildner	60 × 25 × 3
	INSO.BLUE DK Dämmkeil	Calciumsilikathydrate, Kalk, Sand, Zement, Wasser, Porenbildner	39 × 59 × 6/2

Dicken in cm	Bemessungswert der Wärmeleitfähigkeit in W/(m · K)	Wasserdampfdiffusionswiderstandszahl μ (~)	mögliche Untergründe	Abrufadresse Technisches Datenblatt
1,5; 2,5; 3; 5; bis 12	0,06	3 bis 6	vorgeputzte Wände (Kalk-/Zementputz; Mauerwerk	www.isotec.de
5 bis 12, bis 20 auf Anfrage	0,042	3; 7	Mauerwerk und Beton, unverputzt und verputzt (außer Gipsputz)	www.keimfarben.de
3; 4; 5; 6; 7; 8 (Standard); 10, 11, 12, 14	0,022	38	Mauerwerk, Oberflächen jeder Art	www.kingspaninsulation.de
auf Anfrage	0,022	538	Mauerwerk, Oberflächen jeder Art	www.kingspaninsulation.de
4 (5,3) 6 (7,3) 8 (9,3) 10 (11,3)	0,032	Gipsplatte: trocken $\mu = 10$ feucht $\mu = 4$ Dämmstoff: trocken $\mu = 70$ feucht $\mu = 30$	alle Mauerwerksarten	www.knauf.de Technisches Datenblatt K733
7,5 und 10	Steinwollekern 0,038; Holzwolle-Deckschichten 0,09	Holzwolle-Deckschicht 2/5, Steinwolle 1, Dampfbremse 10.000 ($s_d = 2$ m)	Mauerwerk, Mineralische Innenputze, Fachwerk	www.knaufinsulation.de
5 bis 20	0,045	5 bis 6	Kalkputz, Kalkzementputz, Beton, Mauerwerk, Natursteine	www.knauf-perlite.de www.tecterm.de
6; 8	0,04	2	Mauerwerk, Beton, festhaftende Anstriche	www.krautol.de
3	0,05	3/5	Mauerwerk, Beton, festhaftende Anstriche	www.krautol.de
6/2	0,042	2	Mauerwerk, Beton, festhaftende Anstriche	www.krautol.de

Tabelle 3.1: Fortsetzung

Hersteller	Produktname	Materialbasis	Formate in cm
Linzmeier Bauelemente GmbH Riedlingen	LINITHERM PAL SIL Wandinnendämmung der Außenwand	Polyurethan-Hartschaum	250 × 60
	LINITHERM PAL SIL L Wandinnendämmung für Wände die gefliest werden	Polyurethan-Hartschaum	250 × 60
Pavatex SA CH-Fribourg	Pavatex Pavadentro	Organisch; Holzfasern	60 × 102 (Deckmaß 59 × 101)
quick-mix Gruppe GmbH& Co. KG Osnabrück	Mineraldämmplatte MI-XI	Calciumsilikat-Hydraten	60 × 39
RECTICEL Dämm-systeme GmbH Wiesbaden	Eurothane GK	Polyurethan (Kaschierung mit Alufolie) + Gipskartonplatte	260 × 60
redstone GmbH Bremen	Pura hydrophil (Warmseiten-dämmung)	mineralisch (Kalk und Quarzsand)	58 × 38
	Pura hydrophob (Kaltseitendämmung)	mineralisch (Kalk und Quarzsand)	58 × 38
	Masterclima	mineralisch (Kalziumsilikat)	125 × 122
	Senso Innendämmputz	rein mineralisch auf Perlitebasis	50 l - Sack
Remmers Baustoff-technik GmbH Löningen	iQ-Therm 30/ iQ-Therm 50/ iQ-Therm 80	gelochter Polyurethan-Hartschaum, mit mineralischer, kapillarleitender Füllung	120 × 60
	SLP 25 N/ SLP 30 N/ SLP 50 N	Calcium-Silikat	152 × 100; 75,5 × 100

Dicken in cm	Bemessungswert der Wärmeleitfähigkeit in W/(m · K)	Wasserdampfdiffusionswiderstandszahl μ (~)	mögliche Untergründe	Abrufadresse Technisches Datenblatt
3,6 bis 6,6	0,024	ca. 25.000	Mauerwerk, Putz, Beton	www.linitherm.de
4,6 bis 6,6	0,024	ca. 25.000	Mauerwerk, Putz, Beton	www.linitherm.de
4; 6; 8: 10	0,045	40 mm: $s_d = 0{,}65$ m 60 mm: $s_d = 0{,}75$ m 80 mm: $s_d = 0{,}85$ m 100 mm: $s_d = 0{,}95$ m	Mauerwerk, Fachwerk, Putze (keine Gipsputze oder andere dampfsperrenden Materialien)	www.pavatex.de
2; 6; 8; 10; 12; 14; 16	bei 20 mm = 0,050 ≥ 60 mm = 0,042	bei 20 mm = 3 ≥ 60 mm = 2	zur Innendämmung von mineralischen, massiven Wänden; unterseitige Dämmung von massiven Decken wie Tiefgaragen, Kellern und Durchfahrten Gipsputze, Gipsspachtel sind vor dem Anbringen der Dämmplatten restlos zu entfernen.	www.quick-mix.de
4 + 0,95; 6 + 0,95 (Gipskarton: 0,95)	0,024	Dämmstoff 40 bis 200, Alu-Folie > 1.000.000	Innenputz, Mauerwerk jeder Art, Holzkonstruktionen	www.recticel-daemmsysteme.de
5; 6; 8; 10; 12 (Sondermaße auf Anfrage)	0,042	5	mineralische Untergründe, z. B.: Gipsputz, Kalkzementputz, Kalkputz, Zementputz, Mauerwerk, Beton usw.	www.redstone.de
5; 6; 8; 10; 12 (Sondermaße auf Anfrage)	0,042	5	mineralische Untergründe, z. B.: Gipsputz, Kalkzementputz, Kalkputz, Zementputz, Mauerwerk, Beton usw.	www.redstone.de
2,5; 3; 5 (Sondermaße auf Anfrage)	0,063	4,61	mineralische Untergründe, z. B.: Kalkzementputz, Kalkputz, Zementputz, Mauerwerk, Beton usw.	www.redstone.de
2 bis 8	0,077	7	mineralische Untergründe, z.B.: Kalkzementputz, Kalkputz, Zementputz, Mauerwerk, Beton usw.	www.redstone.de
5; 8	0,033	ca. 27	alle mineralischen Baustoffe, ausgenommen Gips. Untergrund muss staubfrei, trocken und frei von haftungsmindernden Bestandteilen sein.	https://www.remmers.com/de
2,5; 3; 5	0,063	4,6	alle mineralischen Baustoffe, ausgenommen Gips. Untergrund muss staubfrei, trocken und frei von haftungsmindernden Bestandteilen sein.	https://www.remmers.com/de

Tabelle 3.1: Fortsetzung

Hersteller	Produktname	Materialbasis	Formate in cm
SAINT-GOBAIN ISOVER G+H AG Ladenburg	Kontur VVP 007 Vorsatzschalen-Vacu-Pad	Vakuum Dämmplatte aus mikroporösem Kernmaterial, umhüllt mit einer Hochbarrierefolie, Deckschicht beidseitig mit 5 mm sägerauhen Styrodur C	30 × 60; 60 × 100
	Kontur LVP 007 Laibungs-VacuPad	Vakuum Dämmplatte aus mikroporösem Kernmaterial, umhüllt mit einer Hochbarrierefolie und mit einem 15 cm Styrodur Zuschnittrand, Deckschicht einseitig mit 5 mm sägerauhen Styrodur C, einseitig mit 6 mm GKB	10 × 25; 20 × 25; 50 × 25; 100 × 25
	Kontur HVP 007 Heizkörpernischen-VacuPad	Vakuum Dämmplatte aus mikroporösem Kernmaterial, umhüllt mit einer Hochbarrierefolie, Deckschicht einseitig mit 5 mm sägerauhen Styrodur C, einseitig mit 6 mm GKB	30 × 60; 60 × 100
	Akustic VP Vorsatzschalen-Dämmplatte	Steinwolle-Dämmplatte	125 × 60
Saint-Gobain Rigips GmbH Düsseldorf	System Rigitherm 032 mit Rifix ThermoPlus, ThermoPlatte und ThermoProfil	expandiertes EPS mit IR- Absorber	250 × 62,5
	System Rigitherm 040 mit Rifix ThermoPlus, ThermoPlatte und ThermoProfil	EPS	250 × 125
	System Rigitherm MW mit Rifix ThermoPlus, ThermoPlatte und ThermoProfil	Mineralwolle	255 × 90
Saint-Gobain Weber GmbH Düsseldorf	weber.therm MD 042 Mineralschaum Innendämmsystem	Mineralschaumdämmplatte	60 × 39
	weber.therm 507 Dämmputz Innendämmsystem	mineralischer Wärmedämmputz mit Zuschlägen aus EPS	./.

Dicken in cm	Bemessungswert der Wärmeleitfähigkeit in W/(m · K)	Wasserdampfdiffusionswiderstandszahl μ (~)	mögliche Untergründe	Abrufadresse Technisches Datenblatt
3; 4	0,007 (Vakuumkern)	> 1.000.000	mineralische Untergründe, z. B.: Gipsputz, Kalkzementputz, Kalkputz, Zementputz, Mauerwerk, Beton usw.	www.isover.de
3,1	0,007 (Vakuumkern)	> 1.000.000	mineralische Untergründe, z. B.: Gipsputz, Kalkzementputz, Kalkputz, Zementputz, Mauerwerk, Beton usw.	www.isover.de
3; 4	0,007 (Vakuumkern)	> 1.000.000	mineralische Untergründe, z. B.: Gipsputz, Kalkzementputz, Kalkputz, Zementputz, Mauerwerk, Beton usw.	www.isover.de
2; 3; 4; 5; 6	0,035	~ 1	mineralische Untergründe, z. B.: Gipsputz, Kalkzementputz, Kalkputz, Zementputz, Mauerwerk, Beton usw.	www.isover.de
4; 6; 8	0,032	55	Mauerwerk jeder Art verputzt oder unverputzt	https://www.rigips.de/produktdatenbank
2; 3; 4; 5	0,040	40	Mauerwerk jeder Art verputzt oder unverputzt	https://www.rigips.de/produktdatenbank
4	0,040	1	Mauerwerk jeder Art verputzt oder unverputzt	https://www.rigips.de/produktdatenbank
5 bis 18	0,042	3	tragfähiger Altputz und Mauerwerk. Gipsputze müssen entfernt oder abgesperrt werden. Untergründe müssen egalisiert sein	www.sg-weber.de/innendaemmung
bis 6 einlagig bis 10 zweilagig; auf stark saugenden Untergründen bei Stärken < 3 ist Zementvorspritz oder Aufbrennsperre nötig	0,07	< 15	besonders geeignet für schwierige und stark unebene Untergründe auch als Zusatzdämmung von wärmedämmenden Mauerwerk, z. B. von Leichthochlochziegeln, Leichtbeton oder Porenbeton	www.sg-weber.de/innendaemmung

Tabelle 3.1: Fortsetzung

Hersteller	Produktname	Materialbasis	Formate in cm
SCHOMBURG GmbH & Co. KG Detmold	Thermolut-DP180	Holzfaser	80 × 120
	Thermolut-DP180-LB	Holzfaser	80 × 120
Sto AG Stühlingen	StoTherm In Aevero	Aerogel	58 × 39
	StoTherm In Comfort	Platte: Perlite Klebe- und Armierungsmörtel: Kalk-Zement	62,5 × 41,6
UNGER-DIFFUTHERM GmbH Chemnitz	UdiIN System	Holzfasern, werden mit speziellem mineralischen Spachtel beschichtet	130 × 79 (Deckmaß 129 × 78)
	UdiIN RECO System	Holzfasern flexibel in Kombination mit Holzfaser druckfest, werden mit speziellem mineralischen Spachtel beschichtet	130 × 79 (Deckmaß 129 × 78)
	UdiCLIMATE	Zellulosekammern umschlossen von Holzfasern, wird abschliessend mineralisch verputzt	115 × 75 (Deckmaß 114 × 74)
URSA Deutschland GmbH Leipzig	URSA CLICK geprüftes Außenwand-Innendämmsystem	Mineralwolle (inkl. Systemkomponenten)	Systempalette für 100 m² Dämmfläche, 12/18 Rollen Mineralwolle Pure 32 RW DFh CLICK
VARIOTEC GmbH & Co. KG Neumarkt/OPf.	Universal-VIP/QASA-Elemente „Safe & Speed"	Vakuum-Dämmplatte, belegt mit beidseitig VEKAPLAN K-PVC-Platte	100 × 100; 50 × 100; 25 × 100; 50 × 50; 25 × 50
wedi GmbH Emsdetten	wedi Bauplatte Premium	XPS + zementäre, glasgewebe und vliesarmierte Beschichtung	260 × 60
Xella Deutschland GmbH Duisburg	Ytong Multipor Mineraldämmplatten	Calcium-Silikat-Hydrat	60 × 39
Xella Deutschland GmbH Duisburg	Ytong Multipor – Mineraldämmplatte – Leichtmörtel – Lehmmörtel	rein mineralische Dämmplatte aus Calcimsilikat-Hydrat, mit sehr hohem Luftporenanteil, auf der Basis von -Quarzsand, Kalk und Zement	Dämmplatte: 60 × 39 Laibungsplatte: 60 × 25 Dämmkeil: 50 × 39
ZERO-LACK GmbH & Co. KG Bad Oeynhausen	ZEROTHERM Kalziumsiliat KSP-System	anorganisch, Kalziumsilikat	100 × 62,5
	ZEROTHERM Mineralschaumplatte MSP-System	anorganisch, Mineralschaum mit Lehmanteil	58 × 38

Dicken in cm	Bemessungswert der Wärmeleitfähigkeit in W/(m · K)	Wasserdampfdiffusionswiderstandszahl μ (~)	mögliche Untergründe	Abrufadresse Technisches Datenblatt
4; 6; 8; 10	0,045	5	Mauerwerk,Putz, Beton	www.schomburg.de
2; 4	0,045	5	Mauerwerk,Putz, Beton	www.schomburg.de
1; 1,5; 2; 3; 4	$\lambda_{10,tr} = 0{,}016$	10	keine Angabe	www.sto-aevero.de
5; 6; 8; 10; 12; 14; 16; 18; 20	0,045	5 bis 6	mineralische Wandbildner, Kalkputz, Zementputz, Kalkzementputz	www.sto.de
4; 6; 8; 10	0,045	5	Mauerwerk, Fachwerk, Holz, alle mineralischen Untergründe (Gips entfernen)	www.unger-diffutherm.de/service
8; 10; 12; 14; 16; 18; 20	0,041 (Mix) 0,039/ 0,051 (einzeln)	5	Mauerwerk, Fachwerk, Holz, alle mineralischen Untergründe (Gips entfernen), gleicht Unebenheiten plusminus 20 mm aus	www.unger-diffutherm.de/service
3	0,049	5	Untersparrendämmung, nichttragende Zwischenwände, Trockenbauwände, Holzständer- und Metallständerkonstruktionen	www.unger-diffutherm.de/service
6; 8; 10	0,032	keine Angabe	Mauerewerk jeder Art, Fachwerk, Putze jeder Art	www.ursa.de
2 cm VIP-Kernstärke = Gesamtdicke 2,5 cm; 3 cm VIP-Kernstärke = Gesamtdicke 3,5 cm	0,007	> 500.000	Bodeninnendämmung bei Fußböden mit geringem Aufbau sowohl Neu- als auch Altbau-Sanierung, einfach und schnell auslegbar; alle Kanten mit feuchtebeständigem Klebeband gesichert; für Zuschnitt auf Baustelle, für Anpassung sowie für Durchdringungen, Bohrungen usw. sind spezielle Elemente als Ausgleichselemente im Programm	www.variotec.de, www.qasa-vakuumdaemmung.de
1,25; 2; 2,5; 3; 5	0,04	100	Beton, Mauerwerk, Fachwerk, Putze, Ständerwerk	www.wedi.de
5; 6; 8; 10: 12; 14; 16; 18; 20; 22; 24; 26; 28; 30	0,045	3	Kalkzementputz, Kalkputz, Zementputz, Mauerwerk, Stahlbeton, Beton	www.ytong-multipor.de/html/deu/de/multipor_downloads_dokumente.php
Dämmplatte: 5; 6; 8;10; … 20 Laibungsplatte: 2; 3; 4 Dämmkeil: 6 / 2	Dämmplatte: 0,042 Laibungsplatte: 0,050 Dämmkeil: 0,042	Dämmplatte: 2 Laibungsplatte: 5 Dämmkeil: 2	Mauerwerk und Beton, Naturstein, Kalk-, Kalkzement- und Zementputze, Fachwerk mit Ausgleichsputz/Lehmputz	www.ytong-multipor.de/de/content/produkte_ytong_multipor.php
2,5 bis 5	0,060	3 bis 6	Mauerwerk jeder Art, tragfähige und klebegeeignete Altputze	www.zero-lack.de
5,0 bis 12	0,042	5	Mauerwerk jeder Art, tragfähige und klebegeeignete Altputze	www.zero-lack.de

3.4 Entscheidungskriterien für die Auswahl von Innendämmungen

Grundsätzlich können für die Auswahl von Innendämmungen folgende Entscheidungskriterien festgelegt werden:

- Je besser und **sicherer** der **Schlagregenschutz** des zu dämmenden Bauteils ist, desto **variabler** kann eine **Innendämmung** ausgewählt werden. Ist eine Feuchteanreicherung der Konstruktion von der Außenseite her auszuschließen, kann eine Konstruktion aus der kondensatverhindernden, der kondensatbegrenzenden oder der kondensattolerierenden Systemgruppe ausgeführt werden. Dies sollte bei jeder Planung einer Innendämmung beachtet werden: Wird der Schlagregenschutz beherrscht, ist die wichtigste Hürde für eine funktionierende Konstruktion überwunden.
- Je besser abgesichert ist, dass das spätere **Innenraumklima** im Winter sehr **nah am Normklima** (20 °C, 50 % relative Luftfeuchte) liegt, desto **variabler** kann eine **Innendämmung** ausgewählt werden. Wenn durch ein entsprechendes Nutzerverhalten sichergestellt ist, dass keine dauerhaft hohe Luftfeuchte vorliegt, kann eine Konstruktion aus der kondensatverhindernden, der kondensatbegrenzenden oder der kondensattolerierenden Systemgruppe ausgeführt werden. Das ist die zweite Hürde, die für eine funktionierende Innendämmung überwunden werden muss, an die jedoch oft genug nicht gedacht wird. Die vergangenen 10 Jahre haben in vielen Fällen gezeigt, dass durch ein Fehlverhalten der Nutzer (fehlende Lüftung) eine Auffeuchtung von sorptionsfähigen Dämmstoffen entstehen kann, die dann fälschlicherweise als „Feuchteschaden" durch einen Fehler der Konstruktion interpretiert wird. Tatsächlich liegt der Grund jedoch nur darin, dass die im Dämmstoff gespeicherte Raumluftfeuchte keine Gelegenheit zum Austrocknen bekommen und sie sich durch das Nutzerverhalten immer weiter mit Feuchte angereichert hatte.
- Die Ausführung einer Konstruktion aus der **kondensatbegrenzenden** Systemgruppe sollte aus Sicht des Fachunternehmers nur vorgenommen werden, wenn sie durch eine hygrothermische **Simulationsberechnung** nachgewiesen wurde, da die Rücktrocknung der in die Dämmebene eingetragenen Feuchte in jedem Fall gewährleistet sein muss.
- Bei einer **unsicheren Bewertung** des äußeren Schlagregenschutzes bzw. des inneren Raumklimas ist aus Sicht des Fachunternehmers eine Konstruktion aus der **kondensattolerierenden** Systemgruppe zu bevorzugen.
- Die Auswahl einer **kondensatverhindernden** Innendämmung sollte nur nach einer besonders sorgfältigen Auseinandersetzung mit dem **Schlagregenschutz** erfolgen. Da bei derartigen Innendämmungen kein Rücktrocknungspotenzial in Richtung des Raumes vorhanden ist, muss sichergestellt sein, dass die Bestandskonstruktion dauerhaft trocken bleibt.

Fazit

Erst wenn die Anforderungen an die geplante Innendämmung feststehen und die zu dämmende Konstruktion vollständig erfasst und bewertet ist, kann die Auswahl einer Innendämmung erfolgen. Eins muss jedem Fachunternehmer klar sein, der sich mit Innendämmungen beschäftigt: Für Innendämmungen gibt es **keine Regelausführung** oder etwa allgemeingültige Lösungen, die nach „Schema F“ anwendbar sind. Aufgrund der immensen Vielfalt der möglichen Untergründe (sämtliche Mauerwerksarten, Beton, Fachwerk usw.) und der für die Innendämmung verwendbaren Materialien kann es eine Regelausführung baupraktisch nicht geben. Eine Innendämmung stellt daher stets eine individuelle Lösung dar, die sich exakt an den Erfordernissen des einzelnen Objektes orientieren muss.

Das bedeutet für den Fachunternehmer auch, dass er sich bei einer nicht vorgegebenen Planung einer Innendämmung auf bestmögliche Art und Weise absichern muss. Denn in einem solchen Fall ist er selbst der Planer und muss sämtliche erforderlichen Parameter, vom Schlagregenschutz bis zum späteren Nutzerverhalten, selbst eruieren und bei seiner Planung berücksichtigen.

3.5 Nachhaltigkeit und Umweltaspekte

3.5.1 Einleitung

Es ist kaum möglich, dieses Buch neu aufzulegen, ohne sich mit den Begriffen Nachhaltigkeit und Umwelt auseinanderzusetzen. Die Menschheit lebt in einer Zeit des Umbruchs und die aktuelle Generation hat es in den vergangenen 30 Jahren lediglich ermöglicht, dass sich diese Begriffe in der Gesellschaft implementiert haben. Das kann durchaus verwundern, denn es ist schon länger bekannt, dass sich die Menschheit ihrer Lebensgrundlage durch klimaschädigendes Verhalten sukzessive selbst beraubt. Positiv betrachtet lässt sich aber feststellen, dass die jetzt nachwachsende Generation ein ganz anderes Verständnis für umweltbewusstes Handeln entwickelt hat und damit prognostisch eine schnellere Umsetzung dieser Aspekte in der Praxis erhofft werden kann.

Inzwischen wurde erkannt, dass die Menschheit den CO_2-Haushalt ihrer Art zu leben und mit der Umwelt umzugehen in den Griff bekommen und nachhaltig in der Art und Weise denken und handeln muss, dass sie keinen Raubbau an den natürlichen Ressourcen des Planeten betreibt. Auf dieser Grundlage wurden nach und nach Qualitätskontrollen, Gütesiegel, Produktdeklarationen oder gleichartige Mechanismen in den Wirtschaftsbereichen eingeführt, um die Herstellung von Produkten oder den Abbau von Rohstoffen über den gesamten Produkt- oder Rohstoffkreislauf zu beleuchten. Allerdings kommt man hier noch nicht über gut gemeinte Ansätze hinaus.

Nachhaltigkeit und Umweltaspekte bei Bauprodukten zu betrachten, bedeutet, bereits die Herstellung der Produkte unter diesen Aspekten zu bewerten, Transportwege zum Verwendungsort zu analysieren, die Verarbeitung des Produktes und den Umgang mit dessen Abfällen zu untersuchen, zu erfassen, wie lange das Produkt seine ihm zugedachten Eigenschaften erfüllen kann und wie nach einer solchen Nutzungsphase mit dem Produkt im Hinblick auf Renovierung oder Recycling umgegangen werden kann.

Auch wenn man daher noch an den Anfängen dessen steht, was rein wirtschaftspolitisch sicherlich möglich wäre, sollte man nicht darin innehalten, Nachhaltigkeit und Umweltaspekte in das Denken und Handeln fest zu integrieren. Nur so kann es gelingen, die erforderlichen Veränderungen zur Sicherung der Lebensgrundlagen nachfolgender Generationen möglichst schnell herbeizuführen. Nachfolgend soll daher das, was bisher ins Leben gerufen wurde, nicht kommentiert oder bewertet, sondern vielmehr ein Überblick verschafft werden.

3.5.2 Definitionen der Bundesministerien

Interessanterweise existiert bereits seit 1992 eine Legaldefinition für den Begriff Nachhaltigkeit. Auf der Website des Bundesministeriums für wirtschaftliche Zusammenarbeit und Entwicklung (BMZ, 2024) heißt es:

„Nachhaltigkeit oder nachhaltige Entwicklung bedeutet, die Bedürfnisse der Gegenwart so zu befriedigen, dass die Möglichkeiten zukünftiger Generationen nicht eingeschränkt werden. Dabei ist es wichtig, die drei Dimensionen der Nachhaltigkeiten – wirtschaftlich effizient, sozial gerecht, ökologisch tragfähig – gleichberechtigt zu betrachten. Um die globalen Ressourcen langfristig zu erhalten, sollte Nachhaltigkeit die Grundlage aller politischen Entscheidungen sein. Seit der UN-Konferenz für Umwelt und Entwicklung, die 1992 in Rio de Janeiro stattfand, ist die nachhaltige Entwicklung als globales Leitprinzip international akzeptiert. Konkrete Ansätze zu ihrer Umsetzung finden sich in der in Rio verabschiedeten Agenda 21."

Aber auch das Bundesministerium für Umwelt, Naturschutz, nukleare Sicherheit und Verbraucherschutz (BMUV, o. J.) kommt zumindest in seinem Internetauftritt seinen Pflichten nach und lässt verlauten:

„Wir sollten mit den begrenzt zur Verfügung stehenden Ressourcen sorgsam umgehen und nicht auf Kosten der Menschen in anderen Regionen der Erde und auf Kosten zukünftiger Generationen leben. Nachhaltigkeit betrifft unsere Umwelt, alle Bereiche unseres Lebens und Wirtschaftens. Nachhaltiges Handeln ist also eine Aufgabe der ganzen Gesellschaft – national und international. Wir müssen unsere Erde für alle und auf Dauer bewohnbar erhalten."

An diesen Definitionen ist zu erkennen, dass man derzeit noch mit Ansätzen lebt und von einer vollständigen Umsetzung dieser Prinzipien noch weit entfernt ist. Gemäß dem Grundsatz „der Weg ist das Ziel" sollte man sich jedoch nicht beirren lassen, an der weiteren Umsetzung und Verwirklichung dieser Prinzipien mitzuwirken.

3.5.3 Baustoffe

An erster Stelle steht, Baustoffe aus nachhaltigen oder nachwachsenden Rohstoffen herzustellen. Da dies nicht immer möglich ist, kommen in der weiteren Betrachtung auch reproduzierbare oder recycelte Baustoffe in die Auswahl. Daher kann bereits mit der Auswahl von Bauprodukten ein Einfluss auf die Wirtschaftskreisläufe bewirkt werden, denn in letzter Konsequenz gilt das Prinzip von Angebot und Nachfrage auch hier. Die Entwicklung von Bauprodukten aus nachwachsenden Rohstoffen ist dabei noch lange nicht am Ende. Gerade neuere Produktentwicklungen aus z. B. Bambus zeigen, dass die natürlichen Ressourcen weiter untersucht werden müssen. Man kann den Ausblick wagen, dass in vielleicht 10 oder 20 Jahren eine Fülle von neuen Bauprodukten für die unterschiedlichsten Anwendungen im Bauwesen zur Verfügung stehen könnten.

In der zweiten Betrachtungsebene ist der CO_2-Abdruck des jeweiligen Baustoffs zu betrachten. Welchen Nutzen bietet ein Bauprodukt aus einem nachwachsenden Rohstoff, wenn der CO_2-Aufwand für dessen Umwandlung in ein Bauprodukt immens hoch ist? Es gilt also, einen sinnvollen Mittelweg dahin gehend zu finden, dass der CO_2-Aufwand für ein Bauprodukt den positiven Aspekt des nachwachsenden Rohstoffs nicht zunichtemacht.

In der dritten Betrachtungsebene ist der Energieaufwand zu betrachten, der für Transport und Verarbeitung des Bauproduktes erforderlich wird. Auch hier ist wieder zu klären, ob es sinnvoll ist, einen Baustoff zu wählen, der z. B. in Asien produziert wird, wenn es gleichzeitig vergleichbare Produkte gibt, die mit deutlich weniger Energieaufwand und somit in der Gesamtbilanz besser auf die Baustelle kommen können.

In der vierten Betrachtungsebene sind Nachhaltigkeit, Renovierung, Recycling und Langfristverhalten zu betrachten. Ein Baustoff, der letztlich so nachhaltig ist, dass man ihm eine Nutzungsdauer von vielleicht 100 Jahren zusprechen kann, und der dann noch recycelt werden kann, ist unter Umständen auch mit vordergründig nicht den besten Werten bei seiner Herstellung positiv zu betrachten. An dieser Stelle beginnt das Beratungspotenzial des Fachunternehmers gegenüber seinen Kunden.

Um diese Betrachtungsprozesse umsetzen zu können, wurden in den letzten Jahren Umweltzeichen ins Leben gerufen, um die Baustoffe hinsichtlich ihrer Herstellung, ihres CO_2-Haushalts und ihrer Nachhaltigkeit bewerten zu können.

3.5.4 Wärmedämmung unter Nachhaltigkeitsaspekten

3.5.4.1 Allgemeines

Zunächst einmal ist das Dämmen von Gebäuden grundsätzlich als nachhaltig zu bewerten. Durch Dämmen wird der Wärmeverlust von Gebäuden reduziert; dies führt zu einer Energieeinsparung bei der Temperierung der Gebäude. Dies gilt für den traditionell betrachteten Winter, aber auch für den Sommer. Denn aufgrund einer zunehmenden, energieaufwendigen Klimatisierung von Gebäuden in der warmen Jahreszeit kommt dem sommerlichen Wärmeschutz eine immer größere Bedeutung zu. Auch hier gilt: Alles das, was mit Dämmung energetisch geregelt werden kann, muss man nicht mit energieaufwendigen Zusatzmaßnahmen in den Griff bekommen.

Bei jeder Dämmmaßnahme ist aber zu betrachten, ob der energetische Aufwand für deren Herstellung nicht so groß ist, dass eine Amortisierung über die durch die Maßnahme eingesparte Energie erst nach sehr langer Zeit eintritt. Es ist daher bei jeder Dämmung, unabhängig davon, ob innen oder außen, zu bewerten, wie nachhaltig diese ist bzw. wie schnell sie sich über den Energiehaushalt amortisiert. Auch hierbei kann es dazu kommen, dass nicht die zuerst auf der Hand liegende Lösung die beste ist, sondern Lösungen mit einer über alle Betrachtungsebenen gerechnet besseren Energiebilanz zu bevorzugen sind.

3.5.4.2 Innendämmung

Die bei Innendämmungen zurzeit verfügbaren Bauprodukte sind oft erst in den letzten 20 Jahren entwickelt worden; somit also in einer Zeit, in der man sich bereits dem Grunde nach mit nachwachsenden oder recycelten Baustoffen beschäftigt hat. Es verwundert daher nicht, dass im Bereich Innendämmung prozentual deutlich mehr Bauprodukte aus natürlichen Rohstoffen angeboten werden, als das in anderen Bereichen des Bauwesens der Fall ist.

Zunächst sind in diesem Zusammenhang die Dämmstoffe aus natürlichen bzw. nachwachsenden Rohstoffen zu nennen, z. B. Hanf, Zellulose, Baum- oder Schafwolle. Danach kommen Dämmstoffe aus natürlichen Rohprodukten infrage, die industriell hergestellt werden, z. B. Perlite, Calciumsilikatprodukte oder Mineralwolle.

Es besteht daher im Bereich Innendämmung bereits dem Grunde nach eine günstige Auswahlmöglichkeit für die Wahl des Dämmstoffs. Einen umfassenden Überblick über die am Markt angebotenen Dämmstoffe finden Sie in diesem Buch.

3.5.5 Zertifizierungen und Gütezeichen

3.5.5.1 Allgemeines

In den vergangenen 20 Jahren haben sich verschiedene Zertifizierungsmechanismen oder Gütezeichen entwickelt, die in der Gesellschaft mehr oder weniger bekannt sind. Diese Umweltzertifikate sollen dem Nutzer bei der Bewertung helfen, wie nachhaltig oder klimaneutral ein Baustoff ist. Sie können dabei naturgemäß nur eine Orientierungshilfe sein.

In Umweltzertifikaten werden bestimmte Eigenschaften oder energetische Kennwerte eines Baustoffs angegeben, die der jeweilige Zertifikatsaussteller selbst festlegt. Hierbei kann es sich um den Energieaufwand bei der Herstellung, den CO_2-Abdruck des Gesamtkreislaufes des Bauproduktes, die energetische Effizienz oder die Vermeidung von schädlichen Chemikalien bei deren Herstellung handeln. Solche Zertifikate werden von unabhängigen Organisationen oder Zertifizierungsstellen erteilt, die hierfür bestimmte Zertifizierungsmethoden entwickelt haben (Tabelle 3.2).

Bei Interesse finden Sie bei den eingefügten Websites ausführliche Informationen zu den einzelnen Institutionen und Zertifikaten.

Tabelle 3.2: Beispiele für heute gängige Zertifizierungen

Bezeichnung	Internetadresse
Blauer Engel	www.blauer-engel.de
Cradle to Cradle (C2C)	c2ccertified.org
Eco Institut	eco-institut.de
Eurofins Indoor Air Comfort Gold	biobau-portal.de/wissen/guetesiegel/eurofins-indoor-air-comfort-gold
Öko-Siegel „Natureplus"	www.natureplus.org
RAL-Gütezeichen	www.ral-guetezeichen.de
Sentinel Haus Institut	www.sentinel-haus.de
Institut Bauen und Umwelt e.V.	ibu-epd.com
Émissions dans l'air Interieur	www.anses.fr/en/content/labelling-building-and-decoration-products-respect-voc-emissions

Hersteller von Innendämmungen unterwerfen sich den Zertifizierungsbedingungen und dürfen nach erfolgreichem Abschluss das entsprechende Zeichen führen. Dies stellt einen marktwirtschaftlich relevanten Aspekt dar, da man in der heutigen Zeit aufgrund solcher Labels durchaus einen Einfluss auf das potenzielle Verhalten eines Käufers bzw. Anwenders unterstellen kann.

3.5.5.2 Funktionen der Zertifizierungen und Gütezeichen

Natürlich sollen diese Auszeichnungen das Kaufverhalten beeinflussen. Sie sollen aber auch Vertrauen und Transparenz in die Nachhaltigkeit und die Umweltaspekte des jeweiligen Bauproduktes schaffen, sodass der potenzielle Nutzer die Richtigkeit seiner Entscheidung für das Bauprodukt nachvollziehen kann.

Durch die Anwendung dieser Zertifizierungen und Gütesiegel wiederum kann man dem Grunde nach die Gewissheit haben, dass Bauprodukte zumindest nach den Kriterien dieser Auszeichnungen umweltbewusst hergestellt werden.

Die Verwendung und Anwendung dieser Zertifizierungen sind daher vielmehr als eine Art Wegweiser zu betrachten. Sie liefern Informationen, die bei der nachhaltigen Auswahl von Bauprodukten helfen können, sind aber in ihrer Leistungsfähigkeit oder Kompetenz auf ihre jeweilige Ausrichtung begrenzt. Es ist daher unbedingt erforderlich, sich vor der Anwendung solcher Zertifikate zunächst mit der Institution selbst zu beschäftigen, die ein Zertifikat herausgibt.

3.5.5.3 Definition von Umweltzeichen

Die zuvor beschriebenen und benannten Umweltzeichen werden in internationalen Normen in verschiedene Kategorien unterteilt und definiert.

DIN EN ISO 14024:2018-06 „Umweltkennzeichnungen und -deklarationen – Umweltkennzeichnung Typ I – Grundsätze und Verfahren (ISO 14024:2018); Deutsche und Englische Fassung EN ISO 14024:2018"

Dies sind Umweltzeichen, die auf der Grundlage einer umfassenden Bewertung vergeben werden. Sie berücksichtigen den gesamten Lebenszyklus des Produkts von der Rohstoffgewinnung über die Herstellung und Nutzung bis hin zur Entsorgung.

Beispiele für Typ-I-Umweltzeichen sind der Blaue Engel in Deutschland oder das EU Ecolabel in der Europäischen Union.

DIN EN ISO 14021:2021-10 „Umweltkennzeichnungen und -deklarationen – Umweltbezogene Anbietererklärungen (Umweltkennzeichnung Typ II) (ISO 14021:2016 + Amd 1:2021); Deutsche Fassung EN ISO 14021:2016 + A1:2021"

Dies sind Selbstdeklarationen des Herstellers über bestimmte Umweltattribute des Produkts. Sie sind weniger umfassend als Typ-I-Zeichen und basieren auf den eigenen Angaben des Herstellers, ohne dass eine unabhängige Prüfung stattfindet. Demnach sind Beispiele schwer zu nennen.

DIN EN ISO 14025:2011-10 „Umweltkennzeichnungen und -deklarationen – Typ III Umweltdeklarationen – Grundsätze und Verfahren (ISO 14025:2006); Deutsche und Englische Fassung EN ISO 14025:2011"

Dies sind Umweltproduktdeklarationen, die detaillierte Informationen über die Umweltauswirkungen des Produkts im Laufe seines Lebenszyklus liefern. Sie basieren auf quantifizierten Daten der Lebenszyklusanalyse und werden in der Regel von unabhängigen Dritten geprüft. Ein Beispiel für ein Typ-III-Umweltzeichen ist das Umweltproduktdeklarationen-System (engl.: EPD – environmental product declaration).

Die deutsche Umwelt-Produktdeklaration nach ISO 14025 wird von dem Institut Bauen und Umwelt in Kooperation mit dem Bundesministerium für Digitales und Verkehr (BMDV) und dem Umweltbundesamt (UBA) koordiniert.

Jeder Typ von Umweltzeichen hat seine Vor- und Nachteile und eignet sich für unterschiedliche Anwendungsbereiche. Typ-I-Zeichen sind am umfassendsten und bieten die höchste Sicherheit für Verbraucher, während Typ-II-Zeichen flexibler sind und es Herstellern ermöglichen, spezifische Umweltattribute hervorzuheben.

Typ-III-Zeichen liefern die detailliertesten Informationen, können aber auch komplex und schwer zu interpretieren sein. Im Kapitel 3.5.5.5 werden Beispiele für die unterschiedlichen Kategorien erläutert. Da das Umweltkennzeichen nach Typ II eine Selbstdeklaration von Herstellern ist, gibt es dazu keine Beispiele.

3.5.5.4 Umweltzeichen Typ I: Blauer Engel

Das Siegel „Blauer Engel" ist ein Umweltzeichen Typ I, startete 1978 als weltweit erstes Umweltzeichen und setzte damit seinerzeit einen innovativen Schritt in Richtung Umweltschutz.

Das ambitionierte Ziel war und ist es, mehr Nachhaltigkeit beim Einkauf von Produkten zu erreichen und diese mit dem Siegel zu kennzeichnen. Durch die Kennzeichnung soll eine Orientierung für Endkunden geschaffen werden, sodass diese einen umweltbewussten Einkauf tätigen können.

Der Blaue Engel ist eine unparteiische und wirtschaftlich unabhängige freiwillige Produktkennzeichnung.

Neben den Vorteilen für Endkunden bietet das Siegel ebenfalls Vorteile für Hersteller, da die Kennzeichnung eine Vorreiterrolle im Nachhaltigkeitsgedanken spielt und damit Impulse in Richtung Umweltschutz setzt.

Die Prüfverfahren für die Vergabe des Siegels sind u. a.:

- **Ressourcenschonende Herstellung**
  Die Produktion wird auf den Verbrauch von Wasser, Energie und Material und/oder recycelten Material untersucht. Der Verbrauch der einzelnen Komponenten muss ressourcenschonend bleiben.
  Laut dem Umweltbundesamt ([UBA], 2021) ist Ressourcenschonung wie folgt definiert:
  „Ressourcenschonung folgt dem Leitbild einer in natürliche Stoffkreisläufe eingebetteten Wirtschaft mit minimalem Ressourcenverbrauch, deren Entwicklung weder zu Lasten anderer Regionen noch künftiger Generationen geht."
- **Vermeidung von Schadstoffen im Produkt**
  Das Produkt darf während und nach der Herstellung keine Schadstoffe aufweisen und muss beim Gebrauch unbedenklich sein. Bezogen auf Innendämmung muss das Produkt in der Wohnumwelt aus gesundheitlicher Sicht unbedenklich sein.
- **Verringerte Emissionen schädlicher Substanzen**
  Neben den Schadstoffen, die verringert sein müssen, sollten ebenso die Emissionen bei der Produktion reduziert sein.
- **Effiziente Nutzung des Produkts**
  Das Produkt muss eine effiziente Nutzung aufweisen. Im Fall einer Innendämmung ist das die energiesparende Komponente.
- **Langlebigkeit, Reparatur- und Recyclingfähigkeit**
  Das Produkt muss langlebig, reparatur- und recyclingfähig sein, um das Siegel zu erreichen.

3.5.5.5 Umweltzeichen Typ III

Umweltproduktdeklarationen des Instituts Bauen und Umwelt e. V. (IBU)

Das Institut Bauen und Umwelt e. V. (IBU) ist eine Organisation, die Umweltproduktdeklarationen für Bauprodukte ausstellt.

Umweltproduktdeklarationen basieren auf der Methode der Ökobilanz nach ISO 14040:2006-07 „Umweltmanagement – Ökobilanz – Grundsätze und Rahmenbedingungen" und ISO 14044:2006-07 „Umweltmanagement – Ökobilanz – Anforderungen und Anleitungen (ISO 14044:2006); Deutsche und Englische Fassung EN ISO 14044:2006" sowie den spezifischeren Normen ISO 14025 und DIN EN 15804:2022-03 „Nachhaltigkeit von Bauwerken –

Umweltproduktdeklarationen – Grundregeln für die Produktkategorie Bauprodukte; Deutsche Fassung EN 15804:2012+A2:2019 + AC:2021". Sie bieten eine einheitliche, faktenbasierte Informationsgrundlage für eine Bewertung der Produktnachhaltigkeit.

Durch die umfangreiche Betrachtung der Baustoffe mittels Umweltproduktdeklarationen, ausgestellt durch das IBU, wird dieses als Typ-III-Umweltzeichen deklariert.

Die Umweltproduktdeklarationen des IBU bieten transparente und verifizierte Informationen über die Umweltauswirkungen eines Bauprodukts über seinen gesamten Lebenszyklus. Diese beinhalten die Rohstoffgewinnung, Herstellung, Nutzung und Entsorgung des Produkts.

Die Umweltproduktdeklarationen helfen Architekten, Planern und Bauherren, umweltfreundliche Entscheidungen zu treffen und die Umweltauswirkungen von Gebäuden zu minimieren.

Umweltproduktdeklarationen (EPD) des Fraunhofer-Instituts für Bauphysik (IBP)

Das Fraunhofer-Institut für Bauphysik ([IBP], 2024) definiert Umweltproduktdeklarationen wie folgt:

„EPDs können als eine Art ‚Steckbrief' des deklarierten Produktes verstanden werden. Sie beinhalten technische Informationen, Angaben zu gewählten Lebenszyklusmodulen, entsprechende Umweltkennwerte sowie ggfs. Prüfergebnisse für eine Detailbewertung. Umweltproduktdeklarationen haben eine verbindliche, allgemeingültige Basis; sie werden von Expertinnen und Experten erstellt und von unabhängiger Seite verifiziert – dennoch trägt der Hersteller bzw. die Herstellerin die Verantwortung für die EPDs.

Umweltproduktdeklarationen (engl.: EPD – Environmental Product Declaration) basieren auf der Methode der Ökobilanz nach ISO 14040/44 und den spezifischeren Normen ISO 14025 und EN 15804. Sie bieten eine einheitliche, faktenbasierte Informationsgrundlage für eine Bewertung der Produktnachhaltigkeit. Eigenständig oder mit Unterstützung des Fraunhofer IBP erstellt, bilden Umweltproduktdeklarationen eine fundierte Grundlage für eine transparente Kommunikation der Umweltwirkungen an sämtliche Stakeholder. EPDs sind insbesondere in der Baubranche gefordert, werden immer häufiger im Rahmen öffentlicher Ausschreibungen vorausgesetzt und stellen darüber hinaus die Informationsbasis für die Nachhaltigkeitszertifizierung von Gebäuden dar. Allerdings finden EPDs auch branchenübergreifend Anwendung; neben Bauprodukten können weitere Produktarten bilanziert und in Form von EPDs dargestellt werden: von Pasta bis hin zu kompletten Zügen."

Das IBU (2020) führt aus:

„Die EN 15804 spezifiziert die Grundregeln für EPDs in der Produktkategorie Bauprodukte. Durch diese grundlegenden Produktkategorie-Regeln wird sichergestellt, dass alle EPDs für Bauprodukte, Bauleistungen und Bauprozesse in einheitlicher Weise abgeleitet, dargestellt und verifiziert werden. Die EN 15804 schafft die Voraussetzung für europaweit gültige EPDs."

Umweltproduktdeklarationen stellen allgemein ein Umweltzeichen Typ III dar.

Die Bewertung erfolgt nicht nur im Einzelnen für die Bauprodukte, sondern in Wechselwirkung mit der Nutzung. So werden das Produkt sowie auch das Gebäude auf Nachhaltigkeit geprüft.

Somit unterscheidet sich die Umweltproduktdeklaration als Umweltzeichen Typ III zu den Umweltzeichen Typ I (Typ I: Bewertung des Bauproduktes, Typ III: quantifizierte Daten, Auswertung des Produktes sowie die Nutzung in Wechselwirkung mit dem Gebäude).

Jedes Produkt muss ganzheitlich betrachtet werden, denn nur so können Gebäude umfänglich auf Nachhaltigkeit geprüft werden.

Umweltproduktdeklarationen liefern somit verifizierte Datensätze und dienen als Grundlage zur Erstellung von Gebäudeökobilanzen. Betrachtet wird der komplette Prozess – von der Rohstoffentnahme über die Produktion, die Transporte und den Einbau ins Gebäude bis zum Ende der Nutzungsphase mit Entsorgungs- bzw. Recyclingmöglichkeiten.

Eine EPD stellt auch dar, was am Ende der Nutzungsphase aus dem Bauprodukt bzw. aus dessen Bestandteilen wird, d. h., ob es entsorgt wird und damit sein Lebensweg endet oder ob bzw. inwieweit es wieder in den Produktionskreislauf zurückgeführt werden kann und zur Ressourceneffizienz beiträgt. Dank dieser Klarheit und Transparenz lässt sich die langfristige Wirkung einzelner Bauteile auf das Ökosystem kalkulieren.

3.5.6 Auswahl des Dämmstoffs

Bei der Auswahl nachhaltiger Baustoffe für die Innendämmung sind somit einige wichtige Aspekte zu beachten.

Materialien

Wählen Sie Dämmstoffe aus natürlichen bzw. nachwachsenden Rohstoffen, wie z. B. Hanf, Zellulose, Baum- oder Schafwolle, sowie Dämmstoffe aus natürlichen Rohprodukten, die industriell hergestellt werden, z. B. Perlite, Calciumsilikatprodukte oder Mineralwolle. Diese Baustoffe sind ökologisch verträglicher als herkömmliche Dämmstoffe wie z. B. Polystyrol, da sie in der Regel weniger Energie bei der Herstellung und Entsorgung benötigen und weniger schädliche Substanzen enthalten.

Energieeffizienz

Wählen Sie Baustoffe, die eine hohe Wärmedämmleistung bieten, um den Energieverbrauch beim Heizen im Winter sowie beim Kühlen im Sommer zu reduzieren.

Feuchtigkeitsregulierung

Achten Sie darauf, dass die gewählten Baustoffe eine gute Feuchtigkeitsregulierung aufweisen, um ein angenehmes Raumklima zu schaffen und die Bildung von Schimmelpilzen auf den Oberflächen zu reduzieren.

Lebenszyklusanalyse

Berücksichtigen Sie den gesamten Lebenszyklus der Dämmstoffe, einschließlich ihrer Herstellung, Nutzung und Entsorgung. Produkte mit einer geringen Umweltbelastung über den gesamten Lebenszyklus hinweg sind vorzuziehen.

3.5.7 Fazit

Das Dämmen von Wohn- und Bürogebäuden mit einer Innendämmung reduziert nachhaltig die Energiekosten. Arbeitet man dazu mit einem nachhaltigen und ressourcenschonenden Baustoff, kann man maßgeblich die CO_2-Emissionen senken.

Den eingesparten Energiekosten sollte man die durch die Produktion der Dämmung entstandenen CO_2-Emissionen gegenrechnen, um den Tag der Amortisierung definieren zu können.

Sobald man diesen Tag erreicht, kann man von einem nachhaltigen Gedanken hinsichtlich der Einsparung von Energie und CO_2-Emissionen sprechen.

Es ist wichtig, zu beachten, dass die Kosten und Einsparungen bei der Innendämmung von verschiedenen Faktoren abhängen, wie beispielsweise der Größe und Art des Gebäudes, dem gewählten Dämmmaterial, den Energiepreisen und den individuellen Nutzungsbedingungen. Eine genaue Kosten-Nutzen-Analyse sollte daher im Einzelfall durchgeführt werden, um die langfristigen finanziellen Auswirkungen der Innendämmung zu bewerten.

Insgesamt kann sich eine Innendämmung sehr schnell als vorteilhaft erweisen, insbesondere wenn die langfristigen Vorteile in Bezug auf Energieeinsparungen und verbesserten Wohnkomfort berücksichtigt werden. Es ist empfehlenswert, eine sorgfältige Planung und Beratung durch Fachleute in Anspruch zu nehmen, um die besten Ergebnisse zu erzielen und die wirtschaftliche Rentabilität der Innendämmung zu maximieren.

Falls Sie sich dazu entscheiden, Ihre Dämmstoffe nachhaltig zu wählen, haben Sie einen Schritt in Richtung Umweltschutz gesetzt. Sie können sich somit dazu entscheiden, ein eventuell teureres Produkt als Dämmstoff zu wählen, aber damit die für Ihr Projekt entstandenen CO_2-Emissionen zu senken.

Das entspricht grundsätzlich dem Gedanken der Nachhaltigkeit.

Daraus resultiert, dass den nachfolgenden Generationen Raum zum Leben gelassen wird, was der Definition des BMUV (o. J.) und des BMZ (2024) gerecht wird.

Alle Akteure sollten sich der Themen Nachhaltigkeit, Ressourcenschonung und Klimafreundlichkeit in der Baubranche annehmen, denn durch die steigende Nachfrage nach nachhaltigem Bauen, Umweltschutz und Ressourcenschonung könnte sich ein neuer Markt für Unternehmer ergeben.

Somit kann man einen neuen Kundenkreis erschließen und aktiv etwas für die Umwelt bewirken.

4 Erfassung von Wärmebrücken und Detailplanung

4.1 Erfassung von Wärmebrücken

Schadensfreiheit der Konstruktion

Die konstruktive Planung von Innendämmungen im Bereich von Wärmebrücken stellt einen der wichtigsten Faktoren für die Schadensfreiheit der Konstruktion dar (Abb. 4.1). Selbstverständlich müssen zuerst **sämtliche Wärmebrücken** der geplanten Innendämmung erfasst werden. Das hört sich einfach an, ist es aber nicht immer. Häufig stellt sich die Situation in älteren Bestandsgebäuden so dar, dass nicht alle Bereiche, die sich in der unmittelbaren Umgebung der Innendämmung befinden, zweifelsfrei bestimmt werden können. Oft entfällt eine umfassende Bestandsanalyse auch aus wirtschaftlichen Betrachtungen heraus. Tatsache ist, dass Wärmebrücken nicht immer vollständig erfasst und ihre bauphysikalischen Eigenschaften nicht immer korrekt ermittelt werden. Wenn dann noch keine sach- und fachgerechte Planung der Innendämmung in diesen Bereichen vorgenommen wird, ist der Bauschaden schon fast vorprogrammiert.

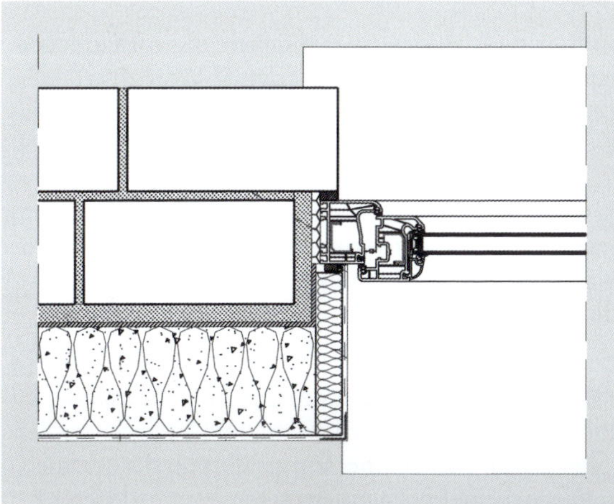

Abb. 4.1: Alle Wärmebrücken sind in der Planung zu berücksichtigen – hier: Fensteranschluss (Quelle: Xella Deutschland GmbH, Duisburg)

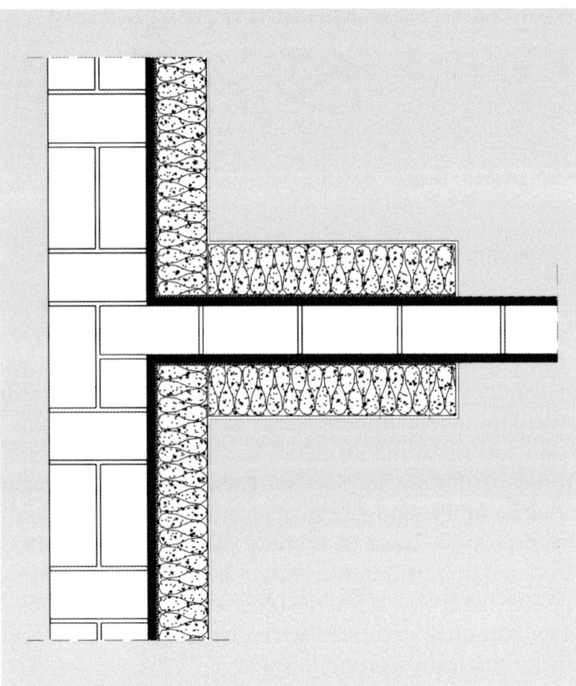

Abb. 4.2: Schematische Darstellung einer Wärmebrücke (einbindende Innenwand) mitflankierender Dämmung (Quelle: Xella Deutschland GmbH, Duisburg)

In Wärmeschutznachweisen von Gebäuden ist es möglich, die vorhandenen Wärmebrücken mit einem pauschalen Zuschlag auf den *U*-Wert zu erfassen. Das mag zwar praktisch erscheinen und erspart den rechnerischen bzw. planerischen Nachweis jeder einzelnen Wärmebrücke, bringt aber nachvollziehbar auch eine gewisse Unsicherheit mit sich. Aus Sicht der Autoren sollte daher die pauschale Erfassung der Wärmebrücken bei einer Innendämmung unterbleiben und eine detaillierte Erfassung vorgenommen werden. Nur so kann sach- und fachgerecht bereits in der Planungsphase entschieden werden, ob und, wenn ja, wie im Bereich der Wärmebrücken Maßnahmen zu treffen sind.

Temperaturgefälle

Wärmebrücken sind die Bereiche in Bauteilen eines Gebäudes, durch die Wärme schneller nach außen transportiert wird als durch die angrenzenden Bereiche (siehe auch Kapitel 2.1.1). Das Temperaturgefälle von der warmen zur kalten Seite eines Bauteils bei einer vorhandenen Temperaturdifferenz zwischen Innen- und Außenklima wird durch die **Wärmeleitfähigkeit der Baustoffe** im Bauteil bestimmt. Je besser ein Baustoff Wärme leitet, desto schlechter sind seine wärmedämmenden Eigenschaften und desto eher wird sich an der Oberfläche des betreffenden Bauteils eine niedrigere Temperatur einstellen.

4.1.1 „Klassiker" der Wärmebrücken

Einbindende Innenwand

Als „Klassiker" der Wärmebrücken steht die in die Außenwand einbindende Innenwand im Vordergrund (Abb. 4.2 und 4.3). Es handelt sich hierbei um eine konstruktive, aber auch um eine stoffliche Wärmebrücke. Wird die Innendämmung raumweise eingebaut, durchstößt die Innenwand diese

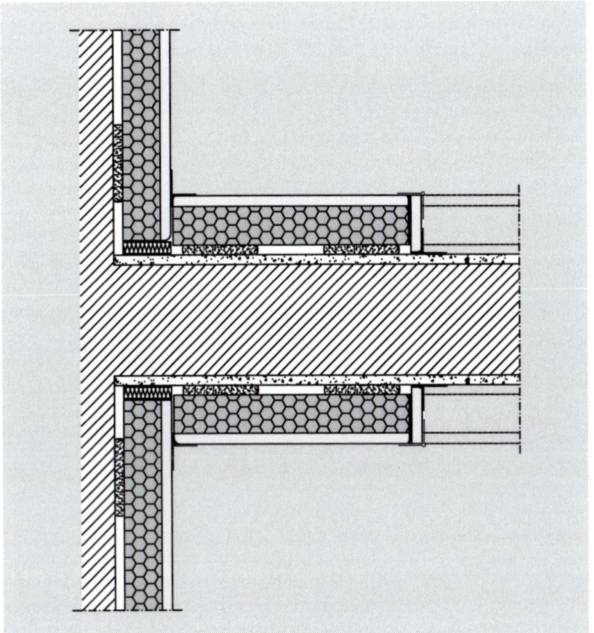

Abb. 4.3: Flankierende Dämmung einer in die Dämmebene einbindenden Trennwand (Quelle: Knauf Gips KG, Iphofen)

Dämmebene. Da die Wärmeleitfähigkeit der vorhandenen Wandbaustoffe in aller Regel größer ist als die der Innendämmung, fließt durch die einbindende Innenwand mehr Wärme nach außen ab als durch die gedämmte Wandfläche. Die **Oberflächentemperatur** der einbindenden **Innenwand sinkt**. Dieser Effekt ist besonders an der Stelle feststellbar, an der die Innendämmung an die Innenwand angrenzt. Die Oberflächentemperatur an diesem Punkt ist häufig sogar niedriger als vor dem Aufbringen der Innendämmung.

Einbindende Decke

Das Gleiche gilt für einbindende Decken (Abb. 4.4 und 4.5). Auch hier sinkt die Oberflächentemperatur der einbindenden Decke besonders stark an der Stelle, an der die Innendämmung an die Decke angrenzt. Als **kritisch** sind Oberflächentemperaturen zu betrachten, die **unterhalb von 12,6 °C** liegen („Schimmelpilzkriterium"; Abb. 4.6; siehe auch Kapitel 2.1.4). Es ist demnach erforderlich, durch geeignete Maßnahmen im Bereich der Wärmebrücken eine Oberflächentemperatur von mindestens 12,6 °C sicherzustellen (Abb. 4.7).

Hinweis

> Die Temperaturgrenze von 12,6 °C gilt nur für das Normklima (in der Winterzeit 20 °C Raumtemperatur, 50 % relative Luftfeuchte, –10 °C Außentemperatur). Sollte dieses Klima nicht vorliegen, können auch höhere Temperaturen an den Oberflächen der Wärmebrücken erforderlich werden. Das bedeutet, dass bei einer Nutzung mit z. B. durchschnittlich 22 °C und 60 % relativer Luftfeuchte bereits bei einer deutlich höheren Oberflächentemperatur kritische Werte für die Oberflächenfeuchte an einer Wärmebrücke entstehen können. Es ist daher durchaus erforderlich, auch an die Art der späteren Nutzung zu denken.

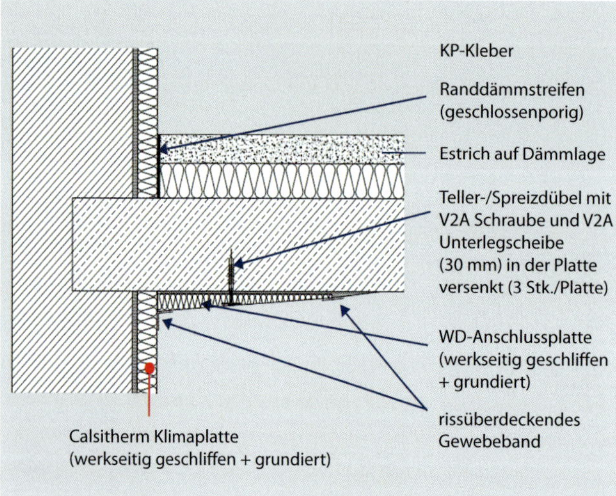

Abb. 4.4: Flankierende Dämmung einer einbindenden Massivdecke mittels Dämmkeil (Quelle: Technische Unterlagen und Hinweise; Calsitherm Silikatbaustoffe GmbH, Bad Lippspringe)

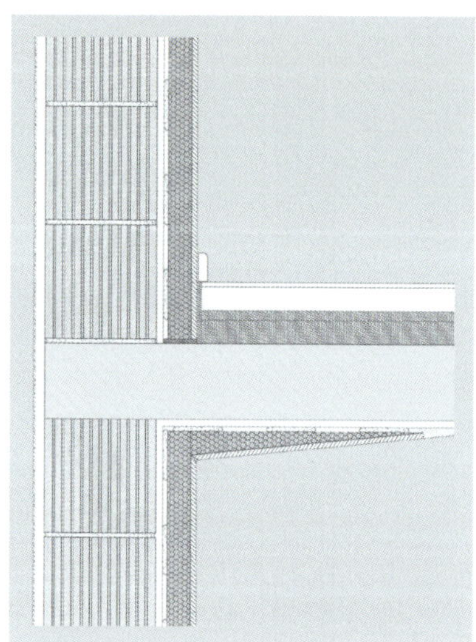

Abb. 4.5: Schematische Darstellung einer Wärmebrücke (einbindende Massivdecke) mit flankierender Dämmung (Quelle: „Gemeinsames Merkblatt Innenwärmedämmung, Ausgabe XX/2014", Hrsg.: Fachverband der Stuckateure für Ausbau und Fassade Baden-Württemberg, Stuttgart)

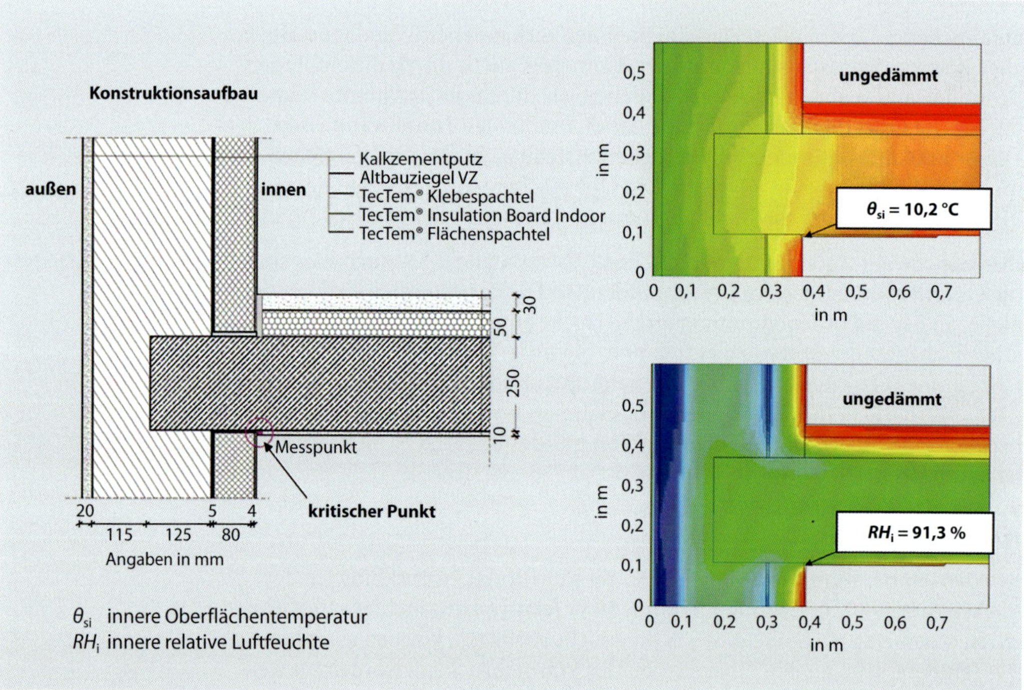

Abb. 4.6: Temperatur und Feuchte an einer Wärmebrücke (einbindende Decke) ohne Flankendämmung (Quelle: Knauf Aquapanel GmbH, Dortmund)

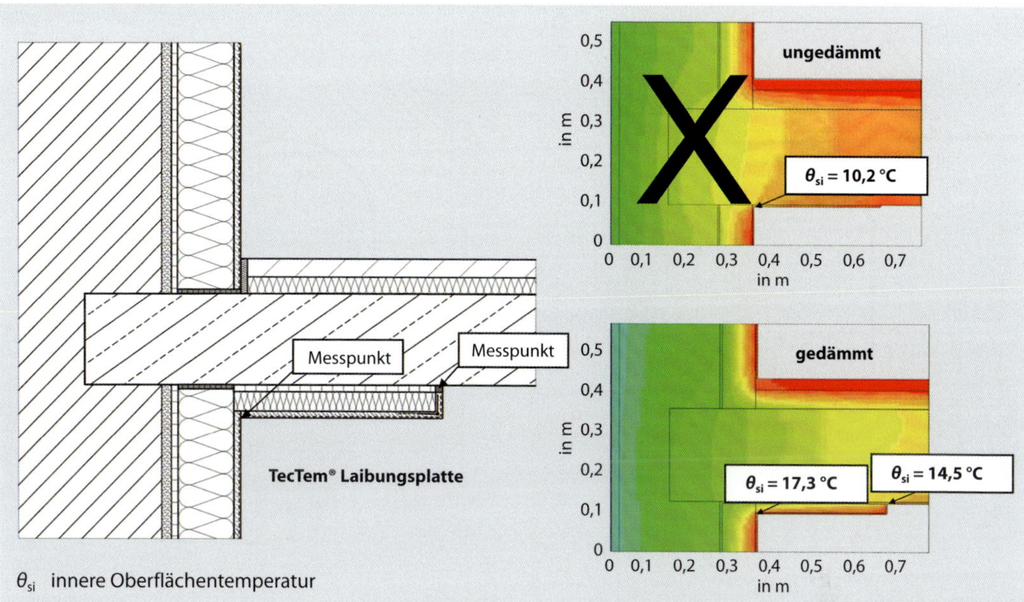

Abb. 4.7: Temperatur an einer Wärmebrücke (einbindende Decke) mit Flankendämmung (Quelle: Knauf Aquapanel GmbH, Dortmund)

Weitere bei einer Innendämmung regelmäßig anzutreffende Wärmebrücken sind:

- Rollladenkästen über Fenstern (Abb. 4.8 und 4.9),
- Laibungen von Fenstern (Abb. 4.10 und 4.11),
- Deckenanschlüsse gegen eine auskragende Balkonplatte,
- Bodenanschlüsse gegen ein kaltes Untergeschoss,
- Außenecken von Wänden (Abb. 4.12 und 4.13).

Hinweis

Der Nachweis der Oberflächentemperaturen im Bereich der Wärmebrücken ist eine planerische Leistung und **elementarer Bestandteil** der sach- und fachgerechten **Planung** einer Innendämmung (Abb. 4.14). Sofern ein solcher Nachweis nicht vorliegt, ist der Fachunternehmer gehalten, den Nachweis einzufordern. Alternativ kann dieser Nachweis auch vom Fachunternehmer gegen Vergütung beigebracht werden.

Praxistipp

Um den Nachweis der Oberflächentemperaturen im Bereich der Wärmebrücken beim Aufbringen einer Innendämmung beizubringen, können Sie sich an den Hersteller wenden. Die meisten Hersteller unterhalten Fachabteilungen, die diese Nachweise anfertigen können. Sie können aber auch einen Spezialisten, also in der Regel einen Bauphysiker, einschalten.

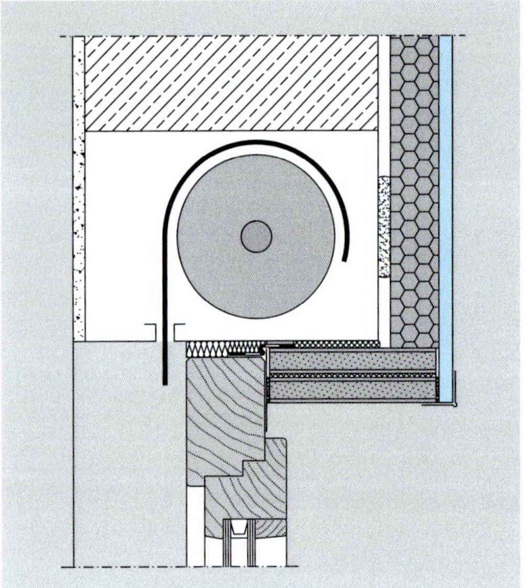

Abb. 4.8: Anschluss einer Innendämmung an einen Rollladenkasten – Verbundplatte (Quelle: Knauf Gips KG, Iphofen)

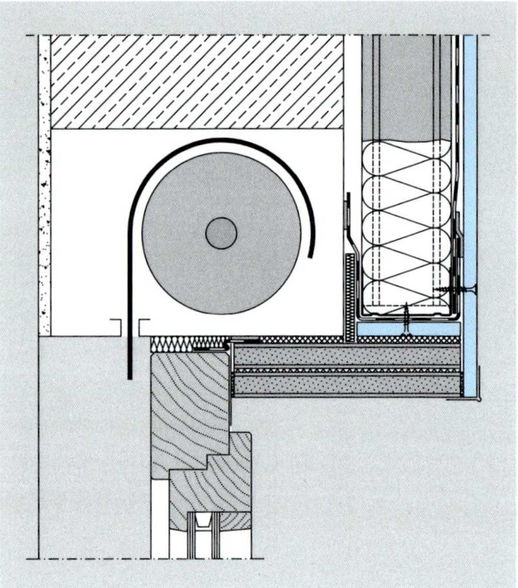

Abb. 4.9: Anschluss einer Innendämmung an einen Rollladenkasten – Vorsatzschale (Quelle: Knauf Gips KG, Iphofen)

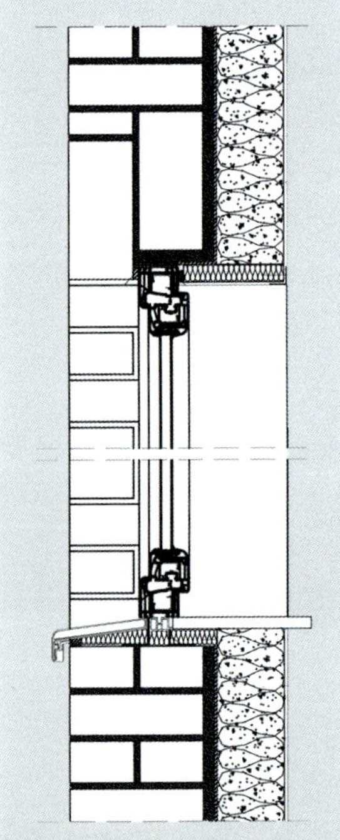

Abb. 4.10: Schematische Darstellung einer Wärmebrücke (Fensterlaibung) mit flankierender Dämmung (Quelle: Xella International GmbH, Duisburg)

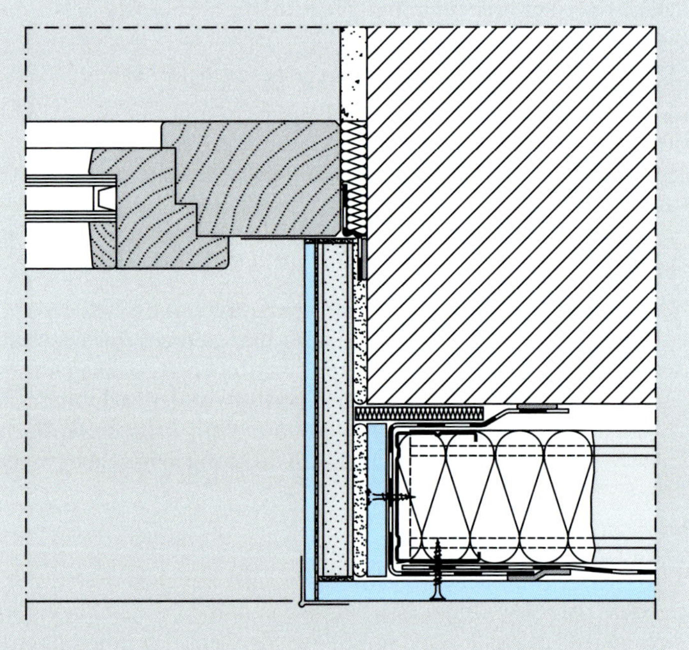

Abb. 4.11: Schematische Darstellung einer Wärmebrückendämmung (Fensterlaibung – Vorsatzschale) mit Laibungsdämmplatten (Quelle: Knauf Gips KG, Iphofen)

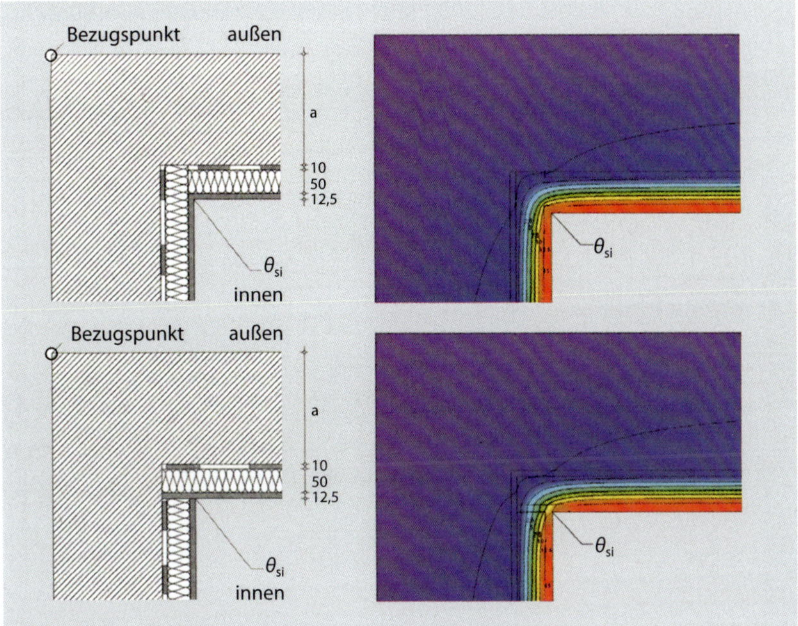

Abb. 4.12: Eckausbildung Verbundplatte: Erhöhung der Oberflächentemperatur um bis zu 1,6 °C mit durchgehender Dämmschichtebene (oben) gegenüber Kontakt der Verbundplatte zum Mauerwerk (unten) (Quelle: Industriegruppe Gipsplatten im Bundesverband der Gipsindustrie e.V., Berlin; in: Trockenbau Akustik [2008], 12, S. 33)

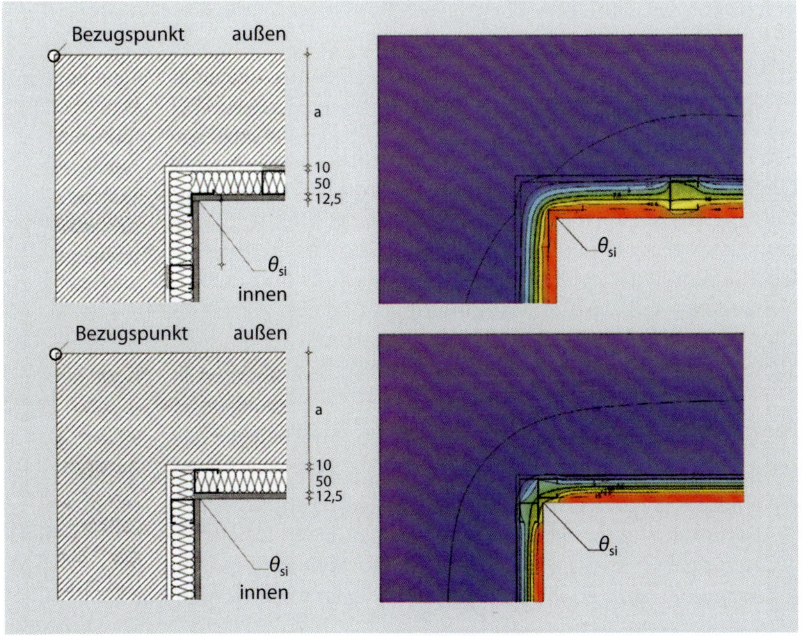

Abb. 4.13: Eckausbildung freistehende Vorsatzschale: Erhöhung der Oberflächentemperatur um bis zu 5 °C mit Wandinneneckprofilen (oben) gegenüber Ausführung mit Standardprofilen (unten) (Quelle: Industriegruppe Gipsplatten im Bundesverband der Gipsindustrie e.V., Berlin; in: Trockenbau Akustik [2008], 12, S. 33)

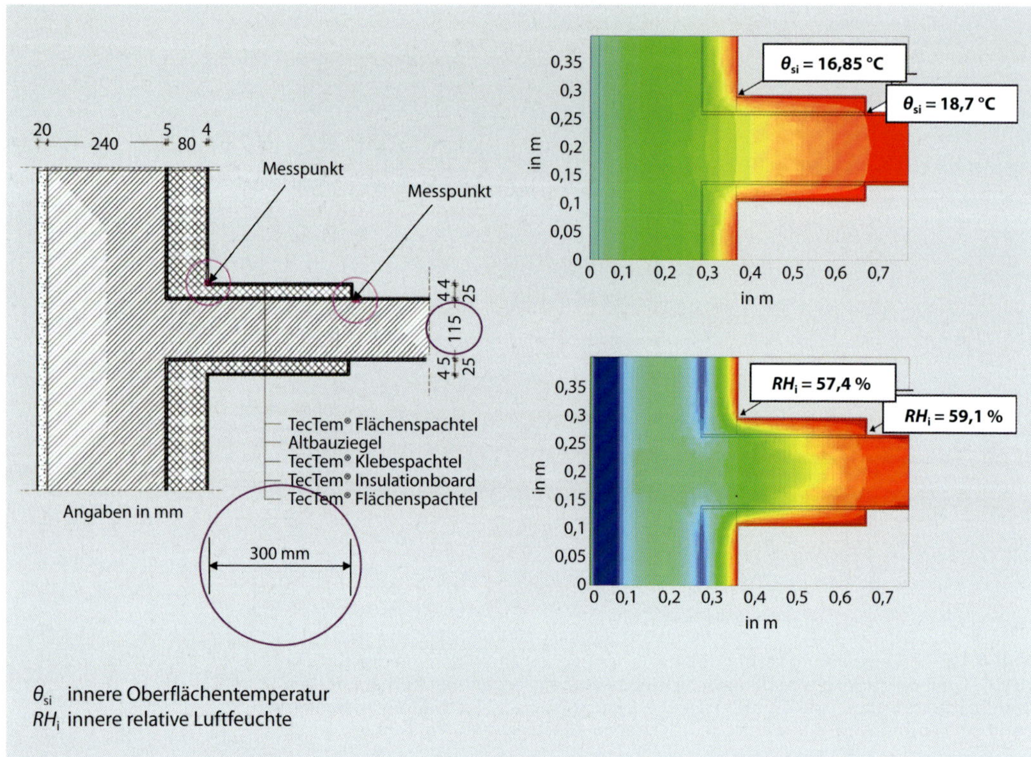

Abb. 4.14: Berechnung der Temperaturen und der Feuchte an einer Wärmebrücke (Quelle: Knauf Aquapanel GmbH, Dortmund)

Sicherheitsspielraum

Bei der Planung der Innendämmung im Bereich von Wärmebrücken ist darauf zu achten, dass die Dämmstoffdicke entsprechend den dort herrschenden Oberflächentemperaturen ermittelt wird. Entscheidend ist, dass die Oberflächentemperaturen **nicht zu nah an 12,6 °C** liegen, um unnötige Ausführungsrisiken zu vermeiden. Bereits eine geringfügige Änderung des Innenklimas gegenüber dem Normklima kann zu einer höheren Oberflächenfeuchte führen als in DIN 4108-2 „Wärmeschutz und Energie-Einsparung in Gebäuden – Teil 2: Mindestanforderungen an den Wärmeschutz" (2013) angegeben (80 %). Planer und Fachunternehmer sollten hier einen gewissen Sicherheitsspielraum vorsehen.

Fazit

> Bei der Planung der Innendämmung im Bereich von Wärmebrücken wird ein **Nachweis der Oberflächentemperaturen** der Bauteile unter Berücksichtigung des tatsächlich vorhandenen Innenraumklimas nicht zu umgehen sein. Es entstehen sonst Risiken für den Planer bzw. den Fachunternehmer, die im Schadensfall sehr teuer werden können.

4.1.2 Nachweisführung mit Regeldetails

Wärmedämm-Verbundsysteme

Im Bereich von außen am Bauteil angebrachten Dämmungen ist die Nachweisführung recht einfach. Für Wärmedämm-Verbundsysteme sind in **DIN 4108, Beiblatt 2** „Wärmeschutz und Energie-Einsparung in Gebäuden – Wärmebrücken – Planungs- und Ausführungsbeispiele" (2019), die wesentlichen Wärmebrücken erfasst und Vorgaben dargestellt, mit denen die Einhaltung der notwendigen inneren Oberflächentemperaturen bei einer Wärmeleitfähigkeit λ des Dämmstoffes von 0,04 W/(m · K) zu gewährleisten ist.

Übertragbarkeit auf Innendämmung

Für Innendämmungen finden sich solche Regeldetails für Wärmebrücken jedoch nicht, da DIN 4108, Beiblatt 2, Innendämmungen noch nicht „kennt". Allerdings sind die Lösungen in DIN 4108, Beiblatt 2, teilweise auf Innendämmungen übertragbar. Für den Bereich der Fensterlaibung wird z. B. eine Überdeckung des Blendrahmens mit der Außendämmung von mindestens 30 mm gefordert; dieser Wert sollte auch bei einer Innendämmung im Bereich der inneren Fensterlaibung funktionieren. Für einbindende Betondecken, Köpfe von Giebelwänden oder die Attikaausbildung bei Flachdachkonstruktionen werden in DIN 4108, Beiblatt 2, Außendämmungen von mindestens 60 mm Dicke gefordert. Auch dieser Wert lässt sich auf die Innendämmung für den Bereich einbindender Decken übertragen.

Es bleibt zu hoffen, dass in DIN 4108, Beiblatt 2, möglichst bald auch die bei einer Innendämmung regelmäßig anzutreffenden Wärmebrücken dargestellt werden und sich damit ein wenig mehr Ausführungssicherheit entwickeln kann.

Fazit

> Es ist zwar grundsätzlich möglich, die in DIN 4108, Beiblatt 2, aufgeführten Lösungen für Wärmebrücken auf Innendämmungen zu übertragen. Das sollte dann aber nachvollziehbar und begründet erfolgen.

4.2 Herstellerdetails und deren Verwendbarkeit im Einzelfall

Die von den Herstellern von Innendämmungen in ihren Verkaufsunterlagen oder Verarbeitungsrichtlinien enthaltenen Ausführungsdetails sind sowohl vom Planer als auch vom ausführenden Fachunternehmer kritisch und sorgfältig zu prüfen. Diese Details können grundsätzlich in 2 Gruppen unterteilt werden:

- Details zum Systemaufbau der Innendämmung (Abb. 4.15),
- Details zu bestimmten Einbausituationen.

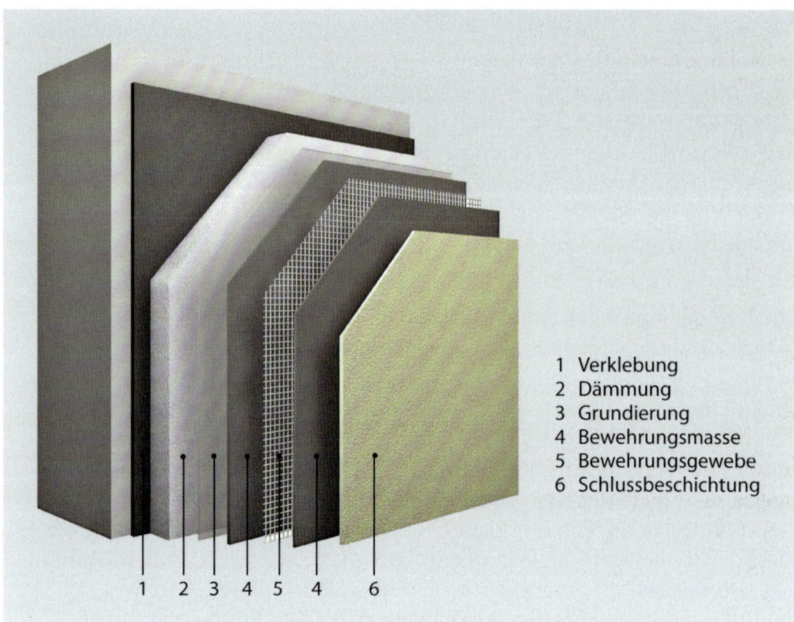

Abb. 4.15: Systemaufbau eines Herstellers (Quelle: Sto AG, Stühlingen)

4.2.1 Details zum Systemaufbau der Innendämmung

Details zweifelsfrei bindend

Die Details zum Systemaufbau sind für den Fachunternehmer zweifelsfrei bindend. Gerade bei Innendämmsystemen gibt der Hersteller mit dem Aufbau vor, dass er für die so von ihm geprüfte Konstruktion einsteht. Die Angaben hinsichtlich der zu verwendenden Produkte und deren Verarbeitung sollten vom Fachunternehmer daher tunlichst auch eingehalten werden. Dies beginnt mit dem kompletten Erwerb aller dem System zugehörigen Produkte des Herstellers, führt über die Ausführung mit dem angegebenen Materialverbrauch bzw. den angegebenen Schichtdicken und endet mit der angegebenen Weiterbehandlung der Oberfläche.

Es sollte stets bedacht werden, dass es sich bei Innendämmungen außer-halb der nachweisfreien Konstruktionen nach DIN 4108-3 um nicht geregelte Bauarten handelt, für die es eben keine allgemeingültigen Normen oder sonstigen Richtlinien hinsichtlich des konstruktiven Aufbaus gibt.

Besondere Leistung oder Nebenleistung

Kritisch betrachtet werden sollten die Leistungsinhalte der Herstellerdetails hinsichtlich der Bewertung als Nebenleistung oder Besondere Leistung im Sinne der VOB/C. In **ATV DIN 18340** „Trockenbauarbeiten“ (2019) und **ATV DIN 18350** „Putz- und Stuckarbeiten“ (2019) werden in den jeweiligen Abschnitten 4 „Nebenleistungen, Besondere Leistungen“ Festlegungen getroffen, was im Einzelnen als Nebenleistung (also ohne zusätzliche Vergütung) oder aber als Besondere Leistung (zusätzlich vergütungspflichtig) auszuführen ist.

Es ist durchaus möglich, dass in den Details der Hersteller zum Systemaufbau bereits **Besondere Leistungen** nach der VOB/C enthalten sind.

Abb. 4.16: Luftdichte Anschlüsse stellen Besondere Leistungen dar. (Quelle: Xella International GmbH, Duisburg)

Das ist für den Fachunternehmer insofern wichtig, als Besondere Leistungen nach der VOB/C stets im Leistungsverzeichnis als solche anzugeben und in Leistungspositionen zu erfassen und zu beschreiben sind. Ist dies im Leistungsverzeichnis einer vorgelegten Planung nicht der Fall, sollte der Fachunternehmer im Rahmen seiner Hinweispflicht darauf aufmerksam machen.

Hinweis

> Eine unkommentierte Übernahme der Details zum grundsätzlichen Systemaufbau führt dazu, dass auch alle Maßnahmen, die dort dargestellt sind, mit dem Vertragspreis abgegolten sind. Leistungen wie z. B. luftdichte Anschlüsse an begrenzende Bauteile nachträglich als Besondere Leistung mit zusätzlicher Vergütung zu beanspruchen, wird in den allermeisten Fällen zum Scheitern verurteilt sein (Abb. 4.16). Es gilt daher, vor der Ausführung zu prüfen, ob die Ausführung in dem zugrunde liegenden Leistungsverzeichnis detailliert und erschöpfend entsprechend der VOB/C beschrieben ist. Die bloße Formulierung im Leistungsverzeichnis „Ausführung nach Herstellervorschrift" kann dazu führen, dass im Zweifel alle in den Details aufgeführten Maßnahmen vom Fachunternehmer ohne zusätzliche Vergütung geleistet werden müssen, auch wenn es sich um Besondere Leistungen nach der VOB/C handelt.

4.2.2 Details zu bestimmten Einbausituationen

Große Vorsicht geboten

Bei Details zu speziellen Einbausituationen der Hersteller ist große Vorsicht geboten, da jede Innendämmung eine **Einzelfalllösung** ist. Standardisierte Betrachtungen sind daher nicht möglich und Details zu bestimmten Einbausituationen sind nicht einfach auf jeden beliebigen Einzelfall übertragbar. Dies teilen die Hersteller in ihren Produkt- und Systemunterlagen auch mit, aber nicht immer sehr deutlich.

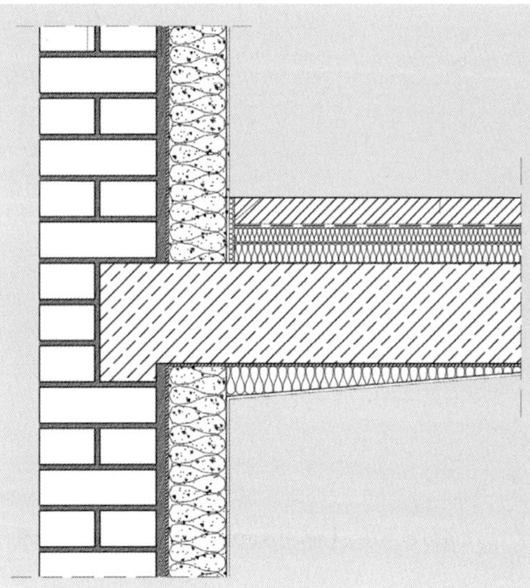

Abb. 4.17: Regeldetail für eine Innendämmung bei Sichtmauerwerk: Ob dieses Detail im individuellen Fall funktioniert, kann nur durch eine sach- und fachgerechte Planung ermittelt werden! (Quelle: Xella International GmbH, Duisburg)

Das Problem für den Fachunternehmer besteht darin, dass der Hersteller lediglich für die Eigenschaften seiner Produkte einsteht. Für die tatsächliche Ausführung haftet der Fachunternehmer jedoch völlig allein und nur er selbst ist für die Einhaltung aller Vorschriften und Regeln verantwortlich. Sämtliche Angaben, Details, Verarbeitungsrichtlinien usw. des Herstellers begründen kein vertragliches Rechtsverhältnis und dürfen von einem Fachunternehmer nicht ungeprüft in jede beliebige Baumaßnahme übernommen werden.

Für die konkrete Situation prüfen

Es wird an dieser Stelle klar, dass die **alleinige Verantwortung** für die gebaute Innendämmung beim **Fachunternehmer** liegt. Der Hersteller liefert ein in sich geprüftes System und Vorschläge, wie das System in bestimmten Einbausituationen verwendet werden kann. Ob das System aber im jeweiligen Einzelfall eingesetzt werden darf und die vorgeschlagenen Ausführungsdetails dort funktionieren, muss der Planer bzw. der Fachunternehmer eigenständig ermitteln (Abb. 4.17). Kein Hersteller ist in der Lage, für alle in der Baupraxis erdenklichen Fälle Regeldetails zu entwickeln, die dann auch noch bautechnisch und bauphysikalisch einwandfrei und ohne Schaden funktionieren. Eine ungeprüfte Übernahme von Herstellerdetails zu bestimmten Einbausituationen stellt deshalb ein Risiko dar, dessen sich der Planer bzw. der Fachunternehmer bewusst sein muss.

Zustandsbericht

Es gibt 2 verschiedene **Vorgehensweisen** für die **Detailplanung**: Im ersten Fall wird eine objektspezifische Planung aller relevanten Details ohne Rückgriff auf die vom Hersteller bereitgestellten Angaben zu Details vorgenommen. Im zweiten Fall werden die vom Hersteller der Innendämmung als Vorschlag veröffentlichten Ausführungsdetails verwendet, aber für den jeweiligen Einzelfall ggf. modifiziert. Dabei sollte mindestens nachvollziehbar sein, welche Überlegungen und welche Begründungen der Ausführung der Regeldetails im jeweils individuellen Fall zugrunde lagen. Diese Überlegungen und Begründungen können z. B. in den sowieso zu erstellenden Zustandsbericht der Baumaßnahme im Rahmen der Objekterfassung aufgenommen werden.

Praxistipp

Binden Sie auch die Fachberater der Hersteller in den Entscheidungsprozess zur Detailausführung mit ein. Ziel sollte es sein, durch eine sach- und fachgerechte Erfassung der Bestandssituation und gemeinsame Objektbegehungen eine Übertragbarkeit der Ausführungsdetails auf den individuellen Fall im Verhältnis zwischen Planer, Fachunternehmer und Hersteller in schriftlicher Form zu dokumentieren.

Vorsicht bei „Detailsammlungen"

Herstellerdetails zu bestimmten Einbausituationen gibt es üblicherweise für die bei Innendämmungen entstehenden Anschlüsse an begrenzende Bauteile sowie für Bereiche mit Wärmebrücken. Bei den einzelnen Herstellern lässt sich ein sehr **unterschiedlicher Umfang der Detailhinweise** feststellen. Während manche Hersteller lediglich eine recht knappe Anzahl von Regeldetails angeben, stellen andere Hersteller regelrechte „Detailsammlungen" zur Verfügung. Die Gefahr solcher „Sammlungen" für den Fachunternehmer liegt darin, dass er schnell zu der Auffassung gelangen kann, es würde hier für jedes Problem eine im Einzelfall nicht weiter zu überprüfende Lösung geben.

Praxistipp

Überprüfen Sie die vorgelegte Planung sorgfältig auf die Details. Liegen individuell geplante Detailausführungen vor oder werden Herstellerdetails auf den Einzelfall übertragen? Im ersten Fall ist es Ihre Pflicht, die Details auf fachliche Richtigkeit zu überprüfen. Im zweiten Fall muss hinterfragt werden, ob die Übernahme von Herstellerdetails nachvollziehbar und begründet vorgenommen wurde.

4.3 Innendämmung und Haustechnik

Kaltwasserleitungen

Innendämmung und Haustechnik sollten aus bauphysikalischer Sicht getrennt voneinander sein; dies ist in der Praxis aber häufig nicht möglich. Da Innendämmungen in den meisten Fällen in Bestandsgebäuden angewendet werden, müssen unter Umständen bereits vorhandene Installationen dort belassen werden, wo sie sich befinden. Eine Verlegung von haustechnischen Installationen ist mit größeren Aufwendungen und baulichen Maßnahmen verbunden, die schnell den geplanten Rahmen sprengen können. In der Außenwand verlegte Kaltwasserleitungen, die nach dem Aufbringen der Innendämmung akuter **Frostgefahr** unterliegen, müssen allerdings dennoch zumindest aus der frostgefährdeten Zone entfernt werden.

Heiz- und Warmwasserleitungen

Die am häufigsten anzutreffenden haustechnischen Installationen im Bereich der Außenwand, also dem klassischen Anwendungsfall der Innendämmung, sind Elektro-, Wasser- und Heizleitungen. Bei Kaltwasserleitungen wird das Verlegen meist unabdingbar sein. Heizleitungen oder Warmwasserleitungen im Bereich der Außenwand zu belassen, um so für eine zusätzliche Erwärmung und ein **größeres Trocknungspotenzial** der Außenwand zu sorgen, ist aus rein energetischer Sicht nicht optimal, kann aber in bestimmten Fällen doch Sinn machen.

Beispiele

> Bei dem Bodenanschluss einer Innendämmung in einem nicht unterkellerten Gebäude im Erdgeschoss ist die vorhandene Wärmebrücke in diesem Bereich kaum zu vermeiden, wenn unterhalb der Bodenplatte keine Dämmung eingebaut wurde. Hier kann eine Warmwasser- oder Heizleitung in der Außenwand zur Schadensfreiheit beitragen.
>
> Gleiches gilt für Fälle, in denen aufsteigende Feuchte vorliegt, wenn diese Situation nur mit immensem Geldeinsatz zu beseitigen wäre. Auch dann kann eine solche Leitungsführung zur Schadensfreiheit beitragen, selbst wenn die Wärmeverluste rein energetisch betrachtet besser vermieden werden sollten.

Undichtheiten der Dämmebene

Die **Luftdichtheit** der Innendämmung ist eine der wesentlichen und für die Schadensfreiheit der Konstruktion unabdingbaren Eigenschaften, für die der Fachunternehmer einstehen muss. Die ehemalige Oberfläche der Außenwand wird nach dem Aufbringen der Innendämmung zwangsläufig deutlich kälter werden, im Winter droht hier sogar Frostgefahr. Wenn jetzt über Undichtheiten der Dämmebene warme und somit feuchte Luft bis hinter die Innendämmung gelangt, ist ein Feuchteschaden quasi vorprogrammiert.

Leerrohrfreie Kabelverlegung

Haustechnische Einbauten und/oder Leitungsführungen sind von daher mit der erforderlichen Sorgfalt zu planen und auszuführen, insbesondere wenn sie die **Dämmebene durchstoßen**. Dies ist bei hinter der Innendämmung verlaufenden Heizleitungen, die im Bereich der Heizkörper wieder vor die Innendämmung geführt werden, aber auch bei Elektroinstallationen der Fall. Schalter, Steckdosen und Antennenanschlüsse im Bereich der Innendämmung haben Zuleitungen, die in aller Regel hinter der Innendämmung verlegt und dann durch die Innendämmung hindurchgeführt werden. Luftdichte Steckdosen und Schaltereinsätze sowie eine leerrohrfreie Kabelverlegung sind hier als die wichtigsten Aspekte der Schadensfreiheit zu nennen. Bei Elektrokabeln in einem Leerrohr ist das Risiko für Luftströmungen von der warmen Raumseite zur kalten Hinterseite der Innendämmung im Luftzwischenraum zwischen Hüllrohr und Kabel zu groß. Es muss vermieden werden, dass Luftströmungen über vorhandene Verbindungen zwischen Innen- und Außenwänden entstehen und die Innenraumluft hinter die Dämmebene führen können.

Bei der Haustechnik sind im Zusammenhang mit der Luftdichtheit 2 grundsätzliche Fälle zu unterscheiden:

- Die Innendämmung stellt die luftdichte Schicht der Gebäudehülle dar.
- Die luftdichte Schicht der Gebäudehülle wird durch eine andere Bauteilschicht, z. B. nach wie vor durch den Innenputz, gewährleistet.

Hohe Anforderungen an die Luftdichtheit

Wenn die Innendämmung die luftdichte Schicht der Gebäudehülle darstellt, sind sehr hohe Anforderungen an die Luftdichtheit der für die haustechnischen Installationen erforderlichen Durchdringungen und Einbauten zu

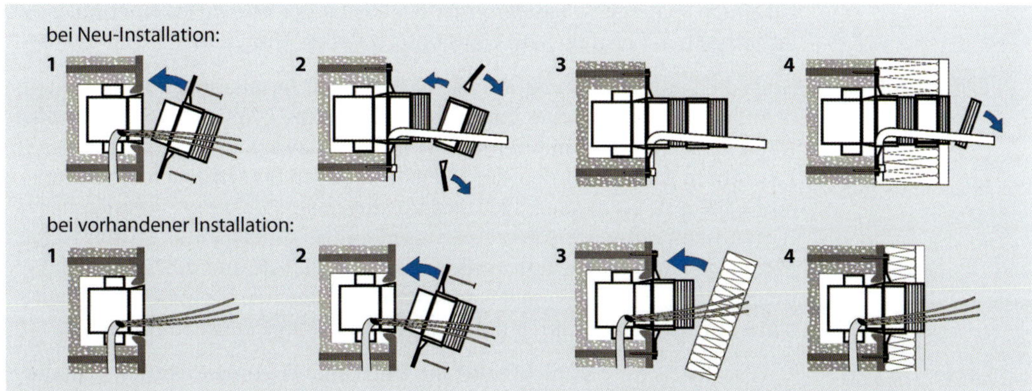

Abb. 4.18: Verlängerungsaufsätze für den luftdichten Einbau von Steckdosen (Quelle: Xella International GmbH, Duisburg)

Abb. 4.19: Einbau einer Steckdose mit Verlängerungsaufsatz zur Herstellung der Luftdichtheit (Quelle: Xella International GmbH, Duisburg)

Abb. 4.20: Luftdichter Einbau einer Steckdose nach Herstellerangaben (Quelle: Xella International GmbH, Duisburg)

stellen. Innendämmungen als luftdichte Schicht sind z. B. regelmäßig vorhanden, wenn die Innendämmung als **Vorsatzschale** in Trockenbauweise mit einer dampfbremsenden oder -sperrenden Folie ausgeführt wird. Durchdringungen sind bei einer solchen Ausführung dauerhaft luftdicht auszuführen (eine Analogie zum Thema Dachgeschossausbau besteht durchaus).

Luftdichte Steckdosen

Für elektrotechnische Einbauten sind schon seit längerer Zeit luftdichte Steckdosen und Schaltereinsätze auf dem Markt erhältlich, die zwar nicht unbedingt billig sind, aber die hohen Anforderungen an die Luftdichtheit bei einer Innendämmung als luftdichte Schicht erfüllen (Abb. 4.18 bis 4.20). Wenn die Mehrkosten über z. B. 20 Einbauten in der Innendämmung hochgerechnet werden, bleibt es bei einem noch sehr überschaubaren Betrag. Um Kosten zu sparen, wird häufig mit Abklebungen oder Spachtelmassen versucht, einen nicht luftdichten Steckdoseneinsatz doch noch luftdicht zu bekommen. Der Fachunternehmer sollte in diesem Fall seiner Hinweispflicht nachkommen, dass die Verwendung von luftdichten Steckdosen als **allgemein anerkannte Regel der Technik** gilt. Würde er dies versäumen, besteht bei einem späteren Schaden immer das Risiko des Vorwurfes einer nicht fachgerechten Leistung bzw. eines unterlassenen Hinweises.

Leitungsführung

Auch die Leitungsführung von haustechnischen Installationen ist zu prüfen, denn häufig lässt sich eine **Verbindung** der Leitungsführung von der **Außenwand** zu den **Innenwänden** feststellen. Wenn dann noch Elektroleitungen in Leerrohren geführt werden, sind Luftströmungen bis hinter die Innendämmung nicht zu vermeiden. Leitungsführungen sind daher im Rahmen der Bestandsaufnahme sorgfältig zu erfassen und zu untersuchen. Es muss dabei mit größter Sorgfalt geklärt werden, ob durch die Art und die Lage der Leitungsführung Luftströmungen aus fremden Bereichen bis hinter die Innendämmung und somit durch die luftdichte Schicht gelangen können.

Blower-Door-Test

Der Nachweis der Luftdichtheit kann und sollte bei Innendämmungen, die die Funktion der luftdichten Schicht übernehmen, durch einen Blower-Door-Test erfolgen. Zum richtigen Zeitpunkt durchgeführt, kann dieser Test zu einer deutlich höheren Ausführungssicherheit für alle Projektbeteiligten beitragen. Durch eine gezielte **Leckagesuche** im Rahmen der Prüfung können eventuell vorhandene Schwachstellen noch während der Ausführung ermittelt und beseitigt werden.

Wenn eine **andere Bauteilschicht** als die Innendämmung die luftdichte Schicht der Gebäudehülle darstellt, sind grundsätzlich die gleichen Anforderungen an die Luftdichtheit der Innendämmung zu stellen wie bei der Innendämmung als luftdichte Schicht. Der **Nachweis** der luftdichten Gebäudehülle sollte dann aber **vor der Montage** der Innendämmung erbracht werden.

4.4 Detailplanung bei Holzbalkendecken und sonstigen „Knackpunkten"

Es gibt keinen „Königsweg" bei der Detailplanung von Innendämmungen. Eine sach- und fachgerechte Planung basiert letztlich stets auf

- einer umfassenden und objektbezogenen Bestandserfassung,
- einer sach- und fachgerechten Auswahl einer bestimmten Innendämmung,
- einer Bewertung der im Einzelfall vorgefundenen bautechnischen Details und
- einer dann für den Einzelfall angefertigten Detailplanung.

Dabei sind folgende **bauphysikalische Randbedingungen** herzustellen:

- Wärmedämmung im Bereich der Wärmebrücken,
- Luftdichtheit der Innendämmung bzw. der Gesamtkonstruktion,
- Feuchteschutz von außen.

Prüfung

Das Anfertigen der Detailplanung ist **im Regelfall Aufgabe des Planers**. Die Detailplanung mit ihren erforderlichen Nachweisen gehört nicht zu dem beim Fachunternehmer vorauszusetzenden Fachwissen. Der Fachunternehmer muss aber in der Lage sein, eine vorgelegte Planung fachtechnisch, also baupraktisch zu überprüfen und offensichtliche Fehler festzustellen. Ist der Fachunternehmer selbst der Planer, kann er die Detailplanung auch in eigener Regie erstellen, wird sich dabei aber in der Regel der Hilfe eines Spezialisten, z. B. eines Architekten, bedienen müssen.

4.4.1 Holzbalkendecken

Feuchteschäden

Bei älteren Bestandsgebäuden sind Deckenkonstruktionen aus Holzbalken nicht unüblich. Die Holzbalkendecke stellt die älteste heute noch verwendete Deckenbauart dar. Dabei waren in der Vergangenheit Feuchteschäden im Bereich der **Balkenauflager** in den **Außenwänden** ein stetiger Begleiter dieser Bauart. In alten Lehrbüchern über Holzbalkendecken waren zur Vermeidung von Feuchteschäden im Bereich dieser Auflager sogar Belüftungsöffnungen in den Außenwänden vorgesehen, die für einen Abtransport der dort entstehenden Feuchte sorgen sollten.

Luft in der Balkenlage

Die Unterseiten der Deckenbalken wurden früher mit einem Geflecht aus dünnen Holzlatten versehen (Pliesterlatten) und dann von der Unterseite her verputzt. Auf der Oberseite erfolgte meist eine Verschalung aus Holzdielen, auf die dann der Bodenbelag aufgebracht wurde. Derartige Deckenkonstruktionen können **nicht** als **luftdicht** bezeichnet werden, weil zum einen Hohlräume zwischen den Deckenbalken vorliegen und zum anderen durch Installationsführungen, Kabelauslässe, Undichtheiten in der Putzschicht oder sonstige Schwachstellen Luft in die Balkenlage eindringen kann.

Objektspezifische Lösung

Bei der Innendämmung einer Außenwand in einem Bestandsgebäude mit Holzbalkendecken muss eine besonders sorgfältige **Bestandsaufnahme** erfolgen und eine objektspezifische Lösung erarbeitet werden (Abb. 4.21). Die Decken müssen von unten und von oben geöffnet werden. Eine Erfassung der vorhandenen Holzfeuchte der Deckenbalken ist genauso obligatorisch wie die Ermittlung der vorhandenen konstruktiven Situation (Abb. 4.22). Es ist z. B. sehr wichtig festzustellen, ob im Bereich der Auflagertasche im Mauerwerk noch Platz für eine vor dem Balkenkopf einzubringende Zusatzdämmung vorhanden ist.

Wärmebrücke Deckenbalken

Die in die Außenwand einbindenden Deckenbalken stellen eine Wärmebrücke dar, und zwar eine konstruktive und eine stoffliche. Holz ist zwar kein schlechter Dämmstoff, dämmt aber trotzdem um einiges schlechter als die aufgebrachte Innendämmung. Nach der Montage der Innendämmung wird im Bereich der Balkenlage ein deutliches Temperaturgefälle entstehen und der in die Außenwand einbindende **Balkenkopf wird kälter** werden. Es ist daher zu prüfen, ob in der Deckenkonstruktion zusätzliche Dämmungen im Bereich der Balkenköpfe bzw. vor den Balkenköpfen eingebaut werden können, die das Absinken der Temperatur am Balkenkopf möglichst verhindern (Abb. 4.23). Dabei sollten diffusionsoffene Dämmstoffe verwendet werden.

Luftdichtheit der Innendämmung

Ein weiterer Aspekt ist die Luftdichtheit der Innendämmung bzw. der Gebäudehülle. Analog zu den haustechnischen Installationen muss verhindert werden, dass warme und feuchte Luft aus dem Innenraum durch Leckagen in die Balkenlage und dort bis an den kühlen Balkenkopf gelangen kann. Dauerhaft kondensierende Feuchte in diesem Bereich kann zu einer Schädigung der Holzbalken bis hin zur Zerstörung der Holzstruktur führen und muss unbedingt vermieden werden. Die Dämmebene ist daher so dicht wie möglich an die Holzbalken heranzuführen. Sofern die Luftdichtheit durch eine dampfbremsende oder -sperrende Folie hergestellt wird, ist diese sorgfältig an den Balken abzukleben.

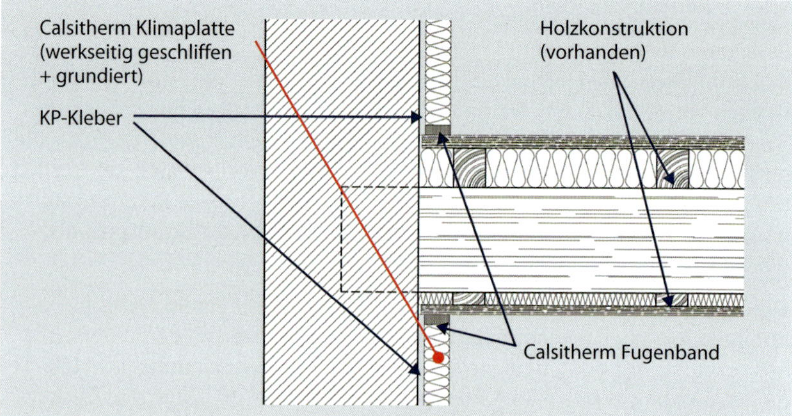

Abb. 4.21: Schematische Darstellung einer Innendämmung bei Holzbalkendecken (Quelle: Technische Unterlagen und Hinweise; Calsitherm Silikatbaustoffe GmbH, Bad Lippspringe)

Abb. 4.22: Freigelegte Holzbalkendecke mit einer neuen Innendämmung (Quelle: Saint-Gobain Rigips GmbH, Düsseldorf)

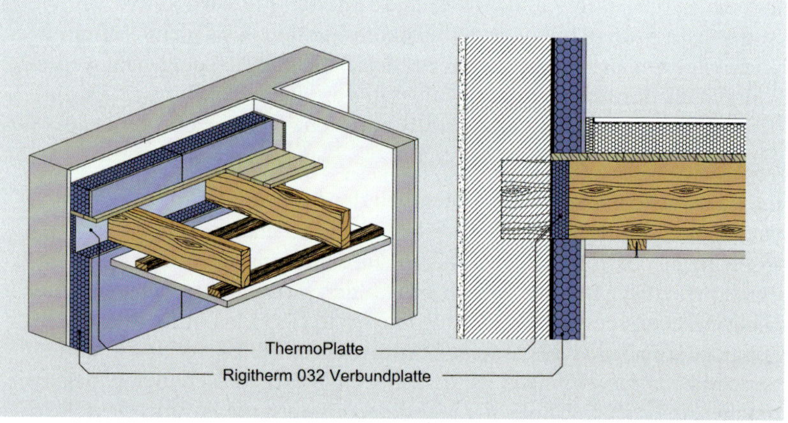

Abb. 4.23: Herstellerspezifische Lösung im Bereich von Balkenköpfen (Quelle: Saint-Gobain Rigips GmbH, Düsseldorf)

Hinweis

> Bei der Ausführung von kondensattolerierenden Innendämmungen ist die Gefährdung für die Balkenauflager sicherlich geringer als bei den anderen Systemgruppen, da die Rücktrocknungsmöglichkeiten für ggf. entstehende Feuchte in der warmen Jahreszeit größer sind. Aber auch hier ist eine luftdichte Ausführung im Bereich der Deckenbalken erforderlich.

Schlagregenschutz

Nachdem ein unkritischer Temperaturverlauf der Außenwand im Bereich der Balkenköpfe und eine luftdichte Ausführung der Innendämmung gewährleistet ist, muss schließlich der Schlagregenschutz mit großer Aufmerksamkeit betrachtet werden. Gerade bei Holzbalkendecken sollte nachweisbar sichergestellt sein, dass der Schlagregenschutz der Außenwand den bestmöglichen Zustand erreicht. Mit **modernen Fassadenbeschichtungen** oder **Außenputzen** sind heutzutage Wasseraufnahmekoeffizienten *w* von unter 0,1 kg/(m² · √h) erreichbar.

4.4.2 Angrenzende unterste und oberste Geschossdecken

Flankierende Dämmungen, die für eine Sicherstellung von ausreichend hohen Temperaturen an den Bauteiloberflächen sorgen, sind auch im Bereich von angrenzenden untersten oder obersten Geschossdecken wichtig, insbesondere wenn Keller oder Dachboden nicht beheizt werden.

Dämmung der Kellerdecke

Werden Innendämmungen an Außenwänden mit angrenzenden Kellerdecken ausgeführt, ist bei nicht beheizten Kellergeschossen im Regelfall mindestens eine Flankendämmung auch unterhalb der Kellerdecke erforderlich. Auch hier zeigt sich wieder, dass eine Innendämmung keine in sich isolierte Einzelmaßnahme darstellt, sondern als Gesamtmaßnahme zu betrachten ist. Die **Anforderungen der EnEV** an die Bauteile, die die wärmeübertragende Gebäudehülle bilden, muss der Fachunternehmer kennen und bei der Ausführung einer Innendämmung bedenken. Der Fachunternehmer ist insofern in der Hinweispflicht, wenn das Gebäude noch nicht dem Stand der EnEV entspricht und er eine Innendämmung auszuführen hat. Gerade aus energetischen Gesichtspunkten ist in diesen Fällen oft eine Dämmung der gesamten Kellerdecke sinnvoll.

Drempelverkleidung

Auch bei einem angrenzenden nicht ausgebauten Dachgeschoss sollte stets eine Gesamtbetrachtung vorgenommen werden. Es ist sicherlich ratsam, hier ebenfalls über eine Dämmung der gesamten obersten Geschossdecke nachzudenken. Ist das Dachgeschoss dagegen ausgebaut, sollte zumindest geprüft werden, ob dort durch die Drempelverkleidung eine Abseite entstanden ist und wenn ja, wie diese gedämmt ist. Im Zustand vor einer Innendämmung fällt eine **nicht gedämmte Abseite** nicht zwangläufig ins Auge, sodass hier Potenzial für einen Ausführungsfehler besteht. Aufgrund der schlechten energetischen Qualität des ursprünglichen Baubestandes fließt so viel Wärmeenergie gleichmäßig vom beheizten zum unbeheizten Bereich, dass kein Schaden auftreten kann. Wird im Rahmen der Innendämmung dann eine unterseitige Flankendämmung eingebaut und hierbei nicht das gesamte Ausmaß der Abseite erfasst, kann eine schadensträchtige Wärmebrücke direkt neben der Flankendämmung entstehen (Abb. 4.24).

Abb. 4.24: Ein nicht gedämmter Hohlraum hinter der inneren Drempelverkleidung führt hier zu Feuchteaustritt auf der Fassade.

Fazit

Wichtig für den Fachunternehmer ist in jedem Fall, die geplante Innendämmung als Gesamtmaßnahme zu betrachten und dabei die angrenzenden Bereiche sehr sorgfältig zu untersuchen. Die Maßgaben der EnEV sind zu beachten und die Hinweispflicht sollte ernst genommen werden.

4.4.3 Mit konventionellen Mitteln energetisch nicht lösbare Wärmebrückenprobleme

Sanierung älterer Bestandsbauten

Es gibt Problemsituationen im Baubestand, die zwar konstruktiv, aber nicht energetisch lösbar sind. Das liegt mitunter daran, dass zum Zeitpunkt der Errichtung älterer Gebäude die Vorschriften für die Wärmedämmung noch anders waren als heute. Es gilt also, gerade bei der Sanierung von älteren Bestandsbauten darauf zu achten, ob bei den Wärmebrücken Detailsituationen vorhanden sind, in denen trotz oder gerade wegen der Montage der Innendämmung Probleme entstehen können.

Nicht unterkellerte Gebäude

Einen Sonderfall stellt sicherlich das nicht unterkellerte Gebäude dar, das gleichzeitig eine nur **unzureichende Dämmung unterhalb der Bodenplatte** aufweist. Das Problem, das durch diese konstruktive, stoffliche und teilweise auch geometrische Wärmebrücke entsteht, ist mit konventionellen Mitteln nicht zu lösen. Eine nachträgliche Dämmung unterhalb der Bodenplatte würde immense Kosten verschlingen, die wahrscheinlich nicht in Relation zur eigentlichen Dämmmaßnahme stehen würden. In solchen Fällen ist es durchaus legitim, auch über unkonventionelle Lösungen nachzudenken. Um die im Bodenbereich unvermeidbare Wärmebrücke „unschädlich" zu machen, kann z. B. eine elektrische Begleitheizung eingebaut werden, die mit nur geringen Betriebskosten in der kalten Jahreszeit die Temperatur im Fußpunkt der Innendämmung und im angrenzenden Bodenbereich etwas erhöhen und somit in einen unkritischen Bereich führen kann.

Hinweis

> Unkonventionelle Kompensationsmaßnahmen sollten vom Fachunternehmer möglichst nicht in Eigenregie ausgeführt werden, sondern erfordern in der Regel eine rechnerische und planerische Grundlagenermittlung.

Durchdringungen bei haustechnischen Installationen

Andere energetisch nicht lösbare Wärmebrückenprobleme können bei Durchdringungen im Rahmen von haustechnischen Installationen vorliegen. Abhängig vom Material der Leitung und des Mediums kann durch diese Durchdringungen ein stark erhöhter Abfluss von Wärmeenergie entstehen. Das bloße „Einpacken“ von Rohrleitungen mit Rohrschalen mag zwar sinnvoll sein, die eigentliche Wärmebrücke ist aber der **Rohrquerschnitt** selbst und das hierin geführte **Medium**.

Hoher Wärmeenergieverlust möglich

Praxistipp

Bei einem stark erhöhten Abfluss von Wärmeenergie durch haustechnische Durchdringungen sind Sie in der Hinweispflicht und sollten sich aus Gewährleistungsgründen hinsichtlich Ihrer eigenen Leistung mit einem Hinweis absichern.

Fazit

> Wenn in einzelnen Bereichen der Baukonstruktion durch die geplante Innendämmung energetische Zustände entstehen, die zu Bauschäden führen können, müssen Planer und/oder Fachunternehmer nach ihrem jeweils vorauszusetzenden Fachwissen dies erkennen und den Auftraggeber darauf hinweisen. Die Bestandssituation ist daher sorgfältig daraufhin zu untersuchen, ob Details vorhanden sind, die mit konventionellen Mitteln energetisch nicht lösbare Wärmebrückenprobleme zur Folge haben. Es sollte dann über sinnvolle und wirtschaftliche Kompensationsmaßnahmen nachgedacht und das Ergebnis dieser Überlegungen dokumentiert werden.

5 Planungs- und Ausführungssicherheit für den Fachunternehmer

Planungs- und Ausführungssicherheit zu erlangen, ist der nächste wichtige Schritt bei der Entstehung einer fachgerechten Innendämmung. Während die Festlegung des Soll-Zustandes und der zu führenden Nachweise einer „Absichtserklärung" entsprechen, wird nun festgelegt, wie diese Absichten umgesetzt werden sollen. Hierbei tauchen in der Praxis regelmäßig Unstimmigkeiten darüber auf, wer von den Beteiligten was zu leisten hat.

5.1 Aufgaben des Planers

5.1.1 Abgeschlossene sach- und fachgerechte Planung

Regressansprüche

Aufgabe des Planers ist es, eine abgeschlossene sach- und fachgerechte Planung der vorgesehenen Innendämmung zu liefern. Dafür wird er bezahlt und dafür steht er in der Gewährleistung. Eine fehlerhafte, vom Fachunternehmer trotzdem umgesetzte Planung wird im Schadensfall auch stets Regressansprüche des Bauherrn an den Planer nach sich ziehen.

Zu einer abgeschlossenen sach- und fachgerechten Planung zählen sämtliche Aspekte der geplanten Innendämmung, nämlich

- Erfassung und Bewertung der objektspezifischen Daten (Klimasituation, Schlagregenbeanspruchung),
- Erfassung und Bewertung der Bestandskonstruktion (Feuchte im Bauteil, vorhandener Schlagregenschutz),
- Erfassung und Bewertung der raumklimatischen Bedingungen vor und nach der geplanten Dämmmaßnahme,
- Anfertigung einer hygrothermischen Simulationsberechnung,
- Definition der energetischen Verbesserung,
- Auswahl einer geeigneten Innendämmung,
- Erfassung und Bewertung der auf der Innendämmung möglichen weiteren Bauteilschichten (z. B. Tapeten, Anstriche, Fliesen),
- sach- und fachgerechte Planung der Ausführung einschließlich aller Details,
- sach- und fachgerechte Planung der Ausführung im Bereich von Wärmebrücken.

5.1.2 Zeit- und Ablaufplanung

Bauzeitenplan

Mit der abgeschlossenen sach- und fachgerechten Planung enden die Pflichten des Planers aber noch nicht. Es ist seine Aufgabe, die durchzuführenden Arbeiten so zu koordinieren, dass eine fachgerechte Ausführung überhaupt möglich ist. Bei komplexen oder umfangreichen Maßnahmen wird dazu ein Bauzeitenplan erstellt, in dem die terminliche Abfolge der Arbeiten und die Abhängigkeiten der einzelnen Beteiligten voneinander dargestellt werden. Der Planer muss eine sinnvolle Reihenfolge der beteiligten Gewerke bzw. Unternehmen festlegen, damit jeder Einzelne seine Leistungen fachgerecht

Abb. 5.1: Das Kleben der Dämmplatten darf nur auf trockenem Untergrund erfolgen. (Quelle: Xella Deutschland GmbH, Duisburg)

erbringen kann und insgesamt ein tragfähiger Endzustand geschaffen wird. Dazu muss er die für die einzelnen Arbeitsschritte notwendigen **Ausführungsfristen** ermitteln und **bautechnisch mögliche Abläufe** vorgeben.

Beispiel

Ist aufgrund eines unzureichenden Schlagregenschutzes der Bestandskonstruktion eine für die Montage der Innendämmung zu hohe Feuchte vorhanden, müssen Zeit und Maßnahmen eingeplant werden, die für die erforderliche Trocknung notwendig sind (Abb. 5.1). Erst nach der Trocknung kann mit der Herstellung eines regelkonformen Schlagregenschutzes begonnen und erst dann kann über die Montage der Innendämmung nachgedacht werden.

5.1.3 Überwachung des Bauablaufes

Leistungsabnahme

Im Regelfall wird die Funktion des Planers von einem **Architekten** wahrgenommen, der auch in den meisten Fällen mit der **Bauleitung** beauftragt ist. Sofern der Planer mit der Bauleitung beauftragt wurde, ist es seine Aufgabe, zumindest die wesentlichen Schritte im Bauablauf zu kontrollieren bzw. deren Ergebnisse in Augenschein zu nehmen. Wird bei einer Innendämmung z. B. eine dampfsperrende Schicht als Folie ausgeführt, muss der Planer als Bauleiter sich auch von einer ordnungsgemäßen Montage überzeugen und diese Schicht im Zweifel separat einer Leistungsabnahme unterziehen.

Weitere **wichtige Prüfungsschritte** bei der Durchführung der Bauleitung können sein:

- Prüfung der Bauteilfeuchte vor bestimmten Arbeitsschritten,
- stichprobenartige Kontrolle der Montage bei vollflächig geklebten, plattenförmigen Innendämmungen,
- Prüfung der Luftdichtheit,
- Prüfung von Trocknungszeiten zwischen den Arbeitsschritten,
- Kontrolle der angelieferten bzw. verarbeiteten Materialien.

Unvollständige Planung und Bauleitung

Diese nicht abschließende Aufzählung soll zeigen, dass die Pflichten eines Planers, sofern er auch mit der Bauleitung betraut ist, weitaus umfangreicher sind, als lediglich eine sach- und fachgerechte Planung vorzunehmen. In der

Praxis gibt es leider Fälle, in denen Planer eine unvollständige Planung und/ oder Bauleitung leisten und den Rest dann den ausführenden Betrieben überlassen. Oder aber es werden Details zur Ausführung geplant, die unkommentiert aus Herstellerprospekten übernommen wurden. Es sollte daher unbedingt eine exakte Abgrenzung der Planung und Bauleitung zu den Pflichten des Fachunternehmers erfolgen, z. B. in den technischen Vorbemerkungen des Leistungsverzeichnisses.

5.2 Aufgaben des Fachunternehmers

Grundsätzlich gilt: Der Fachunternehmer muss seine Leistungen nach dem Vertrag erbringen und dabei die allgemein anerkannten Regeln der Technik beachten. Ist er zusätzlich auch der Planer, hat er dessen Pflichten natürlich ebenfalls wahrzunehmen (siehe Kapitel 5.1).

Das kann regelmäßig dann der Fall sein, wenn Unternehmer Angebote über Innendämmungen an Privatpersonen richten und eben kein Architekt oder Planer involviert ist. In diesem Fall wird der Unternehmer automatisch zum Planer und er muss sich darüber im Klaren sein, dass er dann auch die zuvor beschriebenen Pflichten hat. Private Bauherren zählen nicht zu den Baufachleuten und besitzen keine Kenntnisse über die komplexen bautechnischen Sachverhalte einer Innendämmung. Folglich muss in einer derartigen Konstellation der Fachunternehmer auch die gesamte Hinweispflicht übernehmen, die in den Kapiteln 1.4.5, 1.5, 2.2, 4.2.1, 4.3, 4.4.2, 4.4.3 erläutert worden ist.

5.2.1 Prüfung der Planung

Prüfung mit Fachwissen

Der Fachunternehmer hat eine ihm vorgelegte Planung mit dem bei ihm vorauszusetzenden Fachwissen zu überprüfen. Im üblichen Geschäftsleben darf erwartet werden, dass ein Fachunternehmer, in der Regel ein Meisterbetrieb, der Innendämmungen einbaut, **folgendes Fachwissen** besitzt: Der Fachunternehmer muss

- eine Gesamtbetrachtung der Innendämmung vornehmen können,
- sich mit Klimabedingungen und Schlagregenschutz auskennen,
- die einzelnen Baustoffe von Bestandskonstruktionen einschätzen und bewerten können,
- die verschiedenen Systemgruppen der Innendämmungen kennen,
- mit der Problematik von Innenputzen und deren Verbleib vertraut sein und
- sich mit den grundsätzlichen bauphysikalischen Zusammenhängen einer Innendämmung auskennen, von der äußeren Konstruktionsschicht bis zur endgültigen inneren Oberfläche.

Nur dann ist er in der Lage, eine vorgelegte Planung zumindest auf grobe Fehler zu überprüfen.

Praxistipp

Prüfen Sie stets vor Ausführung Ihrer Leistungen, ob alle bauphysikalischen Aspekte der geplanten Innendämmung erfasst und bewertet worden sind. Nutzen Sie Ihre Möglichkeit zur Anmeldung von Bedenken.

Nur vollständige sach- und fachgerechte Planung umsetzen

Entstehen bei der Prüfung der Planung Fragen, Unklarheiten oder Beanstandungen, sind diese **vor der Ausführung** anzuzeigen und zu klären. Ziel muss es immer sein, dass spätestens zum Beginn der Ausführung die Planung abgeschlossen und der Soll-Zustand eindeutig definiert ist. Leider ist dies in der Praxis häufig nicht der Fall. Oft wird bereits die Bestandserfassung eher rudimentär bis praktisch gar nicht betrieben. Dem Fachunternehmer muss klar sein, dass er ein großes Risiko eingeht, wenn er eine nicht sach- und fachgerechte oder nicht vollständige Planung akzeptiert und umsetzt. Der Planer wird zwar im Schadensfall sicherlich die Verantwortung für seine Leistung tragen müssen, aber auch der Fachunternehmer wird in einem solchen Fall regelmäßig mit in die Verantwortung genommen.

Hinweis

Vor der Ausführung sollte stets Klarheit über die zu erbringende Leistung und auch über sämtliche anstehenden Details herrschen. Jedes Detail, über dessen Umsetzung erst auf der Baustelle während der Ausführung spontan entschieden werden muss, kann zu einem Risiko in Hinblick auf die Qualität der Baumaßnahme führen, das im Regelfall beim ausführenden Fachunternehmer liegt.

Praxischeck

- Ist die Planung insgesamt schlüssig und bauphysikalisch nachvollziehbar aufgebaut?
- Sind alle notwendigen Bestandsermittlungen durchgeführt?
- Wird ein schlüssiger Bauablauf vorgegeben?
- Sind alle bautechnisch und bauphysikalisch notwendigen Details im Bereich von Anschlüssen, Durchdringungen, Wärmebrücken usw. geplant und vorgegeben?
- Liegt eine hygrothermische Simulationsberechnung vor?
- Ist der vertragliche Soll-Zustand genau definiert?
- Sind alle Baustoffe bzw. ist das Innendämmsystem benannt?

Fazit

Der Fachunternehmer muss den grundsätzlichen Aufbau der geplanten Innendämmung sowie die festgelegten bauphysikalischen Randbedingungen kontrollieren und auf Schlüssigkeit überprüfen. Eine kondensatverhindernde Innendämmung vor einer nicht ausreichend schlagregengeschützten Außenwand sollte z. B. genauso hinterfragt werden wie eine kondensattolerierende Innendämmung in einem Schwimmbad.

Ist er bei einer Baumaßnahme selbst der Planer, hat er alle diesbezüglichen Pflichten auch selbst zu erfüllen.

5.2.2 Bedenken anmelden

Was sind Bedenken?

Nach § 4 Nr. 3 VOB/B ist der Auftragnehmer, also der Fachunternehmer, dazu verpflichtet, dem Auftraggeber Bedenken mitzuteilen gegen

- die vorgesehene **Art der Ausführung**,
- die **Güte** der vom Auftraggeber gelieferten oder vorgeschriebenen **Baustoffe oder Bauteile**,
- die **Leistungen von Vorunternehmern**, auf denen die eigene Leistung aufbaut.

Gegenstand von Bedenken

Bedenken können sich also richten gegen die Planung der Innendämmung nebst sämtlichen zu führenden Nachweisen und Detailplanungen, was der vorgesehenen Art der Ausführung in § 4 Nr. 3 VOB/B entspricht, gegen die Eignung der Innendämmung für den vorgesehenen Verwendungszweck und die Einhaltung der allgemein anerkannten Regeln der Technik, was der Güte der vom Auftraggeber gelieferten oder vorgeschriebenen Baustoffe oder Bauteile in § 4 Nr. 3 VOB/B entspricht, und gegen die Vorleistung sowie die zur Verfügung gestellten Untergründe für die Ausführung der Arbeiten, was den Leistungen von Vorunternehmern in § 4 Nr. 3 VOB/B entspricht.

Hinweis

Die Pflicht zur Bedenkenanmeldung besteht bereits dann, wenn nur die Besorgnis vorhanden ist, es könnte etwas nicht in Ordnung sein. Die Verfasser der Formulierungen in § 4 Nr. 3 VOB/B haben das Instrument der Bedenkenanmeldung als wichtiges Mittel angesehen, um Fehler im Bauablauf zu vermeiden. Nur wer auf vielleicht vorhandene Fehler hingewiesen wird, kann darüber nachdenken, ob sie tatsächlich gegeben sind.

Wann und wie sind Bedenken anzumelden?

Unverzüglich

Die Bedenkenanmeldung muss unverzüglich erfolgen, d. h. in aller Regel vor Beginn der Arbeiten bzw. unverzüglich, nachdem der Fachunternehmer von dem betreffenden Sachverhalt Kenntnis erlangt.

Schriftlich

Die Bedenkenanmeldung hat schriftlich zu erfolgen. Adressat ist der Auftraggeber! Ein mündlicher Hinweis reicht nur dann aus, wenn er vollständig, klar und erschöpfend und am besten auch nachweisbar ist (Zeugen). So zumindest hat das OLG Düsseldorf entschieden (OLG Düsseldorf, Urteil vom 30.08.1995, BauR 1996, 260).

Freundlich, aber bestimmt

Die Bedenkenanmeldung sollte freundlich, aber bestimmt sein. Nur in schwerwiegenden Fällen sollte die Bedenkenanmeldung mit der Darstellung möglicher juristischer Konsequenzen verbunden sein.

Praxistipp

In der Praxis stiftet die Anmeldung von Bedenken häufig große Unruhe und wird vollkommen missverstanden. Der Planer sieht sich mitunter in seiner Kompetenz angegriffen, der Auftraggeber reagiert verunsichert (Wem soll er denn jetzt glauben?). Zu häufig werden in der Praxis berechtigte Einwendungen gegen eine unvollständige oder gar fehlerhafte Planung als „Majestätsbeleidigung" aufgefasst, was ein unnötiges Konfliktpotenzial schafft. So sind Sie schnell in einer Rolle, die Sie keinesfalls einnehmen wollten. Trotzdem sollten Sie durchhalten, also den eingenommenen Standpunkt weiter vertreten. Es hilft, wenn beide Seiten sachlich bleiben und das konkrete Problem im Auge behalten.

Wie weit geht die Pflicht zur Anmeldung von Bedenken?

Maßstab Fachwissen

Maßstab dafür, wie weit die Pflicht geht, ist das beim Fachunternehmer vorauszusetzende Fachwissen. Nicht mehr, aber auch nicht weniger. Der Fachunternehmer, der Innendämmungen verbaut, muss mit den für **Innendämmungen** relevanten **technischen** und **bauphysikalischen** Zusammenhängen zumindest grundsätzlich vertraut sein. Es werden jedoch keine umfangreichen oder komplizierten Untersuchungen von ihm verlangt. Seine Prüfungspflicht beinhaltet die Inaugenscheinnahme, das Durchführen einfacher Messungen und letztlich den Dialog zwischen Fachunternehmer und Planer.

Hinweis

> Die Pflicht zur Anmeldung von Bedenken geht im Übrigen nicht so weit, dass der Fachunternehmer gleichzeitig verpflichtet wäre, eigene Vorschläge zur Behebung des angezeigten Umstandes zu unterbreiten. Hiervon ist dringend abzuraten, denn für derartige Vorschläge ist der Fachunternehmer dann bei der Umsetzung selbstverständlich in der Haftung eines Planers!

Welche Folgen kann eine Bedenkenanmeldung haben?

Die Folgen einer Bedenkenanmeldung müssen in 2 Fälle unterschieden werden:

- Handelt es sich um einen nur **unwesentlichen Sachverhalt**, darf der Auftragnehmer die Arbeiten sicherlich nicht unterbrechen oder sonstigen Druck ausüben. Reagiert der Auftraggeber auf eine Bedenkenanmeldung nicht, trägt er das Risiko für die daraus entstehenden Folgen allein.
- Handelt es sich aber um einen Sachverhalt, bei dem der Auftragnehmer mit an Sicherheit grenzender Wahrscheinlichkeit **größere Schäden** befürchten muss, besitzt er sogar das Recht, die weitere Ausführung der Arbeiten einzustellen bzw. **Behinderung anzumelden**. In einem solchen Fall sollte der Fachunternehmer auf eine Änderung der Planung bestehen oder aber vom Auftraggeber eine Freistellung für den schadensträchtigen Sachverhalt verlangen. Bei schwerwiegenden Bedenken steht dem Auftragnehmer ein dauerhaftes Leistungsverweigerungsrecht zu, wenn der Auftraggeber keine Freistellung ausstellt oder er auch sonst nicht auf die angezeigten Bedenken eingeht (BGH, Urteil vom 04.10.1984 – VII ZR 65/83).

Welche Folgen kann es haben, wenn Bedenken nicht angemeldet werden?

Kosten der Schadensbeseitigung

Der Auftragnehmer haftet für seine Leistung gegenüber dem Auftraggeber während der Bauausführung und nach der Fertigstellung. Eine unterlassene Anmeldung von Bedenken zieht im Regelfall **Regressansprüche** nach sich, die einen erheblichen Umfang annehmen können. In der Praxis mussten schon ausführende Firmen in Bauprozessen einen erheblichen Anteil der entstehenden Kosten für die Schadensbeseitigung mittragen, nur weil sie ihrer Pflicht zur Bedenkenanmeldung nicht nachgekommen sind bzw. dieses Recht zum richtigen Zeitpunkt nicht in Anspruch genommen haben.

Der Auftragnehmer kann zwar einwenden, dass den Bauherrn ein Mitverschulden an einem eingetretenen Schaden aufgrund einer fehlerhaften Planung (z. B. durch den von ihm beauftragten Architekten) trifft. Es wird aber stets ein Anteil der Verantwortung beim Fachunternehmer bleiben. Wenn der Fachunternehmer eine Anmeldung von Bedenken unterlässt, obwohl er die Mangelhaftigkeit der Planung erkennen musste, können die Folgen für ihn schwerwiegend sein. In einem solchen Fall kann die Verantwortung der Planung so weit zurücktreten, dass der Fachunternehmer sogar in vollem Umfang haftet (BGH, Urteil vom 11.10.1990, BauR 1991, 79).

Haftung in vollem Umfang

Ähnlich kritisch wird es für den Fachunternehmer, wenn ein Schaden aufgrund der Beschaffenheit der Leistung eines Vorunternehmers entsteht. In diesem Fall entstehen nämlich keine Ansprüche gegen den Auftraggeber, sondern allenfalls gegen den Vorunternehmer, deren Durchsetzung aber nicht immer gelingt.

Vorunternehmer

Praxistipp

Nutzen Sie Ihr Recht zur Anmeldung von Bedenken **unbedingt**. Die Anmeldung von Bedenken stellt quasi eine **Versicherung** gegen Risiken und **Schadensersatzansprüche** dar, die mit Geld nicht zu bezahlen ist. Wenn ein Auftraggeber oder Planer Ihrer Bedenkenanmeldung nicht mit der notwendigen Sachlichkeit und Gewissenhaftigkeit gegenübertritt, ist das nur ein Hinweis darauf, dass die Bedenkenanmeldung wahrscheinlich sehr gerechtfertigt ist.

Fazit

Nur mit einem gewissenhaften Umgang mit der Pflicht zur Anmeldung von Bedenken können Risiken vermieden werden.

5.2.3 Ausführung der Arbeiten

Natürlich liegt der Schwerpunkt der Pflichten des Fachunternehmers in der fachgerechten Ausführung der Innendämmung. Er hat die geplante Innendämmung nach den Vorgaben des Vertrages und den ggf. vorhandenen Verarbeitungsrichtlinien des Systemherstellers zu verarbeiten.

Schwerpunkt der Pflichten

Die in der Praxis am häufigsten feststellbaren **Fehler** bei der Umsetzung eines definierten Soll-Zustandes sind:

- Nichteinhaltung der Verarbeitungsrichtlinien des Systemherstellers,
- willkürliche Materialwahl außerhalb eines vorgeschriebenen Innendämmsystems,
- Ausführung eines anderen Innendämmsystems (oft aus Kostengründen) mit anderen Eigenschaften oder ohne vertragliche Vereinbarung,
- grundsätzliche Fehler bei der Verarbeitung der Innendämmung, z. B. Montage auf einem zu feuchten Untergrund.

Der Fachunternehmer hat auch dafür Sorge zu tragen, dass das von ihm eingesetzte Personal so mit den durchzuführenden Arbeiten und der Thematik

Personal

Abb. 5.2: Innendämmungen sollten nur von geschultem Personal montiert werden. (Quelle: Sto AG, Stühlingen)

Innendämmung vertraut ist, dass eine fachgerechte Montage überhaupt möglich ist (Abb. 5.2).

Konformitätsnachweis

Übereinstimmungserklärung

Sofern ein Innendämmsystem als Komplettlösung vereinbart ist, muss der Fachunternehmer sämtliche von dem Hersteller für dieses System vorgegebenen Bestandteile verwenden. Nur so kann er nach Abschluss der Maßnahme eine vertragsgerechte Ausführung nachweisen. Wird ein **Innendämmsystem** als Komplettlösung eines Herstellers verbaut, ist Bestandteil einer ggf. vorhandenen Zulassung des Systems oder aber der Herstellervorschriften, nach Fertigstellung der Maßnahme eine Konformitätsbescheinigung durch eine sog. Übereinstimmungserklärung beizubringen. Das Innendämmsystem wird insoweit einer Konstruktion gleichgestellt, die mit einer allgemeinen bauaufsichtlichen **Zulassung** oder einem allgemeinen bauaufsichtlichen **Prüfzeugnis** in Verkehr gebracht wird.

Mit einer solchen Übereinstimmungserklärung bestätigt der Fachunternehmer verbindlich, dass er das vereinbarte Innendämmsystem fachgerecht und in allen Bestandteilen gemäß dem Verwendbarkeitsnachweis, in diesem Fall also der Herstellervorschrift, am individuellen Bauvorhaben eingebaut hat.

Gewerkeübliche Prüfung der Vorleistung

Umfang der Prüfungspflichten

Bei der Ausführung der Arbeiten hat der Fachunternehmer die Regeln des Handwerks einzuhalten, d. h., er hat die gegebenen Vorleistungen anderer Gewerke und die ihm zur Verfügung gestellten Untergründe zu prüfen. Diese gewerkeübliche Prüfung der Vorleistung findet sich in der VOB/C. Der Umfang der Prüfungspflichten wird in den ATV für jedes Gewerk festgelegt. In dem jeweiligen Abschnitt 3.1 werden die Sachverhalte benannt, die der Fachunternehmer überprüfen muss und bei denen er einer **Pflicht zur Anzeige von Bedenken** unterliegt (siehe Kapitel 7.1.1).

Prüfung der Untergründe

Nicht geeignete oder nicht tragfähige Untergründe sind dem Planer bzw. dem Bauherrn anzuzeigen. Zur Prüfung der Untergründe ist mindestens eine Wisch-, Kratz- und Benetzungsprobe sowie eine Überprüfung der Bauteiltemperaturen vorzunehmen (siehe Kapitel 7.1.1).

Achtung: Die Aufzählung der einzelnen Prüfungen in den VOB/C ATV ist beispielhaft und nicht abschließend zu verstehen.

Einhaltung der allgemein anerkannten Regeln der Technik

Mindeststandard

Allgemein anerkannte Regeln der Technik definieren einen Mindeststandard der Qualität, die von ausführenden Fachbetrieben geliefert werden muss. Dies hat noch nichts mit dem vertraglichen Soll zu tun, das durchaus auch einen höheren Standard vorsehen kann. Fehlt aber eine vertragliche Definition, ist von dem Fachunternehmer mindestens eine Ausführung nach den allgemein anerkannten Regeln der Technik gefordert. Er wird also sowohl bei der **Prüfung der Planung** als auch bei der **Ausführung** seiner Arbeiten einen stetigen **Abgleich** vornehmen müssen, ob diese Regeln eingehalten werden.

Hinweis

> Abweichungen von den allgemein anerkannten Regeln der Technik ohne vertragliche Absicherung sind aus Sicht des Fachunternehmers unbedingt zu vermeiden, da hierdurch unabsehbare Risiken entstehen. Eine Abweichung von diesen Regeln kann bereits dadurch entstehen, dass bei der Festlegung des vertraglichen Soll-Zustandes ein neues Bauprodukt oder eine neue Bauart vorgesehen wird (siehe Kapitel 1.4.2). Eine weitere denkbare Abweichung besteht in einer nicht oder nicht vollständig vorhandenen Nachweisführung oder Detailplanung der Innendämmung.

5.3 Pflichten der Baubeteiligten nach den einzelnen Verfahrensschritten einer Baumaßnahme

Pflichten des anderen kennen

Pflichten der Baubeteiligten bei Innendämmungen müssen auch nach den einzelnen Verfahrensschritten einer Baumaßnahme aufgegliedert und beleuchtet werden. Hierbei gilt es sicherzustellen, dass der Fachunternehmer seine Pflichten kennt und gleichzeitig weiß, welche Pflichten der Planer bzw. der Auftraggeber hat und zu welchem Zeitpunkt eine Koordinierung der einzelnen Beteiligten erfolgen sollte oder muss. Dies gilt natürlich auch umgekehrt für den Planer.

5.3.1 Vor der Auftragserteilung

Planer allein tätig

In der Phase vor der Auftragserteilung des Projekts ist der Planer weitestgehend allein tätig und überführt die Anforderungen des Auftraggebers in eine sach- und fachgerechte **Planung**. Er klärt auch die gegebenen **Schnittstellen** zwischen den im Bereich der Innendämmung beteiligten Gewerken. Selbstverständlich kann der Fachunternehmer auch selbst der Planer sein.

In dieser Phase des Projekts erfolgen

- die komplette Bestandserfassung,
- die Bewertung des Außen- und Innenklimas,
- die Auswahl einer Innendämmung,
- die Planung der Gesamtmaßnahme und
- die Planung der konkreten Innendämmung mit allen relevanten Details, Wärmebrücken, Anschlüssen und Durchdringungen.

Nachweise

Die für das individuelle Projekt erforderlichen Nachweise sind in dieser Phase ebenfalls durchzuführen, damit für den nächsten Schritt des Projektes, die Auftragsvergabe, eine **abgeschlossene Planung** vorliegt.

Hinweis

> Es ist durchaus möglich und auch sinnvoll, dass sich ein Planer in der Phase vor der Auftragserteilung der **Hilfe** eines **Fachunternehmers** bedient. Auf diese Art und Weise können praxisnahe Themen direkt in die Planung einbezogen und die Detailplanung kann entsprechend angepasst werden. So können Konflikte auf der Baustelle vermieden werden, die z. B. daraus entstehen, dass der Fachunternehmer Details der vorgelegten Planung nicht umsetzen kann oder aber aus einer Risikobewertung heraus nicht ohne Anmeldung von Bedenken umsetzen will. Im Regelfall erfolgt eine Beratung jedoch allenfalls durch einen technischen Außendienst der Industrie, wobei dann möglicherweise auch Vertriebsinteressen der jeweiligen Hersteller eine Rolle spielen.

Schlagregenschutz ermitteln

In dieser Projektphase muss der Planer auch den notwendigen Schlagregenschutz des zu dämmenden Bauteils ermitteln und ggf. die Maßnahmen bestimmen, die für die Erzielung der ermittelten Qualität erforderlich sind. Da durch solche Maßnahmen nicht unwesentliche Kosten entstehen können, ist auf diesen Bestandteil der Planung größter Wert zu legen. Es wird regelmäßig zu großen Irritationen beim Auftraggeber oder sogar zu Streitigkeiten führen, wenn erst bei Beauftragung eines Fachunternehmers für die Ausführung der Innendämmung von dem Fachunternehmer dargelegt wird, dass der vorhandene Schlagregenschutz für die geplante Innendämmung nicht ausreicht und umfangreiche Zusatzleistungen auf der Außenseite des zu dämmenden Bauteils notwendig werden.

Praxischeck

- Liegt eine nachweisfreie Innendämmung nach DIN 4108-3 „Wärmeschutz und Energie-Einsparung in Gebäuden – Teil 3: Klimabedingter Feuchteschutz; Anforderungen, Berechnungsverfahren und Hinweise für Planung und Ausführung" (2018) vor oder handelt es sich um eine energetisch und feuchtetechnisch individuell nachzuweisende Innendämmung?
- Ist der erforderliche Schlagregenschutz der Außenseite des zu dämmenden Bauteils gegeben oder sind weitere Maßnahmen erforderlich, wie z. B. die Sanierung von gerissenen Putzen, die Herstellung einer neuen Beschichtung oder gar die Entfernung und Neuerstellung der Außenputzschale?
- Welche Nachweise sind bei einer nachzuweisenden Innendämmung erforderlich?
- Kann das vereinfachte Nachweisverfahren nach WTA-Merkblatt 6-4-09/D (WTA, 2016) eingesetzt werden?
- Soll eine gütegesicherte Innendämmung nach RAL-GZ 964 (RAL, 2013) ausgeführt werden?
- Ist der Bestand des Objektes und sind die vorhandenen Rahmenbedingungen so zweifelsfrei erfasst, dass eine hygrothermische Simulationsberechnung entfallen kann oder muss diese Berechnung vorgenommen werden?
- Welche Details fallen bei der individuellen Baumaßnahme an und wie sind die Details auszuführen?
- Können die vorhandenen Untergründe (z. B. Innenputz) für die Montage der Innendämmung übernommen werden oder müssen die Untergründe saniert, entfernt oder sogar erneuert werden?

5.3.2 Während der Auftragserteilung

Kalkulation der Leistungen

In der Phase während der Auftragserteilung des Projekts sollten die Grundlagen und Details der Planung so eindeutig sein, dass eine exakte Kalkulation der geplanten Leistungen durch den Fachunternehmer möglich ist. Jede jetzt nicht geklärte Frage führt zu Unsicherheiten bei der Kalkulation und dazu, dass in der Abwicklung Streitpotenzial entsteht.

Planungsprüfung

Der Fachunternehmer wird im günstigsten Fall die abgeschlossene Planung erhalten, überprüfen und, sofern er Unstimmigkeiten in Bezug auf das Regelwerk, grundsätzliche Fehler oder Missstände feststellt, darauf hinweisen.

Unvollständige Planung

Auch wenn in den zur Verfügung gestellten Unterlagen über bestimmte Sachverhalte keine Aussage getroffen wird, der Fachunternehmer aber von der Abgeschlossenheit der Planung ausgeht, kann es zu Problemen kommen. Ein vorher nicht überprüfter Schlagregenschutz des zu dämmenden Bauteils wird sicher zu Konflikten führen, wenn er unzureichend ist und dies erst während der Ausführung zur Sprache kommt.

Praxischeck

- Liegt ein feuchtetechnischer Nachweis der geplanten Innendämmung vor oder wird begründet, weshalb er entfallen kann?
- Ist der geplante Umfang der energetischen Verbesserung mit der EnEV in Übereinstimmung zu bringen oder liegt ggf. eine notwendige Befreiung vor?
- Ist die geplante Innendämmung eindeutig einschließlich aller Details beschrieben und ist der aus der Planung erkennbare Aufbau konstruktiv und bauphysikalisch schlüssig?
- Ist der Schlagregenschutz des zu dämmenden Bauteils ausreichend bzw. wird beschrieben, welche Maßnahmen für einen ausreichenden Schlagregenschutz noch erforderlich sind?
- Sind Maßnahmen zur Vorbereitung des Untergrundes für den Einbau der Innendämmung notwendig und beschrieben?

5.3.3 Nach der Auftragserteilung und während der Ausführung

Zusammenwirken von Planer und Fachunternehmer

In der Phase nach der Auftragserteilung und während der Ausführung des Projektes sind Planer und Fachunternehmer zur **Koordination** verpflichtet. Nur durch das Zusammenwirken von Planer und Fachunternehmer kann letztlich ein problemfreier Bauablauf entstehen; und dies auch nur dann, wenn beide ihre Pflichten und Rechte gegenseitig kennen.

Abstimmungen zum Bauablauf

Jetzt sollten alle Fragen der auszuführenden Innendämmung geklärt sein, sowohl in technischer als auch in vertraglicher Hinsicht. Das vertragliche Soll sowie die zu führenden Nachweise sollten genauso eindeutig vereinbart sein wie die Abwicklung der Arbeiten im Hinblick auf die beteiligten Gewerke und die terminliche Abfolge. Jetzt noch auftretende grundsätzliche Fragen oder ungeklärte Details sind unnötig und führen nur zu vermeidbaren Auseinandersetzungen. Die Projektarbeit in dieser Phase sollte sich daher auf die notwendigen Abstimmungen zum Bauablauf beschränken.

Der Planer ist jetzt in der Pflicht, die beteiligten Gewerke bzw. Unternehmen so zu koordinieren, dass jeder in der Lage ist, seine Leistung fachgerecht auszuführen. Hierfür sind insbesondere die jeweils erforderlichen Vorleistungen sicherzustellen und die in den einzelnen Arbeitsschritten erforderlichen Montage- und Trocknungszeiten zu berücksichtigen.

Der Fachunternehmer muss rechtzeitig vor Ausführungsbeginn eine Prüfung der Vorleistungen, der klimatischen Bedingungen für die Ausführung und der zur Verfügung gestellten Untergründe durchführen.

Dokumentationen

Wichtig in dieser Projektphase ist für alle Beteiligten aber auch, dass die notwendigen bzw. vereinbarten Dokumentationen tatsächlich angefertigt werden. Auch hier sollte eine **gegenseitige Kontrolle** das Ziel haben, zum Schluss eine technisch einwandfreie und gleichzeitig in allen Bestandteilen vertragsgerechte Konstruktion zu erhalten.

5.4 Innendämmung mit RAL-Gütezeichen oder nach WTA-Merkblatt

5.4.1 Innendämmung mit RAL-GZ 964

Die Güte- und Prüfbestimmungen des neuen RAL-GZ 964 „Innendämmung – Gütesicherung“ (RAL, 2013) stellen das Ergebnis einer rund zweijährigen Arbeit des RAL-Güteausschusses Innendämmung dar, in dem neben namhaften Herstellern von Innendämmsystemen auch die Handwerksverbände als Vertreter der ausführenden Unternehmen und der Arbeitskreis ID-Systeme tätig waren. Gehalten wird das RAL-Gütezeichen von der Gütegemeinschaft Naturstein, Kalk und Mörtel e. V., die ebenfalls an der Erstellung der Bestimmungen mitgewirkt hat.

Gütezeichennutzer

Der Gütezeichennutzer, der Hersteller des Innendämmsystems, stellt dem Fachunternehmer, der den fachgerechten Einbau des Innendämmsystems gemäß den Güte- und Prüfbestimmungen bestätigt, das Gütezeichen aus. Somit entsteht ein Mechanismus zur Qualitätssteigerung, da der Gütezeichennutzer schon aus eigenem Interesse an seinen Produkten eine **regelmäßige Kontrolle** der von dem Fachunternehmer ausgestellten Übereinstimmungserklärung vornehmen wird, in der der Fachunternehmer die vertragsgerechte Montage der vereinbarten Innendämmung bestätigt.

Qualitätssicherung

Das RAL-GZ 964 trägt auch dadurch zur Qualitätssicherung von gebauten Innendämmungen bei, dass es nicht nur die Herstellung und den Vertrieb von Innendämmsystemen regelt, sondern auch die Planung und Ausführung der Arbeiten einschließt. Verliehen wird das Gütezeichen daher für die komplette Leistung und stellt so für den Endkunden ein wichtiges Qualitätsmerkmal dar.

Hinweis

> Durch die Einhaltung der Güte- und Prüfbestimmungen des RAL-GZ 964 für das eingesetzte Innendämmsystem erhält der Fachunternehmer die Sicherheit, dass es sich um ein in sich geprüftes und überwachtes System handelt. Er muss sich somit nicht mehr um die Verträglichkeit der einzelnen Produkte miteinander und den grundsätzlichen Aufbau des Systems kümmern und hierzu auch keine Nachweise führen.

Inhalt der Güte- und Prüfbestimmungen

Umfang der technischen Daten und Auskünfte

Die Güte- und Prüfbestimmungen des RAL-GZ 964 bestehen aus den Abschnitten 0 bis 6 sowie den Anhängen A1 bis A5 und B. In den Abschnitten 0 bis 6 werden die Anforderungen an Innendämmsysteme definiert und es wird festgelegt, wie ein Hersteller von Innendämmsystemen seine Produkte in den Verkehr bringen kann. Die notwendigen Grundlagen für eine fachgerechte Planung und Ausführung werden geschaffen, d. h., es wird ein festgeschriebener Umfang von technischen Daten und Auskünften gefordert, den ein **Hersteller eines Innendämmsystems** zur Verfügung stellen muss. Er muss dabei insbesondere

- Informationen für die spätere Nutzungsphase der Innendämmung bereitstellen, die der Auftraggeber erhalten soll,
- das Schutzprinzip seines Systems gegen Tauwasser angeben (Einstufung in eine Systemgruppe),
- die möglichen Anwendungen seines Innendämmsystems definieren,
- bestimmte bauphysikalische Kenngrößen seines Systems angeben,
- die für einen feuchtetechnischen Nachweis nach DIN EN 15026 „Wärme- und feuchtetechnisches Verhalten von Bauteilen und Bauelementen – Bewertung der Feuchteübertragung durch numerische Simulation“ (2007) notwendigen Kenndaten zur Verfügung stellen,
- Angaben zur Verarbeitung seiner Systeme liefern,
- Beratungs- und Schulungsmöglichkeiten für die Fachunternehmer zur Verfügung stellen.

Ferner muss er natürlich die Herstellung seiner Produkte **überwachen** und sowohl eine Eigenüberwachung vornehmen als auch eine Fremdüberwachung einrichten.

Anforderungen an Planung und Ausführung

Im Anhang A1 werden die Anforderungen an die Planung und Ausführung von Innendämmsystemen festgelegt. Der grundsätzliche Aufbau einer sach- und fachgerechten Planung eines Innendämmsystems wird beschrieben, die grundsätzlichen Anforderungen an das ausführende Fachunternehmen werden definiert und die Anforderungen an Transport und Lagerung, Montage und Pflege, Qualitätssicherung und Dokumentation der Ausführung dargestellt.

Einsatzgebiete und Prüfverfahren

Im Anhang A2 werden Normen, Vorschriften, Bauteilnachweise, Merkblätter und Richtlinien aufgeführt, die bei der Verarbeitung von Innendämmsystemen gelten bzw. zu beachten sind. Im Anhang A3 werden Einsatzgebiete und Einsatzgrenzen des Innendämmsystems dargestellt. Dazu gibt es einen Fragenkatalog, der von dem Hersteller des Innendämmsystems beantwortet werden muss. Im Anhang A4 wird das Prüfverfahren zur experimentellen Ermittlung des maximalen Wasserhaltevermögens der Innendämmung beschrieben.

Bestandsaufnahme

Der Anhang A5 stellt eine **Checkliste** für die im Rahmen der Ausführung einer Innendämmung durchzuführende Bestandsaufnahme dar. Diese Liste gliedert sich in Objekt- und Projektgrunddaten, Innenklima der zukünftigen Nutzung, Außenklima, Bauteilanalyse und baurechtliche Rahmenbedingungen und Nachweise (zur Checkliste siehe Kapitel 10).

Angaben Übereinstimmungserklärung

Im Anhang B werden Anforderungen an die zu erstellende Übereinstimmungserklärung definiert und es wird ein Muster für eine solche Erklärung zur Verfügung gestellt (zum Muster siehe Kapitel 10). Nach den Anforderungen in Anhang B muss die Übereinstimmungserklärung mindestens folgende Angaben enthalten:

- Angaben zum Bauvorhaben (Auftraggeber, Objektanschrift, ggf. Raumbenennung),
- Angaben zum verwendeten System,
- Angaben zum ausführenden Fachunternehmen (Firmenname, Firmenanschrift),
- den Verweis, dass die erstellte Innendämmung gemäß den Besonderen Güte- und Prüfbestimmungen für Planung und Ausführung und den Herstellervorgaben ausgeführt wurde, und
- Signatur (Datum, Ort, Unterschrift und Firmenstempel).

Bedeutung für die Praxis

Beteiligte der Auszeichnung

Voraussetzung der Auszeichnung einer gebauten Innendämmung mit dem Gütezeichen RAL-GZ 964 sind ein **Gütezeichennutzer**, also der Hersteller des Innendämmsystems, der die Herstellung und den Vertrieb seines Systems nach den Güte- und Prüfbestimmungen vornimmt, ein **Endkunde**, der ein Interesse an einer derart gütegesicherten Innendämmung hat, und ein **Planer** und ein **Fachunternehmer**, die das Innendämmsystem nach dem Anhang A1 der Güte- und Prüfbestimmungen planen und ausführen. Nach der Fertigstellung der gesamten Leistung wird dann das Gütezeichen „verliehen".

Starke Verbreitung wünschenswert

Da vergleichbare Instrumentarien in der Praxis nicht vorhanden sind, ist eine stärkere Verbreitung des RAL-GZ 964 wünschenswert. Da viele Hersteller von Innendämmsystemen dieses Gütezeichen inzwischen nutzen, wäre eine ähnliche Verbreitung in der Praxis wie z. B. bei der RAL-gütegesicherten Fenstermontage ein Schritt in die richtige Richtung.

Fazit

Der große Vorteil der Güte- und Prüfbestimmungen in RAL-GZ 964 liegt darin, dass mit dem hier festgelegten Verfahren der Qualitätskontrolle, von der Herstellung der Produkte bis zur Abnahme der fertigen Leistung, sämtliche kritischen Schritte fachlich so geregelt werden, dass eine deutliche **Minimierung des Schadensrisikos** entsteht. Planer und Ausführende müssen dabei natürlich die Bestimmungen des Anhangs A1 einhalten und die Dokumentationspflichten durch die Übereinstimmungserklärung ernst nehmen.

5.4.2 Innendämmung nach WTA-Merkblatt 6-4-16/D

Das WTA-Merkblatt 6-4-16/D „Innendämmung nach WTA I: Planungsleitfaden" (WTA, 2016) liefert seit Langem Ansätze für eine Ausführung von Innendämmungen, die einen hohen energetischen Standard der EnEV aufweisen.

Es werden Randbedingungen definiert, bei deren Einhaltung solche Ausführungen möglich sind.

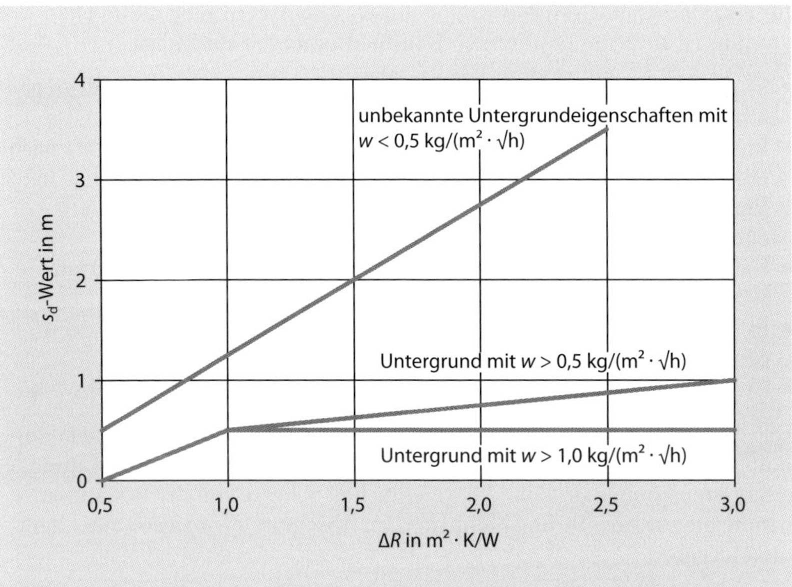

Abb. 5.3: Abhängigkeit des s_d-Wertes eines neuen inneren Aufbaus in Zusammenhang mit der wärmeschutztechnischen Verbesserung ΔR für verschiedene kapillaraktive Untergründe nach WTA-Merkblatt 6-4-09/D (Quelle: WTA, 2009)

Inhalt des Merkblatts

Das Merkblatt besteht aus 9 Abschnitten. Nach einer Einleitung und der Festlegung des Merkblattzwecks wird in den Abschnitten 3 bis 6 die Thematik Innendämmung grundsätzlich dargestellt.

Vereinfachtes Nachweisverfahren

Im Abschnitt 7 wird neben dem thermischen Nachweis nach DIN 4108-3 bzw. EnEV und dem hygrothermischen Nachweis einer Innendämmung auch ein sog. vereinfachtes Nachweisverfahren für Innendämmungen beschrieben. Dieses Verfahren beinhaltet vereinfachte Nachweise für die Schlagregenbeanspruchung nach DIN 4108-3 sowie für die Tauwasserbildung im Bauteil. Für die möglichen Ausführungen von Innendämmungen mit vereinfachten Nachweisen wurde ein **Diagramm als Planungshilfe** entwickelt (Abb. 5.3). Mit diesen Ausführungen ist eine Verbesserung des Wärmeschutzes einer Außenwand durch die Erhöhung des Wärmedurchlasswiderstandes R von bis zu 2,5 (hier: 3,0) $m^2 \cdot K/W$ bei kapillaraktiven Untergründen möglich, was einer Dämmstoffdicke von 10 (hier: 12) cm bei einem Dämmstoff mit der Wärmeleitfähigkeit λ von 0,04 W/(m · K) entspricht. Die maximale Verbesserung des Wärmedurchlasswiderstandes R bei nicht saugenden Untergründen liegt bei 2,0 (hier: 2,5) $m^2 \cdot K/W$.

Anwendung des Diagramms

In diesem Diagramm wird erstmals ein Zusammenhang zwischen der Verbesserung des Wärmeschutzes ΔR, der Wasseraufnahme der Außenseite w und dem s_d-Wert des neuen inneren Aufbaus dargestellt. Damit ist es dem Planer möglich, nach der Bestandserfassung und Bewertung des vorhandenen bzw. geplanten Wasseraufnahmekoeffizienten w eine Bemessung der Innendämmung hinsichtlich der energetischen Verbesserung und des hierfür erforderlichen s_d-Wertes vorzunehmen. Die Anwendung dieses Diagramms ist aber von bestimmten **Randbedingungen** abhängig:

- Es gibt keinen Feuchteeintrag aus Schlagregen (konstruktiver Schlagregenschutz, wasserabweisender Putz).
- Das bisherige Mauerwerk erfüllt den früheren Mindestwärmeschutz nach DIN 4108-2 „Wärmeschutz und Energie-Einsparung in Gebäuden – Teil 2: Mindestanforderungen an den Wärmeschutz" (2003), d. h., der Wärmedurchlasswiderstand R beträgt mindestens 0,39 $m^2 \cdot K/W$.
- Das Innenklima hat eine normale Feuchtelast gemäß WTA-Merkblatt 6-2-01/D (WTA, 2002).
- Es kommt zu keiner Hinterströmung zwischen Innendämmung und Außenmauerwerk.
- Die mittlere Jahrestemperatur des Außenklimas beträgt mindestens 7 °C.

Das Ablaufdiagramm im Abschnitt 8 stellt für die Planung einer Innendämmung ein grundsätzliches Schema dar, an dem sich Planer und Ausführende orientieren können und das die wesentlichen Schritte von der Bestandsaufnahme bis zur Ausführung beinhaltet. Im Abschnitt 9 wird relevante Literatur angegeben.

Hinweis

Im Zweifelsfall, ob die Randbedingungen für die Anwendung des vereinfachten Nachweises für energetisch höherwertige Innendämmungen vorliegen, ist immer ein rechnerischer Nachweis der geplanten Innendämmung mittels hygrothermischer Simulationsberechnung zu führen.

Bedeutung für die Praxis

Häufigere Ausführung erwartbar

Das WTA-Merkblatt 6-4-16/D stellt neben DIN 4108-3 und den dort dargestellten nachweisfreien Konstruktionen eine der wesentlichen allgemein anerkannten Regeln der Technik dar. Nach diesem Merkblatt können auch **energetisch höherwertige Innendämmungen** geplant und ausgeführt werden. Es ist deshalb davon auszugehen, dass sich dieses Merkblatt am Markt weiter verbreiten wird und die dort im vereinfachten Nachweisverfahren dargestellten Konstruktionsmöglichkeiten immer häufiger anzutreffen sein werden.

Energetisches Niveau der EnEV

Das WTA-Merkblatt 6-4-16/D liefert weiterhin Grundlagen für die feuchtetechnische Beurteilung von Innendämmungen und stellt so eine notwendige Ergänzung zu den zuvor erschienenen WTA-Merkblättern 6-1-01/D (WTA, 2002), 6-2-01/D (WTA, 2002) und 6-3-05/D (WTA, 2006) dar, die sich mit den hygrothermischen Simulationsberechnungen beschäftigen. Für den Fachunternehmer ist das Merkblatt eine wichtige Basis für die Ausführung von Innendämmungen, die dem energetischen Niveau der EnEV entsprechen können. Mithilfe dieses Merkblatts ist der **Fachunternehmer** grundsätzlich in der Lage, bei solchen Innendämmungen auch die **Funktion des Planers** zu übernehmen.

Fazit

Die beiden in Kapitel 5.4 dargestellten Regelwerke RAL-GZ 964 (RAL, 2013) und WTA-Merkblatt 6-4-16/D (WTA, 2016) versetzen den Fachunternehmer in die Lage, vertraglich einwandfrei nachweisbare Innendämmungen auszuführen. Mit beiden Regelwerken kann der Fachunternehmer am Markt agieren und gegenüber seinen Kunden darstellen, dass er in der Lage ist, solche Konstruktionen umzusetzen. Es entstehen somit **Chancen** für ihn, sich gegenüber anderen Unternehmern abzugrenzen, die sich bauphysikalisch und konstruktiv mit solchen Bauarten nicht auseinandersetzen können.

Es bleibt zu hoffen, dass sich die beiden Regelwerke auch bei den potenziellen Auftraggebern durchsetzen werden. Insbesondere der Kontrolle der Ausführung und der erforderlichen Dokumentation bis hin zur Übereinstimmungserklärung des RAL-GZ 964 kommt eine große Bedeutung für ein hohes Maß an Qualität bei der Ausführung zu, das ein gemeinsames Ziel der Hersteller und der Fachunternehmer sein sollte.

6 Von der Planung zur Ausführung

Gewerkeschnittstellen ▶ Vorarbeiten ▶ Arbeitsschritte und Bauabalauf ▶

6.1 Abhängigkeiten von anderen Gewerken

Gewerkeschnittstellen ▶

Abhängigkeiten von anderen Gewerken stehen in unmittelbarem Zusammenhang mit der vorgelegten Planung und werden im Regelfall umso größer, je unvollständiger oder weniger sach- und fachgerecht diese ist. Die größte Abhängigkeit besteht somit zwangsläufig von dem „Gewerk“ Planung.

„Gewerk" Planung

Die Erfahrung zeigt, dass diese Abhängigkeitssituation in der Praxis für den Fachunternehmer leider häufig problematisch sein kann. In der klassischen Konstellation Auftraggeber – Planer – Fachunternehmer sind die beiden Letzteren Erfüllungsgehilfen des Bauherrn und somit für den Erfolg ihrer jeweiligen Leistungen verantwortlich. Oft gerät ein Fachunternehmer jedoch in eine **Konfliktsituation**, wenn er bei der Prüfung der Planungsunterlagen bereits feststellt, dass diese unvollständig oder nicht sach- und fachgerecht sind. Nicht selten wird ein Fachunternehmer nur deshalb bei der **Vergabe nicht berücksichtigt**, weil er in Vorgesprächen oder Auftragsverhandlungen dezidiert aufzeigt, welche Leistungen in der Ausschreibung vergessen wurden oder welche Planungsleistungen noch durchgeführt werden müssen.

Die Notwendigkeit einer „abgeschlossenen“ Planung ist bereits Bestandteil der VOB/B und auch in der Honorarordnung für Architekten und Ingenieure (HOAI) finden sich entsprechenden Formulierungen, die eine fachgerechte und den anerkannten Regeln der Technik entsprechende Planung fordern.

Praxistipp

Leider gibt es keine „goldene" Verhaltensregel im Falle einer unvollständigen oder nicht sach- und fachgerechten Planung. Es dürfte aber die konstruktivste Lösung sein, wenn Sie Fragen zu unklaren oder nicht eindeutigen Planungsunterlagen in jedem Fall stellen und Diskrepanzen in der Planung vor einer Beauftragung ansprechen. Ein Planer oder ein Bauherr, der sich berechtigten Einwänden verschließt, ist nicht unbedingt ein wünschenswerter Vertragspartner.

6.1.1 Abhängigkeit durch Zergliederung der Leistung

Eine Innendämmung sollte stets als Komplettleistung verstanden und planerseitig auch so ausgeschrieben werden. Eine Aufteilung der Gesamtleistung nach **verschiedenen Gewerken** schafft nur unnötige Abhängigkeiten, die den Bauablauf eventuell negativ beeinflussen können, und ist hinsichtlich der Gewährleistung für den Bauherrn die schlechteste Lösung.

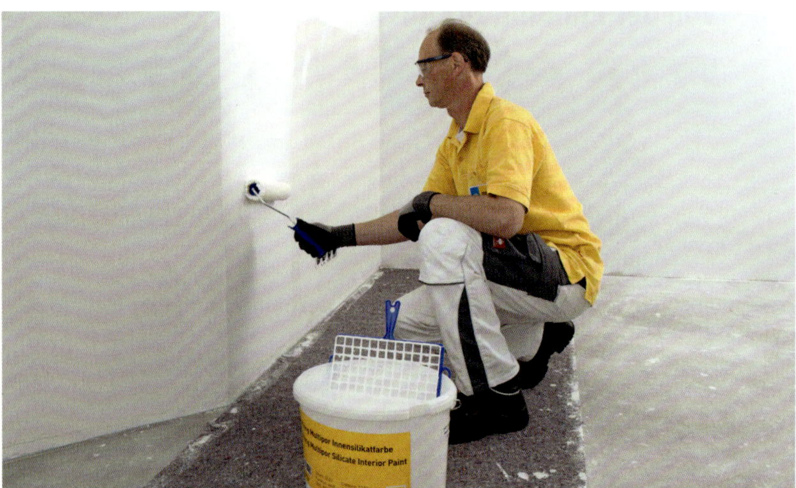

Abb. 6.1: Am besten bleibt die Innendämmung komplett in einer Hand: Der Fachunternehmer für die Innendämmung sollte auch die abschließende Beschichtung ausführen. (Quelle: Xella International GmbH, Duisburg)

Beispiel

Im Rahmen der umfangreichen Umnutzung eines Kellergeschosses war eine kapillaraktive Innendämmung auf altem Ziegelmauerwerk vorgesehen. Die notwendige Demontage des alten, nicht mehr tragfähigen Innenputzes führte dabei ein Rohbauunternehmen aus. Auf dem neu entstandenen Untergrund wurde dann von einem weiteren Unternehmen ein vollflächiger Vorspritzmörtel zum Ausgleich der Unebenheiten aufgetragen und darauf wiederum ein Kalkzementputz als Untergrund für die Innendämmung. Die Dämmplatten wurden von einem Trockenbauunternehmen auf den Kalkzementputz geklebt. Der auf den Dämmplatten erforderliche Bewehrungsputz wurde wieder von dem Unternehmen aufgetragen, das die Putzausgleichsarbeiten vorgenommen hatte. Die letzte Feinputzlage wurde schließlich von einem Malerbetrieb ausgeführt.

In diesem Beispiel wäre die Situation, die in einem Gewährleistungsfall entstehen würde, abenteuerlich: 4 beteiligte Unternehmen würden sich gegenseitig die „Schuld in die Schuhe schieben“ und der Planer ist auch noch beteiligt.

Kontinuierlicher Bauablauf

Die Innendämmung sollte als Gesamtleistung ab der Innenfläche der Außenwand in einer Hand bleiben, um einen möglichst kontinuierlichen Bauablauf und eine **eindeutige Situation** bei **Gewährleistungsansprüchen** zu erreichen (Abb. 6.1). So kann der ausführende Fachunternehmer seine Leistungen unabhängig von anderen Beteiligten selbst planen und umsetzen und in der Praxis häufig vorkommende Verzögerungen werden verhindert, die dadurch entstehen, dass der Nachfolgeunternehmer bei der Prüfung der Vorleistung der Ansicht ist, dass diese nicht fach- bzw. vertragsgerecht ist und/oder dass er noch zusätzliche Leistungen erbringen muss. Eine Zergliederung der Leistung Innendämmung bzw. eine Beauftragung von Teilleistungen ist daher aus fachlicher und baupraktischer Sicht nicht wünschenswert und sollte vermieden werden.

6.1.2 Abhängigkeit von Gewerken, die den Schlagregenschutz herstellen

Schlagregenschutz muss vorhanden sein

Die Innendämmung ist immer in Zusammenhang mit der Außenseite des innen zu dämmenden Bauteils und den dort erforderlichen Maßnahmen zu sehen. Für eine Innendämmung, die den bauphysikalischen Anforderungen entsprechen soll, muss ein intakter und fachgerechter Schlagregenschutz vorhanden sein, und zwar auch schon **zum Zeitpunkt des Einbaus** der Innendämmung, da ansonsten das Risiko der Durchfeuchtung besteht. Der Fachunternehmer, der die Innendämmung einbaut, sollte erst dann tätig werden, wenn sicher ist, dass der Schlagregenschutz hergestellt und das Bauteil ausreichend trocken ist. Gehört auch die Herstellung des Schlagregenschutzes zu seinem vertraglich vereinbarten Leistungsumfang – auch das ist denkbar –, ist er für den fachgerechten Ablauf dieses Bauabschnittes selbst verantwortlich. Wird der Bauablauf an dieser Schnittstelle geteilt, entstehen jedoch Abhängigkeiten und Prüfungspflichten bei den jeweiligen Ausführenden.

Großes Maßnahmenspektrum

Da das Spektrum der möglicherweise erforderlichen Arbeiten an der Außenseite sehr groß ist und von einem einfachen Renovierungsanstrich bis zum kompletten Entfernen des alten und Aufbringen eines neuen Außenputzes oder bis zu einer umfangreichen Sanierung der Außenseite eines Fachwerkgebäudes reicht, findet eine Teilung der Bauleistungen für die Herstellung des Schlagregenschutzes und für die Innendämmung häufig statt.

Fazit

> Der Fachunternehmer, der die Innendämmung ausführt, sollte sich auch mit den auf der Außenseite durchzuführenden Maßnahmen beschäftigen, zumindest in dem Umfang, der für die Erbringung seiner Leistungen relevant ist. Unabdingbar muss bereits bei der Montage der Innendämmung der äußere Schlagregenschutz gewährleistet und die zu dämmende Außenwand trocken sein.

6.1.3 Abhängigkeit von haustechnischen Gewerken

Installationen müssen abgeschlossen sein

Abhängigkeiten von haustechnischen Gewerken sind im günstigsten Fall nicht vorhanden, lassen sich aber in der Praxis nicht immer vermeiden. Der Fachunternehmer ist verpflichtet, die Auswirkungen von Installationsarbeiten auf seine Leistungen zu prüfen. Dabei sind der vorgesehene Terminplan der Gesamtmaßnahme und der Umfang der von den haustechnischen Gewerken vorgesehenen Leistungen zu berücksichtigen. Die haustechnischen Installationen im Bereich der Innendämmung sollten bei **Beginn der Montage** selbstverständlich abgeschlossen sein.

Abb. 6.2: Hohe Qualitätsstufe der Wandoberfläche: Hochwertige Innenräume erfordern hochwertige Spachtelarbeiten. (Quelle: Saint-Gobain Rigips GmbH, Düsseldorf)

Beispiele

Bei Innendämmungen als **Vorsatzschalen** in Trockenbauweise wird die Unterkonstruktion oft als Installationsebene genutzt. Dann sind Durchdringungen der dampfdichten Schicht nicht zu vermeiden.

Auch bei **kapillaraktiven** Innendämmungen werden häufig Elektroinstallationen vorgesehen, die auf der Innenseite der Außenwand verlegt und vor die Innendämmung geführt werden.

Bei Innendämmungen, die mit **Wandflächenheizungen** konzipiert werden, ist die komplette Verlegung der wasserführenden Leitungen vor der Montage bzw. vor dem Verputzen der Innendämmung notwendig.

Hinweis

Notwendige Rohrverlängerungen oder vor die Innendämmung zu führende Elektrokabel müssen so installiert sein, dass der Fachunternehmer die entsprechenden Anpassungen oder Durchdringungen der Dämmplatten in einem Arbeitsschritt herstellen kann.

6.1.4 Abhängigkeit von Nachfolgegewerken

Auftrag raumseitiger Beschichtung

Die letzte raumseitige Beschichtung der Innendämmung wird häufig von einem Malerbetrieb ausgeführt. Der Fachunternehmer, der die Innendämmung ausführt, sollte darauf achten, dass die letzte Beschichtung erst dann aufgetragen wird, wenn der Untergrund – also die Innendämmung – für den Auftrag geeignet ist. Das heißt, dass Bewehrungsputze oder Spachtelschichten **trocken und schadensfrei** sein und Spachtelungen auf Trockenbauoberflächen dem vertraglichen Soll-Zustand entsprechen müssen (Oberflächenqualität, Ebenheit). Außerdem muss sichergestellt sein, dass die Oberfläche der Innendämmung für das Material der abschließenden Beschichtung geeignet ist.

Die Arbeit der beiden für die Innendämmung und die abschließende Beschichtung zuständigen Gewerke muss fachlich korrekt aufeinander aufbauen und so vereinbart sein, dass der für die Beschichtung zuständige Unternehmer **keine Mehrleistungen** geltend machen muss, weil die Oberfläche der Innendämmung (noch) nicht für seine Arbeiten geeignet ist (Abb. 6.2).

Oberflächenqualitäten

Die Oberflächenqualitäten werden in dem Merkblatt Nr. 2 „Verspachtelung von Gipsplatten – Oberflächengüten Q1 bis Q4" (IGG, 2007) und in dem Merkblatt Nr. 2.1 „Verspachtelung von Gipsfaserplatten – Oberflächengüten" (IGG, 2010) für den Trockenbau sowie in dem Merkblatt Nr. 3 „Putzoberflächen im Innenbereich" (IGB, 2011) für Putzarbeiten in die **Qualitätsstufen Q1 bis Q4** unterschieden, im Putzbereich noch zusätzlich nach der Art der Oberflächenstrukturierung (gefilzt, geglättet, abgezogen).

Ebenheit

Für die Ebenheit sind an erster Stelle die in DIN 18202 „Toleranzen im Hochbau – Bauwerke" (2013) angesetzten Grenzwerte für **normale Anforderungen** zu beachten, die ohne spezielle vertragliche Vereinbarungen als Mindestanforderungen gelten. Die in DIN 18202 ebenfalls aufgeführten Grenzwerte für erhöhte Anforderungen bedürfen einer speziellen vertraglichen Vereinbarung. Maßnahmen zur Herstellung einer Ebenheit, die erhöhte Anforderungen erfüllt, stellen im Sinne der VOB/C Besondere Leistungen dar, die zu vergüten sind.

Die Leistungsabgrenzung zum nachfolgenden Gewerk bedarf einer sorgfältigen Überprüfung durch den Fachunternehmer. Geschuldet ist der vertraglich vereinbarte Leistungsumfang unter Berücksichtigung der allgemein anerkannten Regeln der Technik. Sofern also bereits aus den Vertragsunterlagen für den Fachunternehmer erkennbar ist, dass die vereinbarte Oberflächenqualität des Putzes oder der Verspachtelung nicht zu der vorgesehenen Endbeschichtung passt, muss er seiner Hinweispflicht nachkommen.

Bei Putzen, die auf geklebten Dämmplatten verarbeitet werden, sollte neben der Vereinbarung der Oberflächenqualität eine Festlegung der Ebenheit erfolgen. Im Merkblatt Nr. 3 (IGB, 2011) werden hierfür grundsätzliche Festlegungen getroffen. Bei der Oberflächenqualität Q3 **sollten** erhöhte Anforderungen an die Ebenheit der Oberfläche nach DIN 18202 und bei der Oberflächenqualität Q4 **müssen** diese erhöhten Anforderungen erfüllt werden.

Die in der Praxis häufig entstehenden Diskussionen, ob eine Oberfläche jetzt z. B. die Anforderungen an Q3 erfüllt oder nicht und ob zusätzliche Spachtelarbeiten durch das Nachfolgegewerk erforderlich sind, sollte durch eine klare Festlegung der jeweiligen Leistungsinhalte vermieden werden. Dabei ist zu bedenken, dass eine bestimmte Oberflächenqualität keinen „Freibrief" für das nachfolgende Gewerk darstellt. Die Qualität der endgültigen Oberfläche (Farbe, Tapete, sonstige Beschichtung) ist ausschließlich durch das hier tätige Unternehmen zu erbringen. Es ist ein Trugschluss, zu glauben, dass eine vom Auftraggeber gewünschte perfekte Oberfläche bereits durch bloßes Beschichten einer Q3-Oberfläche zu erreichen sei. Viele Diskussionen in der Praxis entstehen letztlich nur dadurch, dass vom Malerbetrieb ein solches perfektes Ergebnis erwartet wird, der Untergrund aber lediglich in der Qualitätsstufe Q3 ausgeschrieben wird.

Hinweis

Die Vereinbarung noch **geringerer Ebenheitstoleranzen** als nach DIN 18202 bleibt den Vertragspartnern selbstverständlich vorbehalten, denn es muss berücksichtigt werden, dass auch die erhöhten Anforderungen an die Ebenheit nach DIN 18202 keine „perfekten" Oberflächen ergeben. Bei bestimmten hochwertigen Farbbeschichtungen oder aber hohen Ansprüchen des Auftraggebers führen auch die in DIN 18202 aufgeführten erhöhten Anforderungen nicht immer zu zufriedenstellenden Ergebnissen. In der Schweiz sind z. B. die Standardanforderungen an die Ebenheit mit den in Deutschland geltenden erhöhten Anforderungen gleichzusetzen und die dort vorhandenen erhöhten Anforderungen sind nochmals eine Stufe besser.

Auch in der DIN EN 13914-2 „Planung, Zubereitung und Ausführung von Innen- und Außenputzen – Teil 2: Innenputze" finden sich höhere Anforderungen in Form von Genauigkeitsklassen, die geringere Ebenheitsabweichungen als die in DIN 18202 hinterlegten Werte liefern.

Praxistipp

Sie sollten bereits in den Vorgesprächen vor der vertraglichen Vereinbarung der Innendämmung nachfragen, welche Art der abschließenden Beschichtung vorgesehen ist und welche Ansprüche der Auftraggeber hat, um erläutern zu können, welche Vorleistung Sie dafür erbringen können bzw. müssen. Bei hohen Ansprüchen sind sämtliche Aspekte zu berücksichtigen, die für die optische Wirkung maßgebend sind. Dies sind auch die Lichteinflüsse im Raum durch natürliches Streiflicht (in der Horizontalachse des Bauteils einfallendes Licht) oder künstliches Licht sowie die Art der Beschichtung selbst. Die hieraus resultierenden Arbeiten sollten von dem Betrieb ausgeführt werden, der die abschließende Beschichtung ausführt.

Vorarbeiten

6.2 Ermittlung der notwendigen Vorarbeiten

Zur Ermittlung der notwendigen Vorarbeiten ist es erforderlich, die Baustelle bzw. den Einbauort der Innendämmung rechtzeitig zu begehen. Es empfiehlt sich, zu einem möglichst frühen Zeitpunkt eine gemeinsame **Objektbegehung** mit dem Planer und/oder dem Auftraggeber durchzuführen. Der Zeitpunkt sollte so gewählt werden, dass unter Umständen noch erforderliche Vorarbeiten auch **vor dem vorgesehenen Beginn** der Innendämmung erfolgen können.

Die Ergebnisse der Bestandsaufnahme sollten zur eigenen Sicherheit des Unternehmers schriftlich dokumentiert werden.

Abb. 6.3: Aufsteigende Feuchte ist ein „No-Go" für Innendämmungen.

Beispiel

> Wird erst an dem Tag, der für den Beginn der Ausführung der Innendämmung vorgesehen ist, festgestellt, dass die zu dämmende Außenwand noch der Trocknung bedarf, ist das für alle Beteiligten ärgerlich. Bei einer rechtzeitigen Objektbegehung wären die nun auftretenden Verzögerungen vermeidbar gewesen.

6.2.1 Vorarbeiten auf der Außenseite

Maßnahmen außen

Alle Maßnahmen auf der Außenseite des innen zu dämmenden Bauteils müssen zum Beginn der Montage der Innendämmung abgeschlossen sein. Das gilt insbesondere für

- Maßnahmen zur Unterbindung aufsteigender Feuchte im Mauerwerk (Abb. 6.3),
- Maßnahmen zur Herstellung des Schlagregenschutzes der Außenseite (Putzarbeiten, Verfugungen von steinsichtigen Wänden, hydrophobierende Beschichtungen usw.),
- Metallbau- bzw. Klempnerarbeiten zur Ableitung von Regenwasser,
- spezielle Maßnahmen an der Außenseite von Fachwerkkonstruktionen,
- Trocknungsmaßnahmen.

6.2.2 Vorarbeiten auf der Innenseite

Maßnahmen innen

Der Betrachtung der Innenseite des zu dämmenden Bauteils Außenwand ist große Aufmerksamkeit zu widmen. Liegt eine abgeschlossene Planung vor, sind die notwendigen Vorarbeiten auf der Innenseite vor der Montage der Innendämmung bereits in der **Leistungsbeschreibung** umfassend beschrieben. Ist dies nicht der Fall, muss der Fachunternehmer bei seiner Prüfung der Planung das Fehlen der Beschreibung der notwendigen Vorarbeiten feststellen und spätestens bei der Objektbegehung die erforderlichen Maßnah-

Abb. 6.4: Das Entfernen des nicht mehr tragfähigen alten Innenputzes bis auf das Mauerwerk war hier eine notwendige Vorarbeit. (Quelle: Remmer Baustofftechnik GmbH, Löningen; in: B+B [2010], 2, S. 14)

Abb. 6.5: Der Auftrag eines WTA-Sanierungsputzes auf dieser feuchte- und salzbelasteten Wandfläche war hier eine notwendige Vorarbeit zur Herstellung eines trockenen und salzfreien Untergrundes. (Quelle: Remmer Baustofftechnik GmbH, Löningen; in: B+B [2010], 2, S. 14)

men ermitteln. Zu den notwendigen Vorarbeiten auf der Innenseite können insbesondere zählen:

- das Entfernen von nicht mehr tragfähigen alten Innenputzen, partiell oder vollständig (Abb. 6.4),
- Sanierungsmaßnahmen an der Wandfläche (Abb. 6.5),
- die Vorbehandlung von tragfähigen alten Innenputzen für die Montage der Innendämmung, z. B. durch Aufrauen oder Grundieren,
- das Aufbringen von neuen Ausgleichsputzen als Untergrund für die Innendämmung,
- das Entfernen von in Fensterlaibungen vorhandenen Innenputzen, um die Montage von Laibungsplatten zu ermöglichen,

- Maßnahmen im Bereich von Wärmebrücken, z. B. Optimierung der Dämmung von Rollladenkästen,
- das Öffnen der Deckenunter- und -oberseiten von Holzbalkendecken und ggf. die Ausführung von zusätzlichen Maßnahmen im Bereich der Balkenköpfe,
- das partielle Entfernen von vorhandenen Estrichen im Bereich der zu dämmenden Wand.

Sonderfall Gipsputze

Gefahr der Gefügezerstörung

Gipsputze im Bestand stellen einen Sonderfall dar, da sie aufgrund ihrer Zusammensetzung einer erhöhten Gefahr der Gefügezerstörung durch **Feuchte** und **Frost** unterliegen. Im Bereich hinter der eingebrachten Innendämmung, also an der Oberfläche des alten Innenputzes, entstehen Temperaturverhältnisse, die im Winter oft den Gefrierpunkt erreichen oder sogar unterschreiten. Gipsputze sind nicht dafür geeignet, die bei Frost entstehenden wechselnden Beanspruchungen aus Temperatur und Feuchte schadensfrei zu überstehen; es droht ein Auffeuchten und Abplatzen der Putze.

Unbeständig gegen dauerhafte Feuchte

Bei einem kleineren Teil der Hersteller von Innendämmungen kann nachgelesen werden, dass Gipsputze durchaus verbleiben können. Bei den meisten Herstellern stellen Gipsputze allerdings ein **No-Go** dar und das ist hinsichtlich drohender Gewährleistungsansprüche auch gut so. Der Fachunternehmer sollte stets bedenken, dass der Hersteller mit Sicherheit nicht die Gewährleistung für die ausgeführte Leistung übernimmt, wenn ein alter Gipsputz im Objekt belassen wird und es dadurch zu Schäden kommt. Es mag zwar möglich sein, für eine frostfreie Zone hinter der Innendämmung mit einer Beschränkung der Wärmedämmung oder mit zusätzlichen Wandheizungen zu sorgen. Ein Gipsputz bleibt aber stets ein gegen dauerhafte Feuchte nicht beständiger Baustoff.

Praxistipp

Bei einer Planung, bei der ein Gipsputz verbleiben soll, sollten Sie sich mit einem Hinweis absichern und deutlich machen, dass Sie nicht für eventuell auftretende Schäden verantwortlich sind, die mit einer sukzessiven Zerstörung des Gipsputzes zusammenhängen.

Sonderfall Fensterlaibungen

Platz für Laibungsdämmung

Auch Fensterlaibungen stellen einen Sonderfall dar, da hier aus 2 Gründen spezielle Vorarbeiten notwendig werden können: Zum einen ist der Anschluss eines vorhandenen, tragfähigen Innenputzes an den Fensterrahmen zu beachten, der mit einer Laibungsdämmung versehen werden sollte (Abb. 6.6). Wenn in der Laibung nicht genügend Platz für die Laibungsdämmung vorhanden ist, empfiehlt sich das **Abschlagen des Laibungsputzes**, um dadurch Platz für den Einbau der Laibungsdämmung und für einen luftdichten Anschluss an das Fenster zu schaffen (Abb. 6.7).

Abb. 6.6: Einbau einer Laibungsdämmung (Quelle: Xella International GmbH, Duisburg)

Abb. 6.7: Fensterlaibung mit Anschluss an einen luftdichten Fenstereinbau (Quelle: Deutsche Foamglas GmbH, Erkrath)

Untere horizontale Laibungsseite

Zum anderen sind an der vierten Laibungsseite (untere horizontale Seite) im Bestand oft **Fensterbänke** vorhanden, die auch manchmal verbleiben sollen. Das ist ein vermeidbarer Fehler, denn der Bereich unterhalb einer vorhandenen Fensterbank stellt nach dem Aufbringen der Innendämmung und einer nur dreiseitigen Laibungsdämmung eine Wärmebrücke dar. Aber auch dann, wenn keine Fensterbänke vorhanden sind, wird diese vierte Laibungsseite oft vernachlässigt, insbesondere wenn der Platz für eine neue Fensterbank mit einer unterseitigen Dämmung nicht vorhanden ist und/oder die vorgesehene Innendämmung sich nicht als Untergrund für eine neue Fensterbank eignet.

Fazit

Alle Seiten einer Fensteröffnung müssen bei der vorgesehenen Innendämmung berücksichtigt werden, auch die untere horizontale Laibungsseite.

6.2.3 Allgemeine Vorarbeiten auf der Baustelle

Bei der Montage von Innendämmungen sind gewerkeübliche Vorarbeiten erforderlich, die sich im Wesentlichen aus den Inhalten der ATV DIN 18340 „Trockenbauarbeiten" (2012) und der ATV DIN 18350 „Putz- und Stuckarbeiten" (2012) ergeben.

Bedenken

Zum einen gehört zu den allgemeinen Vorarbeiten auf der Baustelle die Prüfung der Sachverhalte, die zu einer Anmeldung von Bedenken des Fachunternehmers gegenüber dem Auftraggeber führen können. Diese Sachverhalte sind in den ATV DIN 18340 und ATV DIN 18350 beschrieben (siehe Kapitel 7.1.1).

Nebenleistungen

Zum anderen gehören zu den allgemeinen Vorarbeiten auf der Baustelle die in den Abschnitten 4 der ATV DIN 18340 und der ATV DIN 18350 genannten Nebenleistungen, also die Leistungen, die mit dem Vertragspreis bereits abgegolten sind. Bei den Nebenleistungen ist zur Abgrenzung von den Besonderen Leistungen, die vergütungspflichtig sind, ein besonderes Augenmerk auf die **Reinigung** des **Untergrundes** und den **Schutz** von **angrenzenden Bauteilen** zu richten. Die Reinigung des Untergrundes stellt dann eine Nebenleistung dar, wenn keine besonderen Maßnahmen erforderlich werden. Sofern der Untergrund aber grobe Verschmutzungen aufweist, z. B. Gipsreste, Mörtelreste, Farbreste oder Öl, stellt die Reinigung eine Besondere Leistung dar. Beim Schutz von angrenzenden Bauteilen ist bereits das Abkleben von Fenstern, Türen, Böden usw. eine Besondere Leistung.

Fazit

> Der Fachunternehmer muss stets am jeweiligen Objekt prüfen, und zwar rechtzeitig, welche allgemeinen Vorarbeiten auf der Baustelle erforderlich sind, ob Sachverhalte vorliegen, bei denen er Bedenken anmelden muss und ob die erforderlichen Vorarbeiten Nebenleistungen oder Besondere Leistungen sind.

6.3 Festlegung der Arbeitsschritte und richtige Einbindung in den Bauablauf

Arbeitsschritte und Bauabalauf

6.3.1 Festlegung der Arbeitsschritte

Immer wieder wird in der Praxis festgestellt, dass die notwendigen Arbeitsschritte nicht oder nicht vollständig erfasst und geplant wurden. Dies mag damit zusammenhängen, dass viele Baubeteiligte im Bereich Innendämmung (noch) nicht in der Lage sind, eine gesamtheitliche Betrachtung der Innendämmung vorzunehmen und die hieraus folgenden Konsequenzen zu überblicken. Dennoch ist eine Festlegung der Arbeitsschritte notwendig, damit jeder Baubeteiligte seine **Leistungen fachgerecht** erbringen kann. Die zeitliche Gliederung ergibt sich dabei wie folgt:

- Arbeitsschritte vor der Beauftragung,
- Arbeitsschritte vor der Ausführung,
- Arbeitsschritte während der Ausführung,
- Arbeitsschritte nach der Ausführung.

Der Zeitraum **vor der Beauftragung** beinhaltet die Arbeitsschritte

- objektspezifische Bestandserfassung und
- individuelle sach- und fachgerechte Planung.

In den Zeitraum **vor der Ausführung** fallen die Arbeitsschritte

- Prüfung der Planung durch den Fachunternehmer,
- Prüfung und Planung der Schnittstellen bzw. Abhängigkeiten von anderen Gewerken und
- Objektbegehung und Ermittlung der erforderlichen Vorarbeiten.

In den Kapiteln 2 bis 6 wurden die Arbeitsschritte vor der Beauftragung und vor der Ausführung bereits behandelt. Auf die Arbeitsschritte während und nach der Ausführung wird in den Kapiteln 7 und 9 eingegangen.

6.3.2 Einbindung der Vorbereitung des Untergrundes

Trocknungsmaßnahmen

Die Verarbeitungsrichtlinien der Hersteller von Innendämmungen beginnen in der Regel bei einem fachgerecht vorbereiteten Untergrund. Erforderliche Trocknungsmaßnahmen stehen dabei an erster Stelle des zeitlichen Ablaufes. Von entscheidender Bedeutung für eine bedarfsgerechte zeitliche Planung der einzelnen Arbeitsschritte im Rahmen der Trocknung sind die Qualität der Bestandserfassung und die exakte Ermittlung der erforderlichen Maßnahmen am Untergrund. Die **Untersuchung der Bauteilfeuchte** muss über den gesamten Querschnitt des Bauteils erfolgen. Nur oberflächlich durchgeführte Untersuchungen können dazu führen, dass eine im Kern des Bauteils vorhandene Feuchte nicht erfasst wird und somit die notwendigen Zeiten für die Trocknung zu kurz bemessen werden.

Aufsteigende Feuchte

Unterschieden werden muss zwischen den Maßnahmen, die für die eigentliche Trocknung des Bauteils erforderlich sind, und denjenigen, die verhindern, dass Feuchte wieder neu entstehen kann. Während die Trocknungszeit für Feuchte im Bauteil aufgrund eines vorher nicht vorhandenen Schlagregenschutzes wahrscheinlich einfach einzuschätzen ist, erfordert aufsteigende Feuchte im Erdgeschoss schon umfangreichere Analysen und eine exakte Bestimmung der Maßnahmen zur Herstellung einer funktionierenden **Horizontalsperre**.

Hinweis

> Im vorgesehenen Bauablauf sind die notwendigen Trocknungszeiträume ausreichend zu berücksichtigen. Auch das ist vom Fachunternehmer zu prüfen. Insbesondere Trocknungsmaßnahmen bei stark durchfeuchteten Außenwänden können sogar mehrere Monate in Anspruch nehmen.

Ausgleichsputze

Ebenso sind erforderliche Ausgleichsputze in der Zeitplanung der Innendämmung mit einem ausreichenden Vorlauf einzuplanen. Als Daumenregel gilt eine Trocknungszeit der Putze von einem Tag je Millimeter Schichtdicke. Aufgrund der bei unebenen Untergründen häufig entstehenden großen Schichtdicken können Trocknungszeiten der Ausgleichsputze von **einigen Wochen** entstehen, die in der Zeitplanung zu berücksichtigen sind. Es ist nicht fachgerecht, gerade bei altem Mauerwerk und nicht mehr intakten Innenputzen, diese Trocknungszeiten unberücksichtigt zu lassen, da noch feuchte Putze mit der Zeit im Hintergrund trocknen und aufgrund ihres Schwindverhaltens dabei zur Rissbildung neigen.

6.3.3 Einbindung der Ausführung der Innendämmung

Die Ausführung der Innendämmung selbst erfolgt in der Regel nach den Zeitangaben des Herstellers, die dieser in seinen Produktunterlagen angibt. Hierbei handelt es sich um **Erfahrungswerte**, die für einen fachgerechten Untergrund gelten und die Mehrzahl der Fälle wohl abdecken, die in der Praxis entstehen können. Trotzdem sind diese Werte nicht ungeprüft zu übernehmen. Es ist immer möglich, dass aufgrund von materialspezifischen Abweichungen im Untergrund (nicht jeder alte Untergrund entspricht gültigen Normen) leichte Modifikationen erforderlich werden, die zur Verlänge-

Abb. 6.8: Bei Innendämmungen mit einer Kleberschicht müssen die Trocknungszeiten des Klebers ausreichend berücksichtigt werden. (Quelle: Sto AG, Stühlingen)

rung einzelner Arbeitsschritte führen können, z. B. durch eine Verlängerung der Trocknungszeit des Klebers (Abb. 6.8). Im Schnitt liegt die Trocknungszeit des Klebers bei einem Tag je Millimeter Schichtdicke.

Oberflächenseitiger Putz

Die Mindestangaben des Herstellers für die Trocknungszeiten sollten in jedem Falle eingehalten werden. Auch wenn auf die Dämmplatten eine Putzschicht aufzubringen ist, müssen die Trocknungszeiten für diesen oberflächenseitigen Putz berücksichtigt werden. Bei Putzen sind ebenfalls Trocknungszeiten von mindestens einem Tag je Millimeter Schichtdicke einzuhalten. Bei Kalkputzen sind diese Richtwerte tendenziell eher noch zu erhöhen, da sie durch CO2-Aufnahme aus der Luft trocknen und an der Oberfläche trocken aussehen können, obwohl sie am Untergrund noch feucht sind.

6.3.4 Einbindung anderer Gewerke

Keine gegenseitigen Behinderungen

Die an der Gesamtmaßnahme beteiligten Gewerke sind in der Planung der Innendämmung in den Bauablauf so einzubinden, dass keine gegenseitigen Behinderungen entstehen. Das **Entfernen von alten Innenputzen**, sofern es der Fachunternehmer der Innendämmung nicht selbst ausführt, ist in Abhängigkeit von der Durchfeuchtung der Außenwand und den vorgesehenen **Trocknungsmaßnahmen** rechtzeitig vorzunehmen. **Installationsarbeiten** sind so einzuplanen, dass sie zum Beginn der Montage der Innendämmung abgeschlossen sind.

Abb. 6.9: Die Laibungsdämmung darf nur an luftdicht eingebauten Fenstern ausgeführt werden. (Quelle: Xella Deutschland GmbH, Duisburg)

Hinweis

> Durchdringungen der Dämmebene sollten nicht nachträglich von haustechnischen Gewerken hergestellt werden, da diese Durchdringungen ein viel zu großes Fehlerpotenzial bergen. Wenn die Installationsarbeiten fertig sind, kann der Fachunternehmer der Innendämmung diese Durchdringungen selbst fachgerecht herstellen, was auch aus Gewährleistungsgründen sicherlich die bessere Alternative darstellt.

Fenstereinbau

Selbstverständlich abgeschlossen sein muss die Montage von neuen Fenstern, nicht nur aus Gründen des Regenschutzes. Fenster sind von **innen luftdicht** und von **außen schlagregendicht** einzubauen (Abb. 6.9). Hierfür stehen am Markt vorkomprimierte Dichtungsbänder und Fensteranschlussfolien zur Verfügung. Der luftdichte Fenstereinbau ist erforderlich, weil die Innendämmung in aller Regel die luftdichte Schicht der Gebäudehülle darstellt und selbst luftdicht an die Fenster angeschlossen werden muss.

Fazit

> Die Montage einer Innendämmung muss sowohl zeitlich als auch von der Abfolge der Gewerke her fachgerecht in den Bauablauf eingebunden sein, wie in Kapitel 6.3 beschrieben. Werden hier Fehler in der Planung gemacht, die der Fachunternehmer unkommentiert umsetzt, steigt das Risiko für einen Schaden.

Hinweise zur Abgrenzung von Nebenleistungen und besonderen Leistungen finden sich jeweils in den Abschnitten 4.1 und 4.2 der ATV. Es ist obligatorisch, darauf hinzuweisen, dass diese Abgrenzungen bereits bei der Planung und Ausschreibung einer Innendämmung beachtet werden sollten. Wie eine Leistungsbeschreibung fachgerecht aufzustellen ist, wird im Abschnitt 0 der ATV dargestellt.

7 Ausführung

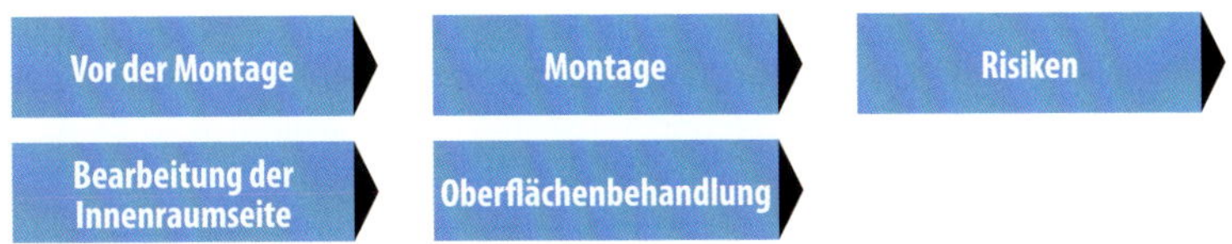

7.1 Arbeitsschritte vor Beginn der Montage

Vor der Montage

7.1.1 Untergrundprüfung

Die Ausführung beginnt stets mit der fachgerechten Prüfung des Untergrundes bzw. **gewerkegerechten Prüfung der Vorleistung**. In den für Innendämmungen in aller Regel anzusetzenden ATV DIN 18340 „Trockenbauarbeiten" (2023) und ATV DIN 18350 „Putz- und Stuckarbeiten" (2019) werden hierzu im jeweiligen Abschnitt 3.1 entsprechende Festlegungen getroffen. Danach muss der Fachunternehmer immer prüfen, ob folgende Sachverhalte vorliegen, bei denen er Bedenken anmelden muss:

Sachverhalte der Bedenkenanmeldung

- ungeeignete Beschaffenheit des Untergrundes, z. B. Ausblühungen, zu glatte, staubige, nasse oder gefrorene Flächen, verschiedenartige Stoffe im Untergrund,
- fehlende Bezugspunkte, insbesondere fehlende Bezugsachsen in nicht rechtwinkligen Räumen,
- größere Unebenheiten des Untergrundes als nach DIN 18202 „Toleranzen im Hochbau – Bauwerke" (2013) zulässig,
- ungeeignete klimatische Bedingungen.

Nach **ATV DIN 18340** ist zusätzlich zu prüfen, ob folgende Sachverhalte vorliegen, bei denen der Fachunternehmer Bedenken anmelden muss:

- Abweichungen des Bestandes gegenüber den Vorgaben, z. B. bei fehlendem oder ungenügendem Gefälle bei Trockenunterböden mit Bodenabläufen,
- unrichtige Lage und Höhe des Untergrundes,
- ungenügende Tragfähigkeit des Untergrundes,
- Schwächungen der Unterkonstruktion, z. B. durch Einbauten und Kreuzungen von Leitungen und dergleichen,
- fehlende Angaben zum Bodenaufbau in Übergangsbereichen von unterschiedlichen Bodenflächen.

Nach **ATV DIN 18350** ist zusätzlich zu prüfen, ob folgende Sachverhalte vorliegen, bei denen der Fachunternehmer Bedenken anmelden muss:

- zu hohe Baufeuchte,
- ungenügende Verankerungs- und Befestigungsmöglichkeiten.

Hinweis

> Die Prüfung des Untergrundes stellt immer den ersten Arbeitsschritt der eigentlichen Ausführung dar, auch wenn die Baustelle in einer vorher durchgeführten Objektbegehung bereits besichtigt worden ist.

Praxistipp

Es empfiehlt sich, die Prüfung des Untergrundes zur eigenen Absicherung schriftlich zu dokumentieren und am besten noch mit einigen Fotos zu belegen.

Ordnungsgemäßer Untergrund

Aus den o. g. Prüfungskriterien kann im Umkehrschluss definiert werden, wie ein ordnungsgemäßer Untergrund beschaffen sein muss. **Anforderungen** an den Untergrund sind demnach:

- keine Ausblühungen aufgrund von Feuchte im Bauteil,
- gleichmäßig saugend,
- stofflich einheitlich,
- Ebenheitstoleranzen innerhalb der Werte nach DIN 18202,
- tragfähig,
- sauber,
- trocken.

Allgemeine Bedingungen

Ferner müssen die folgenden allgemeinen Bedingungen erfüllt sein, damit eine fachgerechte Ausführung der Arbeiten möglich ist:

- Die Baufeuchte darf nicht zu hoch sein (im Regelfall ist davon auszugehen, dass im Innenbereich eine relative Luftfeuchte von 70 % während der Ausführung der Arbeiten nicht überschritten werden sollte).
- Die für die Ausführung notwendigen Temperaturen müssen im Innenraum gegeben sein (mindestens 10 °C sind anzustreben).
- Die für die vereinbarte Leistung erforderlichen Bezugsachsen bzw. Ausführungsmaße müssen vorhanden sein.

5-Punkte-Prüfung

Im Handwerk, insbesondere bei den Stuckateuren, hat sich die sog. 5-Punkte-Prüfung durchgesetzt. Hierbei soll wie folgt vorgegangen werden:

- **Inaugenscheinnahme:** Prüfung auf anhaftende Feststoffe, allgemeiner Zustand des Untergrundes, Überbindemaß des Mauerwerks, Fehlstellen im Mauerwerk, lockere und mürbe Teile im Untergrund, Ausblühungen;
- **Wischprobe:** Prüfung mit der Hand, ob Staub, Schmutz oder sonstige Verunreinigungen vorhanden sind;
- **Kratzprobe:** Prüfung mit einem harten Gegenstand zur Feststellung der Härte des Untergrundes, Prüfung auf Abplatzungen und Absandungen;
- **Benetzungsprobe:** Prüfung der Saugfähigkeit durch Annässen mittels Quast oder Bürste und Prüfung, ob Rückstände vorhanden sind, die das Saugverhalten beeinflussen;
- **Temperaturmessung:** Ermittlung der Temperatur des Bauteils und der Temperatur der Umgebung des Bauteils.

Praxistipp

Die Ergebnisse der 5-Punkte-Prüfung sollten zur Vollständigkeit der Dokumentation, aber auch zur eigenen Absicherung schriftlich dokumentiert und in der Bauakte hinterlegt werden.

Abb. 7.1: Messung der Bauteilfeuchte mit einem einfachen Feuchtemessgerät

Feuchte im Untergrund

Neben den grundsätzlichen Forderungen hinsichtlich der Feuchte eines Untergrundes, auf dem eine Innendämmung montiert werden soll, nämlich Schlagregensicherheit und keine aufsteigende Feuchte, darf auch die Bauteilfeuchte selbst für die Ausführung nicht zu groß sein.

Durch z. B. Estricharbeiten, Ausgleichsputzarbeiten oder aber auch undichte Fensteranschlüsse kann in einen zu dämmenden Untergrund so viel Feuchte eingebracht werden, dass eine schadensfreie Montage der Innendämmung nicht möglich ist. Zu feuchte Untergründe trocknen nach der Montage der Innendämmung nur langsam aus und können sich **schadhaft** auf die **Kleberebene** bei plattenförmigen Innendämmungen oder auf den **Dämmstoff** bei Vorsatzschalen auswirken.

Hinweis

Es sollte für einen Fachunternehmer selbstverständlich sein, zumindest ein einfaches Messgerät für Feuchte in Baustoffen in seinem Besitz zu führen und es auch einzusetzen (Abb. 7.1). Einfache Feuchtemessgeräte, die dimensionslose Vergleichswerte des Feuchtegehalts eines Baustoffs liefern, sind schon in der Preisklasse bis 100 € erhältlich.

Praxistipp

Beim Einsatz einfacher Feuchtemessgeräte sollten Sie am jeweiligen Einbauort Vergleichsmessungen an anderen Bauteilen oder Baustoffen vornehmen. Nur so gelingt eine nachweisbare Dokumentation der Feuchte im Baustoff, die in jedem Fall schriftlich erfolgen sollte.

Hinweis

Für die Dokumentation der Bauteilfeuchte empfiehlt sich der Einsatz von Formblättern, in denen neben den Messwerten der Bauteilfeuchte auch die Temperaturen außen und innen sowie ggf. die Luftfeuchte erfasst werden können. Ebenfalls möglich ist die Dokumentation dieser Werte im Bautagebuch, sofern dieses geführt wird.

7.1.2 Untergrundvorbereitung und -vorbehandlung

Den nächsten Arbeitsschritt stellt die je nach der Art der vorgesehenen Innendämmung notwendige Vorbereitung und Vorbehandlung des Untergrundes dar.

Ebenheitstoleranzen im Untergrund

Mindestanforderungen in DIN 18202

Sofern an die fertige Innendämmung keine besonderen Anforderungen an die Ebenheit gestellt werden, gelten die Mindestanforderungen in DIN 18202 (normale Anforderungen) in der Praxis als allgemein anerkannte Regel der Technik. Bei einem gegebenen Untergrund entstehen somit 2 Fälle:

- Der **Untergrund ist maßhaltig** nach den Mindestanforderungen in DIN 18202: Sind keine höheren Anforderungen an die Ebenheit vereinbart, werden keine zusätzlichen Leistungen erforderlich. Wenn erhöhte Anforderungen an die Ebenheit gestellt werden, ist zu prüfen, ob die erhöhten Anforderungen mit der Konstruktion ohne zusätzliche Maßnahmen erfüllt werden können. Handelt es sich bei der vorgesehenen Innendämmung um eine Konstruktion, mit der ein Toleranzausgleich nicht oder nur sehr eingeschränkt möglich ist, z. B. eine plattenförmige Innendämmung, sind zumeist Zusatzleistungen zur Erfüllung der erhöhten Anforderungen erforderlich.
- Der **Untergrund ist nicht maßhaltig** nach den Mindestanforderungen in DIN 18202: Werden an die fertige Innendämmung normale Anforderungen an die Ebenheit gestellt, werden zusätzliche Leistungen erforderlich, wenn ein Ausgleich der vorhandenen Toleranzen konstruktionsbedingt nicht möglich ist. Sofern erhöhte Anforderungen vereinbart sind, sind zusätzliche Leistungen in jedem Fall ebenfalls zu vereinbaren.

Konstruktionsebene verschieben

Wenn eine **Vorsatzschale in Trockenbauweise** vorgesehen ist, muss der Fachunternehmer bei Ebenheitstoleranzen außerhalb der Werte in DIN 18202 prüfen, inwieweit sich die geplanten Ausführungsmaße noch einhalten lassen. Die Konstruktionsebene einer Vorsatzschale richtet sich nach dem vordersten Punkt des Untergrundes. Das kann dazu führen, dass die Konstruktionsebene einige Zentimeter weiter nach innen verschoben werden muss, als geplant war. Das ist selbstverständlich vor der Montage der Innendämmung zu klären. Die Entscheidung ist in jedem Fall dem Auftraggeber oder Planer zu überlassen, da sich daraus Mehrleistungen ergeben können, z. B. das Entfernen eines vorhandenen Innenputzes oder zumindest die Bearbeitung lokaler Unebenheiten.

Ausgleichsputze

Im Fall von **geklebten, plattenförmigen Innendämmungen** ist zu überprüfen, inwieweit die vorhandenen Unebenheiten mit der Kleberschicht ausgeglichen werden können. Sofern die Unebenheiten größer sind, als nach DIN 18202 zugelassen, ist ein solcher Ausgleich in der Regel nicht möglich. Nach der Montage der Innendämmung werden dann immer noch Toleranzen vorhanden sein, die außerhalb der Grenzwerte in DIN 18202 liegen. Auch in diesem Fall ist unbedingt vor der Montage mit dem Auftraggeber bzw. dem Planer zu klären, welcher Weg gewählt werden soll: die gegebenen Toleranzen akzeptieren oder eine Zusatzleistung zur Herstellung besserer Ebenheiten beauftragen. Die Ausführung von Ausgleichsputzen stellt in der Praxis die am häufigsten vorkommende Zusatzleistung in diesem Zusammenhang dar. Bei einer abgeschlossenen sach- und fachgerechten Planung ist die Ausführung des Ausgleichsputzes bereits Bestandteil der vertraglich vereinbarten Leistung. Im anderen Fall muss der Auftraggeber oder Planer entscheiden, ob er den für die Zusatzleistung zu stellenden Nachtrag genehmigen will.

Hinweis

Letztlich entscheidend für den Fachunternehmer ist immer der vereinbarte Soll-Zustand. Dieser Soll-Zustand sollte vom Fachunternehmer im eigenen Interesse vor der Ausführung geklärt werden. Die ggf. entstehenden Zusatzleistungen sollten vertraglich vereinbart werden.

Fazit

Innendämmungen werden zumeist in älteren Bestandsgebäuden ausgeführt, in denen durchaus Ebenheitstoleranzen vorliegen können, die sich außerhalb der Grenzwerte in DIN 18202 bewegen. Derartige Abweichungen können je nach der Art der vorgesehenen Innendämmung zu umfangreichen Vorarbeiten führen oder aber bewirken, dass die Planung der Maßnahme an die vorhandene Situation angepasst werden muss. Der Auftraggeber oder Planer hat zu entscheiden, ob die vorhandene Maßhaltigkeit akzeptiert wird und ein Ausgleich nur in dem Maße stattfindet, wie es konstruktionsbedingt möglich ist, oder ob zusätzliche Leistungen (Besondere Leistungen) zur Herstellung einer besseren Ebenheit beauftragt werden.

Saugfähigkeit des Untergrundes

Arten der Vorbehandlung

Die Saugfähigkeit des Untergrundes ist vor allem bei geklebten, plattenförmigen Innendämmungen zu beachten. Bei älteren Bestandsgebäuden sind Mischmauerwerke oder sonstige **unterschiedliche Baustoffe** im Untergrund sehr verbreitet, aber auch im modernen Mauerwerksbau sind verschiedene Baustoffe innerhalb eines Bauteils anzutreffen. Je nach Saugfähigkeit der einzelnen Baustoffe werden dann in Abhängigkeit von der gewählten Innendämmung Vorbehandlungen erforderlich, z. B.

- ein Spritzbewurf (im Stuckateur-Handwerk gängige Methode),
- eine flüssig zu verarbeitende Aufbrennsperre bzw. Grundierung oder
- eine konstruktionsspezifische Vorbehandlung, die vom Hersteller des Innendämmsystems vorgeschrieben wird.

Vorbehandlung als Systembestandteil

In jedem Fall ist durch den Fachunternehmer eine Bewertung hinsichtlich einer notwendigen Vorbehandlung des Untergrundes vorzunehmen, insbesondere zur Herstellung eines gleichmäßig saugenden Untergrundes. Hierbei sind die Verarbeitungsrichtlinien des Herstellers des Innendämmsystems unbedingt zu beachten, denn auch eine ggf. notwendige Vorbehandlung ist Bestandteil des Innendämmsystems.

Hinweis

Vorbehandlungen stellen grundsätzlich Besondere Leistungen im Sinne der VOB/C dar und sind durch den Planer gesondert auszuschreiben.

7.1.3 Arbeitsvorbereitung

Allgemeine Vorarbeiten

Bei den allgemeinen Vorarbeiten auf der Baustelle sind die Regelungen der ATV DIN 18340 bzw. der ATV DIN 18350 hinsichtlich der Abgrenzung zwischen Nebenleistungen und Besonderen Leistungen zu beachten (siehe Kapitel 6.2.3). Im Regelfall werden die Reinigung des Untergrundes und der Schutz von angrenzenden Bauteilen bzw. Einrichtungsgegenständen vorzunehmen sein.

Vorgeschriebene Produkte

Eine vollständige und fachgerechte Arbeitsvorbereitung schließt die **Erfassung der** für die vorgesehene Innendämmung **benötigten Materialien** bzw. Baustoffe ein. Da in der Praxis in aller Regel Innendämmsysteme verarbeitet werden, ist hierbei genau darauf zu achten, dass die vom Hersteller des Systems vorgeschriebenen Produkte auch ausgewählt und verarbeitet werden.

Hinweis

> Der Fachunternehmer ist verpflichtet, den vertraglichen Soll-Zustand zu gewährleisten, d. h., dass bei einem vereinbarten Innendämmsystem auch alle Bestandteile des Systems zu verwenden sind. Ein eigenmächtiger Austausch von einzelnen Systemprodukten durch den Fachunternehmer, z. B. aus Kostengründen, schafft unkalkulierbare Risiken, die im Extremfall bis zur Verweigerung der Abnahme und somit zum Verlust des Vergütungsanspruchs führen können.

Als letzter Schritt vor der Aufnahme der Arbeiten empfiehlt sich eine vorherige **Inspektion** der Baustelle.

Praxischeck

Bei der Inspektion sollten folgende Sachverhalte berücksichtigt werden:

- Sind die zu bearbeitenden Flächen zugänglich?
- Ist das Aufstellen von erforderlichen Gerüsten möglich?
- Sind Schutzmaßnahmen an bestimmten Vorleistungen erbracht oder aber vom Fachunternehmer selbst noch zu erbringen?
- Sind alle notwendigen Vorleistungen abgeschlossen?
- Sind die Bestimmungen des Arbeitsschutzes auf der Baustelle eingehalten?
- Ist eine Gefährdungs- und Belastungsanalyse nach den Richtlinien des betrieblichen Arbeitsschutzes durch den Fachunternehmer notwendig bzw. durchgeführt worden?

Montage

7.2 Fachgerechte und schadensfreie Montage

Die einzelnen Arbeitsschritte, die bei der Montage einer Innendämmung auszuführen sind, werden von dem **Konstruktionstyp** vorgegeben. Zwischen den einzelnen Arbeitsschritten bestehen Abhängigkeiten, die für eine ordnungsgemäße und schadensfreie Montage zu beachten sind. Ferner sind die Arbeitsschritte nach den jeweiligen allgemein anerkannten Regeln der Technik auszuführen, die für die zu montierende Innendämmung gelten.

7.2.1 Innendämmsysteme als Komplettlösung

Bei Innendämmsystemen als Komplettlösung eines Herstellers ist die Verarbeitung nach den Angaben des Systemherstellers durchzuführen. Das Spektrum der möglichen Ausführungsfälle und Untergründe ist zu groß, als dass hierfür eine Norm als allgemein anerkannte Regel der Technik in Verkehr gebracht werden könnte. Innendämmsysteme können zwar durchaus aus geregelten Bauprodukten bestehen, wie dies z. B. bei Dämmsystemen aus Schaumglas der Fall ist. Das fertig montierte System ist aber nur durch die Verarbeitungsrichtlinien des Herstellers geregelt. Aus diesem Grund ist die Verarbeitung eines Innendämmsystems als Komplettlösung eines Herstellers genau nach den Vorgaben des Herstellers eine unabdingbare Pflicht.

Verarbeitungsrichtlinien des Herstellers

Die Verarbeitungsrichtlinien des Herstellers müssen natürlich den **Personen bekannt** sein, die mit der eigentlichen Verarbeitung beschäftigt sind. Das klingt logisch, wird aber in der Praxis leider viel zu häufig missachtet.

Hinweis

> Bei Begutachtungen sind Verstöße gegen Verarbeitungsrichtlinien eines Herstellers der Hauptgrund dafür, dass Fachunternehmer in Regress genommen werden. Und dies nicht, weil der Sachverständige eigenständig solche Fehler sucht, sondern weil ganz gezielte Fragen gestellt werden, die in einem Gutachten beantwortet werden müssen.

7.2.2 Innendämmungen als Vorsatzschalen in Trockenbauweise

Regelwerk

Bei Innendämmungen, die als Vorsatzschalen in Trockenbauweise ausgeführt werden, sind die anerkannten Regeln des Trockenbaus einzuhalten. Hier sind vor allem die Normen DIN 18181 „Gipsplatten im Hochbau – Verarbeitung“ (2019) und DIN 18183-1 „Trennwände und Vorsatzschalen aus Gipsplatten mit Metallunterkonstruktionen – Teil 1: Beplankung mit Gipsplatten“ (2018) zu nennen. In DIN 18183-1 werden die grundsätzlichen Konstruktionsarten für Trennwände und Vorsatzschalen sowie die zulässigen Wandhöhen in Abhängigkeit von der Unterkonstruktion und der Bekleidungsart dargestellt. Ferner werden Festlegungen für die Ausführung der Unterkonstruktion, den Einbau des Dämmstoffs, die Ausbildung von Bewegungsfugen, die Befestigung an angrenzenden Bauteilen und die Ausführung von Anschlüssen getroffen. Über die Normen hinaus sind auch die Merkblätter des Bundesverbandes der Gipsindustrie e. V. zu beachten, die unter www.gips.de zum kostenfreien Download angeboten werden.

DIN 18181 und DIN 18183-1

Hinweis

> Trockenbaukonstruktionen stellen **geregelte Bauarten** dar. Normen regeln die Ausführung und gelten auch in der Praxis als allgemein anerkannte Regeln der Technik. Auch die Verarbeitungsrichtlinien der Hersteller von Trockenbauprodukten benennen diese Regeln und decken sich mit ihnen, z. B. im Bereich von Anschlüssen an angrenzende Bauteile (Abb. 7.2 bis 7.4).

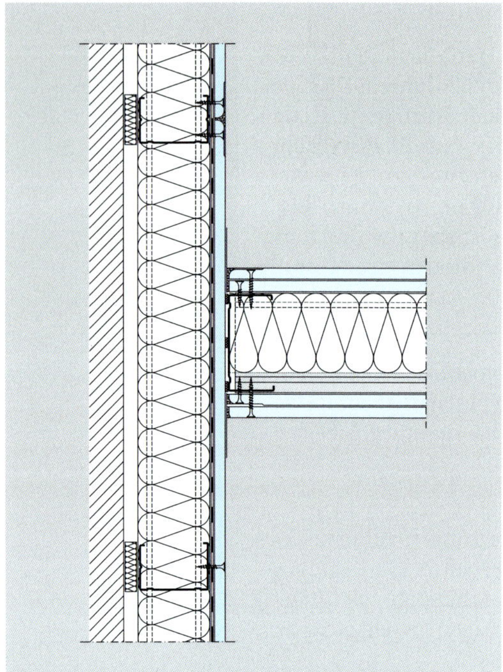

Abb. 7.2: Herstellerdetail zum Anschluss einer Trockenbauwand mit Metallunterkonstruktion an eine Vorsatzschale (Quelle: Knauf Gips KG, Iphofen)

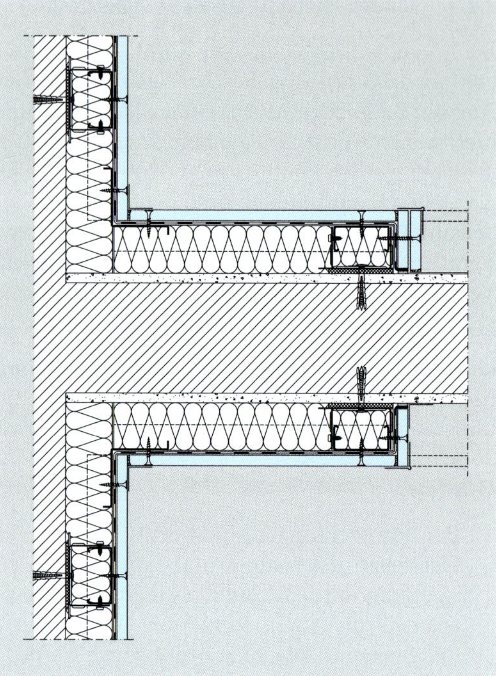

Abb. 7.3: Herstellerdetail zu einer einbindenden Massivwand und Vorsatzschale (Quelle: Knauf Gips KG, Iphofen)

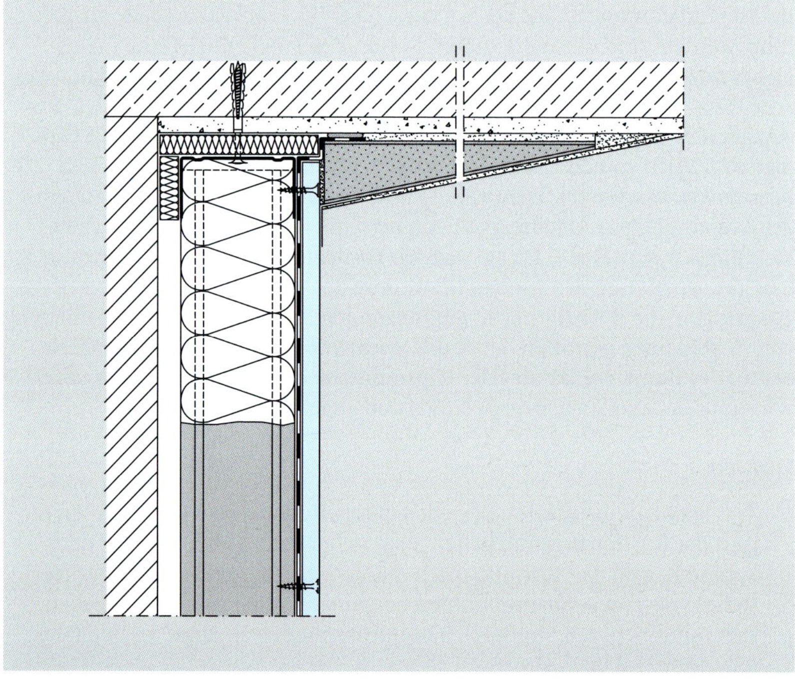

Abb. 7.4: Herstellerdetail zum Deckenanschluss einer Vorsatzschale (Quelle: Knauf Gips KG, Iphofen)

Konstruktion

Vorsatzschalen in Trockenbauweise mit einer **Metallunterkonstruktion** bestehen aus U- und C-Profilen, die nach DIN EN 14195 „Metallprofile für Unterkonstruktionen von Gipsplattensystemen – Begriffe, Anforderungen und Prüfverfahren“ (2020) bzw. DIN 18182-1 „Zubehör für die Verarbeitung von Gipsplatten – Teil 1: Profile aus Stahlblech“ (2015) hergestellt werden. In diese Unterkonstruktion wird der vorgesehene **Dämmstoff** eingebracht und dann die vorgesehene **Dampfbremse** bzw. -sperre aufgebracht. Die raumseitige **Bekleidung** erfolgt im Regelfall mit Gipskartonplatten oder Gipsfaserplatten, die oberflächenseitig in der geforderten Qualität verspachtelt werden. Aufgrund der trockenen Bauweise entfallen längere Trocknungszeiten, wodurch derartige Konstruktionen in aller Regel sehr schnell erstellt werden können.

Aufbau der Vorsatzschalen

Dampfbremse oder -sperre

Nach der Montage der gedämmten Konstruktionsebene erfolgt die Montage der Dampfbremse oder -sperre. Als Dampfbremse oder -sperre werden im Regelfall Folien mit den unterschiedlichsten s_d-Werten verarbeitet, die mit hierfür geeigneten Klebebändern oder/und Dichtungsmassen an die begrenzenden oder durchdringenden Bauteile angeschlossen werden.

Folien, Klebebänder, Dichtungsmassen

Auch die Dampfbremse oder -sperre stellt für sich betrachtet ein System dar. Die im Handel erhältlichen und von den Planern ausgeschriebenen Foliensysteme sind Komplettsysteme eines Herstellers, der im besten Fall auch sämtliche Zubehörprodukte zur Herstellung der dichten Folienebene liefert. Bei Vorsatzschalen in Trockenbauweise ist daher grundsätzlich zu beachten, dass 2 Systeme gleichzeitig erstellt werden: zum einen die **Vorsatzschale selbst** und zum anderen die **luftdichte Ebene**. Beide Systeme müssen gemäß den vertraglichen Vorgaben unter Beachtung der allgemein anerkannten Regeln der Technik ausgeführt werden.

2 Systeme gleichzeitig

Hinweis

> Auch bei der Herstellung der Dampfbremse oder -sperre ist dem Fachunternehmer dringend anzuraten, sich innerhalb des **Produktportfolios eines Herstellers** zu bewegen und für das Verkleben der Folien untereinander, für die Herstellung der Randanschlüsse und für die Abdichtung von unvermeidbaren Durchdringungen die entsprechenden Produkte dieses Herstellers einzusetzen.

Für die grundsätzliche Ausführung der Folienebene, die in aller Regel auch die luftdichte Schicht der Gebäudehülle darstellt, gilt DIN 4108-7 „Wärmeschutz und Energie-Einsparung in Gebäuden – Teil 7: Luftdichtheit von Gebäuden – Anforderungen, Planungs- und Ausführungsempfehlungen sowie -beispiele“ (2011) als allgemein anerkannte Regel der Technik. Ebenfalls diesen Status haben die Veröffentlichungen „Richtlinie Ausführung luftdichter Konstruktionen und Anschlüsse“ (SAF u. a., 2009) sowie „Gebäude-Luftdichtheit – Band 1“ (FLiB, 2012).

DIN 4108-7

Hinweis

Erst wenn die luftdichte Schicht fachgerecht ausgeführt und an alle begrenzenden Bauteile und Durchdringungen luftdicht angeschlossen ist, darf mit der Bekleidung der Unterkonstruktion begonnen werden. Sofern ein Nachweis der Luftdichtheit der Gebäudehülle geplant ist oder gefordert wird, ist jetzt der richtige Zeitpunkt dafür.

Bekleidung und Oberflächenqualität

Bekleidung

Die Ausführung der Bekleidung erfolgt bei Gipskartonplatten nach DIN 18181. Bei mehrlagigen Bekleidungen wird grundsätzlich auch die **erste Bekleidungslage verspachtelt** (das Schließen der Fugen reicht aus). Bei Querfugen ist ein **Versatz** der Platten von mindestens 400 mm einzuhalten.

Oberflächenqualität

Für die Qualität der fertigen Oberfläche der Bekleidung im Hinblick auf die Ebenheit sollte eine vertragliche Vereinbarung vorliegen. Für die Oberflächenqualität haben das Merkblatt Nr. 2 „Verspachtelung von Gipsplatten – Oberflächengüten Q1 bis Q4“ (IGG, 2017) und das Merkblatt Nr. 2.1 „Verspachtelung von Gipsfaserplatten – Oberflächengüten“ (IGG, 2017) den Status allgemein anerkannter Regeln der Technik erlangt (siehe auch Kapitel 6.1.4).

Beschichtungen

Die für die Herstellung der vereinbarten Qualität der Oberfläche notwendigen Arbeiten können unmittelbar nach der Bekleidung oder bereits begleitend mit der Bekleidung ausgeführt werden. Die vereinbarte Qualitätsstufe muss zu der im Weiteren geplanten Behandlung der sichtseitigen Oberfläche passen; die entsprechenden Hinweise der Merkblätter Nr. 2 und Nr. 2.1, welche Beschichtungen bei den jeweiligen Qualitätsstufen ausführbar sind, müssen berücksichtigt werden.

Konsollasten

Höchstlast

In DIN 18183-1 wird der Umgang mit Konsollasten, also später an der Vorsatzschale befestigten Lasten, geregelt. Konsollasten sind ohne weitere Verstärkungsmaßnahmen nur bis zu einem Wert von **0,4 KN/m** Wandlänge zulässig, sofern die Exzentrizität der Last (Lage der Last vor der Bekleidung) $\leq$ 0,30 m und der Hebelarm der resultierenden Horizontalkräfte $\geq$ 0,30 m ist. Höhere Lasten müssen nachgewiesen werden, im Zweifel mit einem statischen Nachweis.

Verstärkungen

Es ist daher bereits bei der Planung zu klären, inwieweit bei der späteren Nutzung Konsollasten vorgesehen sind. Der Fachunternehmer sollte bei der Herstellung von Innendämmungen als Vorsatzschalen in Trockenbauweise darauf hinweisen, dass Konsollasten später nur bis zu einem bestimmten Wert angebracht werden können. Sofern der normalerweise zulässige Wert für Konsollasten von 0,4 KN/m Wandlänge für die vorgesehene Nutzung nicht ausreichen sollte, sind in der Ebene der Unterkonstruktion spezielle Verstärkungen vorzusehen, die zu einer Erhöhung der zulässigen Konsollasten führen. Bei den Herstellern von Trockenbausystemen sind solche Verstärkungseinlagen, vorkonfektionierte Traversen oder Befestigungsschienen erhältlich.

Nur mit für diesen Zweck **zugelassenen** Verstärkungen lässt sich eine definierte und nachweisbare Erhöhung der Konsollasten erzielen. Der Einbau von zugeschnittenen Brettern oder dünnen Blechprofilen ist für die Erhöhung der Konsollasten nicht ausreichend und hat zudem durch unsachgemäße Befestigungen oft negative Auswirkungen auf die Unterkonstruktion.

Praxistipp

Der Einbau von Verstärkungen sollte zeitgleich mit dem Aufbau der Unterkonstruktion erfolgen, da so die einzubringenden Dämmstoffe deutlich besser angepasst und angearbeitet werden können. Auch bei Verstärkungen sollten Sie darauf achten, dass eine mögliche Systembindung des Einbauteils gegeben ist.

Perforationen der luftdichten Schicht

Die Perforationen der Dampfbremse oder -sperre durch die Befestigungselemente kann sich sehr problematisch auswirken, da hierdurch Öffnungen in der luftdichten Schicht entstehen. Diese Öffnungen können zu **Konvektionsströmen** der warmen Raumluft in den Bereich der Innendämmung oder dahinter führen, was unweigerlich die Gefahr eines Feuchteschadens mit sich bringt. Diese Gefahr ist vom Fachunternehmer zu bewerten: Je diffusionsdichter die eingebaute Innendämmung ist, umso stärker kann der schädliche Einfluss einer Perforation der luftdichten Schicht sein.

Praxistipp

Weisen Sie auf die Gefahr eines Feuchteschadens durch Perforationen der luftdichten Schicht in einer schriftlichen Erklärung oder aber in einer „Bedienungsanleitung" für die Innendämmung hin (siehe Kapitel 9.4).

Fazit

Bei Vorsatzschalen in Trockenbauweise sind die zulässigen Konsollasten gemäß DIN 18183-1 zu berücksichtigen. Die Befestigung von Lasten an Innendämmungen erfolgt in aller Regel erst, wenn der Fachunternehmer, der die Innendämmung ausgeführt hat, sich nicht mehr vor Ort befindet. Sofern die Konsollasten gemäß DIN 18183-1 nicht ausreichen, kann er jedoch bereits bei der Montage der Unterkonstruktion systemspezifische Verstärkungen an den geplanten Befestigungspunkten einbauen.

7.2.3 Geklebte, plattenförmige Innendämmungen

Bei einer plattenförmigen Innendämmung, die im Klebeverfahren am Untergrund befestigt wird, sind die Abhängigkeiten zwischen den einzelnen Arbeitsschritten und die Forderungen an die Qualität der Ausführung unabhängig vom Material immer gleich.

Trocknung der Baustoffe

Zwischen den einzelnen Arbeitsschritten sind die Zeitspannen zu berücksichtigen, die für die Trocknung der eingesetzten Baustoffe notwendig sind. Hierbei sind die Angaben der Hersteller zu beachten und die allgemein anerkannten Regeln der Technik einzuhalten.

Abb. 7.5: Richtiges Arbeiten beginnt mit dem richtigen Werkzeug. (Quelle: Xella International GmbH, Duisburg)

Abb. 7.6: Die Dämmplatten sind vollflächig zu kleben. (Quelle: Xella International GmbH, Duisburg)

Trockener Untergrund

Zunächst muss eine ggf. vorzusehende Vorbereitung oder Vorbehandlung des Untergrundes trocken sein. Ausgleichsputze, Spritzbewürfe, Aufbrennsperren und Grundierungen müssen vor der weiteren Bearbeitung materialgerecht trocknen. Erst dann darf mit dem Kleben der Dämmplatten begonnen werden.

Kleben der Dämmplatten

Schichtdicke und kapillare Ankopplung

Die für das Kleben im System vorgesehenen Kleber sind nach Herstellerangaben anzumischen und mit den ebenfalls in aller Regel vorgeschriebenen Werkzeugen zu verarbeiten (Abb. 7.5). Die Festlegung der Größe der Zahnkelle ist hierbei mit ein Garant dafür, dass der Kleber auch in der vorgeschriebenen Auftragsdicke verarbeitet wird. Der wesentlichste Aspekt bei dem Kleben der Dämmplatten ist neben der Schichtdicke des Klebers das vollflächige und hohlraumfreie Kleben der Dämmplatten auf den Untergrund, auch als kapillare Ankopplung bezeichnet (Abb. 7.6 und 7.7). Die kapillare Ankopplung soll bewirken, dass sich hinter der Dämmebene keine Luftnester befinden, da sonst in diesen Hohlräumen bei entsprechenden klimatischen Bedingungen und einer Wasserdampfdiffusion von innen nach außen oder bei undichten Anschlüssen auf der warmen Seite der Innendämmung kondensierende Feuchte entstehen kann.

Fazit

Das Kleben der Dämmplatten soll **vollflächig, hohlraumfrei** und in der **erforderlichen Schichtdicke** ausgeführt werden.

Abb. 7.7: Die Dämmplatte wird fest in das vollflächige Kleberbett eingedrückt. (Quelle: Technische Unterlagen und Hinweise; Calsitherm Silikatbaustoffe GmbH, Bad Lippspringe)

Abb. 7.8: Verlegung der Dämmplatten mit Fugenversatz (Quelle: Sto AG, Stühlingen)

Fugenversatz

Verteilung von Spannungen

Die Dämmplatten sind im Verband mit einem definierten Fugenversatz auf den Untergrund zu kleben (Abb. 7.8). Sofern vom Hersteller des Innendämmsystems hierzu keine Vorgaben in seinen Verarbeitungsrichtlinien enthalten sind, kann das Maß für den Fugenversatz sinngemäß aus dem Überbindemaß des Mauerwerksbaus mit mindestens **0,4 mal Plattenhöhe** übernommen werden. Dieser Fugenversatz dient der Verteilung von in der Fläche entstehenden Spannungen durch thermische oder hygrische Bean-

Abb. 7.9: Dübelung der Dämmplatten mit Tellerdübeln (Quelle: Xella International GmbH, Duisburg)

spruchung. In durchlaufenden Vertikalfugen entstehen ansonsten Spannungsspitzen, die leicht zu Rissbildungen in den Oberflächenbeschichtungen führen können. Beim Kleben ist darauf zu achten, dass in die Fugen der Dämmplatten kein Kleber eindringt; die Platten sind dicht an dicht zu stoßen.

Trocknung des Klebers und Dübelung

Trocknungszeiten

Nach der Montage der Dämmplatten sind wiederum Trocknungszeiten einzuhalten, die sich nach der Schichtdicke des Klebers richten und im Regelfall rund eine Woche betragen (ein Tag je Millimeter Schichtdicke). Die Empfehlungen des Herstellers des verwendeten Innendämmsystems sind zu beachten.

Dübelung

Ab bestimmten Ausführungshöhen kann nach dem Aushärten des Klebers eine Dübelung der Dämmplatten zur Verankerung im Untergrund erforderlich werden, die vom Hersteller des Innendämmsystems vorgeschrieben wird (Abb. 7.9). Die Angaben des Herstellers über Art und Umfang der Dübelung sind genau einzuhalten.

Putzschicht und Oberflächenqualität

Unterputz mit Bewehrungsgewebe

Bei der Weiterbehandlung der Dämmplatten sollten zunächst ggf. vorhandene leichte Versätze der Plattenfugen **plan geschliffen** werden (Abb. 7.10). Die Verarbeitung der auf den Dämmplatten in der Regel vorgesehenen Bewehrungsputze erfolgt nach DIN V 18550-2 „Planung, Zubereitung und Ausführung von Außen- und Innenputzen – Teil 2: Ergänzende Festlegungen zu DIN EN 13914-2:2016-09 für Innenputze“ (2018) bzw. den Angaben des Systemherstellers. Im ersten Arbeitsschritt ist ein Unterputz in der im System vorgeschriebenen Schichtdicke aufzubringen. In den Unterputz wird in der Regel ein Bewehrungsgewebe eingelegt und eingeputzt (Abb. 7.11, siehe auch Kapitel 7.4.2). Nach dem dann erforderlichen Trocknen des Unterputzes (ein Tag je Millimeter Schichtdicke) kann der Oberputz oder die sichtseitige Beschichtung aufgebracht werden.

Abb. 7.10: Schleifen der Dämmplatten (Quelle: Xella International GmbH, Duisburg)

Abb. 7.11: Einputzen eines Bewehrungsgewebes (Quelle: Sto AG, Stühlingen)

Oberflächenqualität

Für die Qualität der fertigen Oberfläche des Putzes im Hinblick auf die Ebenheit sollte eine vertragliche Vereinbarung vorliegen. Für die Oberflächenqualität hat das Merkblatt Nr. 3 „Putzoberflächen im Innenbereich" (IGB, 2021) den Status einer allgemein anerkannten Regel der Technik erlangt (siehe auch Kapitel 6.1.4).

Die vereinbarte Qualitätsstufe muss zu der im Weiteren geplanten Behandlung der sichtseitigen Oberfläche passen; die entsprechenden Hinweise des Merkblatts Nr. 3 müssen berücksichtigt werden.

Abb. 7.12: Herstellerspezifische Lösung für Konsollasten (Quelle: Xella International GmbH, Duisburg)

Abb. 7.13: Wärmedämmputzsysteme eignen sich für unebene und schwierige Untergründe, beispielsweise im Denkmalschutz. (Quelle: Saint-Gobain Weber GmbH, Düsseldorf; in: B+B [2012], 5, S. 65)

Konsollasten

Herstellerspezifische Obergrenzen

Bei geklebten, plattenförmigen Innendämmungen stehen für die Befestigung von Konsollasten spezielle Befestigungsmittel zur Verfügung, die vom Hersteller der Innendämmung entweder selbst geliefert oder aber zumindest benannt werden (Abb. 7.12). Auch bei geklebten, plattenförmigen Innendämmungen sind herstellerspezifische Obergrenzen für Konsollasten zu beachten, die mit den **Materialeigenschaften** der Dämmplatten in Zusammenhang stehen.

Öffnungen in der luftdichten Schicht

Sofern die verputzte Seite der Dämmplatten die luftdichte Schicht der Gebäudehülle darstellt, kann es im Bereich von Durchdringungen zu Konvektionsströmen der warmen Raumluft in den Bereich der Innendämmung oder dahinter kommen, da durch die Perforation mit den Befestigungsmitteln Öffnungen in der luftdichten Schicht entstehen. Die Gefahr eines Feuchteschadens ist damit gegeben. Der Fachunternehmer muss diese Gefahr bewerten: Je diffusionsdichter die eingebaute Innendämmung ist, umso stärker kann der schädliche Einfluss einer Perforation der luftdichten Schicht sein.

Praxistipp

Auf die Gefahr eines Feuchteschadens durch Perforationen der luftdichten Schicht beim Anbringen von Befestigungsmitteln sollten Sie in einer schriftlichen Erklärung oder in einer „Bedienungsanleitung" für die Innendämmung hinweisen (siehe Kapitel 9.4).

7.2.4 Wärmedämmputze

Für die Verarbeitung von Wärmedämmputzen sind grundsätzliche Festlegungen in **ATV DIN 18350** sowie in **DIN V 18550** enthalten.

Hinweis

> Obwohl die Regeln in ATV DIN 18350 und in DIN V 18550 ursprünglich für an der Außenseite des Bauteils aufzubringende Wärmedämmputze eingeführt wurden, können sie sinngemäß auch auf innen angebrachte Wärmedämmputze übertragen werden.

Mehrlagige Verarbeitung

Innendämmungen als Wärmedämmputze können heute aus unterschiedlichen Materialien ausgeführt werden. Neben den rein mineralischen Putzen stehen auch Putze auf Zellulosebasis und Lehmputze zur Verfügung. Wärmedämmputze werden in der Regel in größeren Schichtdicken ausgeführt (bis zu 10 cm und in Einzelfällen auch darüber) und dabei mehrlagig verarbeitet (Abb. 7.13). Die Anforderungen an ggf. erforderliche Vorbehandlungen des Untergrundes je nach dessen Saugfähigkeit entsprechen denen bei geklebten, plattenförmigen Innendämmungen (siehe Kapitel 7.1.2).

Einbau eines Bewehrungsgewebes

Die Schichtdicke eines einlagigen Auftrages soll auf 40 mm begrenzt werden. Bei einem mehrlagigen Auftrag sind Trocknungszeiten zu berücksichtigen. Da sich die auf dem Markt angebotenen Wärmedämmputze materialspezifisch deutlich unterscheiden, sind bei der Verarbeitung unbedingt die Vorgaben des Herstellers einzuhalten. Insbesondere der Einbau eines Bewehrungsgewebes ist exakt nach Herstellervorgabe vorzunehmen. Bei einem dünnen, einlagigen Oberputz ist das Bewehrungsgewebe in der oberen Lage des Unterputzes einzulegen, bei einem mehrlagigen Oberputz eher in der unteren Lage des Oberputzes.

7.3 Grundsätzliche und systemspezifische Risiken bei der Ausführung

Risiken

Grundsätzliche und systemspezifische Risiken können zu Ausführungsfehlern führen und diese wiederum zu Mängeln oder Schäden. Jeder Fachunternehmer, der Innendämmungen ausführt, muss sich dieser Risiken bewusst sein und sie jeweils objektbezogen bewerten. In der Praxis wird es häufig nicht möglich sein, alle Risiken auszuschließen bzw. so umfassend zu bewerten, wie es die allgemein anerkannten Regeln der Technik erfordern. Die „hohe Kunst“ des Fachunternehmers besteht letztlich darin, in einer Abwägung der jeweils ermittelten Risiken zu entscheiden, mit welchen Risiken er leben kann und mit welchen eben nicht.

Hinweis

> Ein Drängen auf die Einhaltung der allgemein anerkannten Regeln der Technik wird nicht immer geschätzt. Nicht jedem Bauherrn sind die ggf. notwendigen Maßnahmen bekannt, die mit der Ausführung einer Innendämmung zusammenhängen. Wenn er einem von ihm beauftragten Planer vertraut, der eine eher rudimentäre Planung der Innendämmung vorgenommen hat, wird es für den Fachunternehmer oft schwierig, sich zu positionieren (siehe hierzu auch Kapitel 5.2.2).

7.3.1 Grundsätzliche Risiken bei der Ausführung

Grundsätzliche Risiken bei der Ausführung bestehen, wenn

- eine Schlagregensicherheit von außen nicht gegeben oder nicht sicher zu bewerten ist,
- eine zu hohe Feuchte im zu dämmenden Bauteil vorliegt,
- Fehler im Untergrund nicht berücksichtigt werden,
- die Systemtreue bei der vertraglichen Vereinbarung eines Innendämmsystems verletzt wird,
- die Montage fehlerhaft vorgenommen wird,
- Wärmebrücken nicht oder nicht ausreichend berücksichtigt werden,
- keine hygrothermische Simulationsberechnung vorhanden ist,
- eine falsche Systemauswahl getroffen wird (Anforderungen passen nicht zum gewählten System),
- die Weiterbehandlung auf der Innenseite fehlerhaft vorgenommen wird (Einsatz von nicht zum System passenden Baustoffen).

Hinweis

> Die Aufzählung der grundsätzlichen Risiken ist selbstverständlich nicht abschließend. Risiken auszuschließen, bedeutet in letzter Konsequenz immer, die gesamten in den vorherigen Kapiteln geschilderten Sachverhalte anhand der speziellen Baumaßnahme zu erfassen und für die gewählte Innendämmung zu bewerten.

Fehler im Untergrund

Das Risiko „Fehler im Untergrund" soll nochmals gesondert herausgestellt werden, da dieses insbesondere bei den geklebten, plattenförmigen Innendämmungen eine wichtige Rolle spielt. Derartige Systeme erfordern einen intakten, den allgemein anerkannten Regeln der Technik entsprechenden Untergrund, was vom Fachunternehmer vor der Montage zu prüfen ist (siehe Kapitel 7.1.1). **Risse** im Untergrund, die sich in aller Regel auch im Innenputz abbilden, müssen bewertet und hinsichtlich negativer Auswirkungen auf die Innendämmung behandelt werden.

Beispiel

> Es ist bei der Bestandserfassung sehr genau darauf zu achten, ob **konstruktiv bedingte** Risse im Innenputz bzw. im Untergrund vorliegen, und dann zu entscheiden, wie mit diesen Rissen umzugehen ist. Es kann z. B. nach der Entfernung des alten Innenputzes ein neuer Ausgleichsputz mit einem vollflächigen Putzträger erforderlich werden, der eine größtmögliche Sicherheit für die Entkopplung der neuen Innendämmung von den konstruktiven Einflüssen des Untergrundes gewährleistet.

Risse im Mauerwerk

Unabhängig davon, ob ein vorhandener Innenputz für die Montage einer Innendämmung entfernt wird oder nicht, werden sich Risse im Mauerwerk mit konstruktiven Ursachen, die z. B. auf ein fehlendes Überbindemaß der Mauersteine zurückzuführen sind, auch nach der Montage der Innendämmung in irgendeiner Form bemerkbar machen und können zu Rissbildungen in der neuen Innendämmung führen (Abb. 7.14).

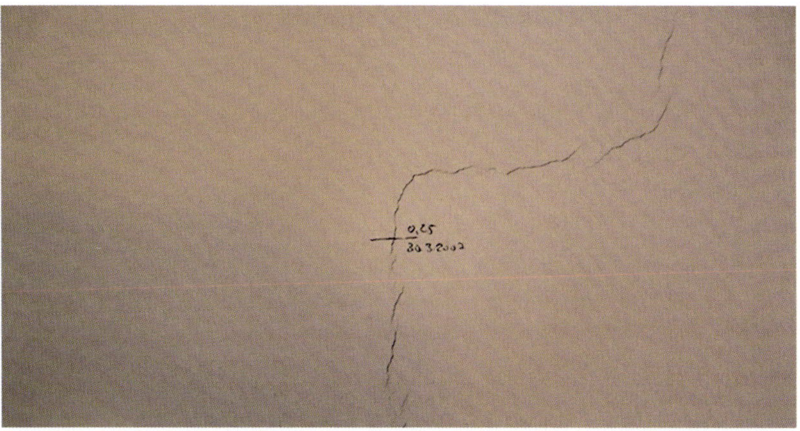

Abb. 7.14: Treppenförmige Rissbildungen können aus Fehlern im Untergrund entstehen.

7.3.2 Systemspezifische Risiken bei der Ausführung

7.3.2.1 Innendämmungen als Vorsatzschalen in Trockenbauweise

Abkühlen der Metallprofile

Zur Abkopplung vom Untergrund ist es sicherlich günstig, wenn eine Metallunterkonstruktion mit einem geringen Abstand vor dem Untergrund montiert wird. Zwischen den Ständerprofilen und dem Untergrund empfiehlt sich dann die Montage eines zusätzlichen **Dämmstreifens**. Eine direkte Montage der Profile am Untergrund oder gar eine mechanische Befestigung der Profile am Untergrund birgt die Gefahr von Wärmebrücken, die zu einem Abkühlen der einzelnen Metallprofile führen. Dies kann nach einiger Zeit kondensierende Feuchte auf der Sichtseite der Vorsatzschale im Bereich der Profile zur Folge haben, sodass sich die Profile dunkel abzeichnen können.

Ungedämmte Randbereiche

Die Montage des **Dämmstoffs** in der Ebene der Unterkonstruktion ist selbstverständlich **vollflächig** und **dicht** vorzunehmen. Zu schmale Zuschnitte der Dämmplatten können dazu führen, dass sich die Dämmplatten nicht gut genug in der Unterkonstruktion verklemmen und ungedämmte Randbereiche entstehen. Auch diese ungedämmten Randbereiche, die Wärmebrücken darstellen, kühlen ab, sodass ebenfalls eine Abzeichnung dieser Bereiche durch kondensierende Feuchte möglich ist.

Die Verarbeitung der **Bekleidung** ist nach den allgemein anerkannten Regeln der Technik vorzunehmen, bei Gipskartonplatten nach DIN 18181 (siehe Kapitel 7.2.2). Der erforderliche Versatz der **Querfugen** von mindestens 400 mm ist zu beachten; die Verwendung von schmaleren Reststücken in der unteren Bekleidungslage ist nicht zulässig. Plattenstöße in der Verlängerung von Fensteröffnungen sind auszuschließen.

Schallschutzanforderungen

Sind in den Vertragsunterlagen Innendämmsysteme als Komplettlösung eines Herstellers vereinbart, sind diese insbesondere bei definierten Schallschutzanforderungen genau nach den Herstellerangaben umzusetzen. Es stellt ein hohes Risiko für den Fachunternehmer dar, von solchen Vorgaben abzuweichen, da Vorsatzschalen in Trockenbauweise die Schallschutzeigenschaften des vorhandenen Bauteils verändern (siehe Kapitel 1.3.1).

Abb. 7.15: Einschwimmen der Dämmplatten (Quelle: Xella International GmbH, Duisburg)

Komplettsysteme

Risiken bei der Montage einer **Dampfbremse** oder -sperre bei Vorsatzschalen in Trockenbauweise bestehen neben möglichen Verarbeitungsfehlern auch aufgrund der Tatsache, dass nicht alle Hersteller von Trockenbausystemen die für die Montage der Dampfbremse oder -sperre notwendigen Folien, Klebebänder und Dichtungsstoffe liefern. Aus Gründen der Gewährleistung sollte der Fachunternehmer darauf achten, dass für die Herstellung von Dampfbremsen oder -sperren ebenfalls Komplettsysteme eines Herstellers verwendet werden.

7.3.2.2 Geklebte, plattenförmige Innendämmungen

Die bei der Montage regelmäßig vorhandenen Risiken betreffen vorrangig die **Kleberebene**:

- Ein Risiko besteht darin, dass eine erforderliche **Vorbehandlung des Untergrundes** nicht erkannt oder nicht ausgeführt wird. Ein verbleibender Innenputz wird je nach Material mit einer solchen Vorbehandlung zu versehen sein. Auch im Fall der Entfernung des Innenputzes kann eine Vorbehandlung des dann vorhandenen Untergrundes erforderlich sein.
- Ein weiteres Risiko besteht in der fehlerhaften **Verarbeitung des Klebers** selbst. Der Hersteller schreibt eine bestimmte Schichtdicke des Klebers und zumeist auch den Einsatz von bestimmten Werkzeugen (Zahnkellen) zur Herstellung der erforderlichen Schichtdicke vor. Der Reiz, durch dünnere Kleberschichten Material einzusparen, ist in der Praxis sehr groß, stellt aber ein hohes Risiko für den Fachunternehmer dar.
- Schließlich besteht ein Risiko darin, dass das erforderliche **Einschwimmen der Dämmplatten**, das von den meisten Herstellern in ihren Verarbeitungsrichtlinien beschrieben wird, unterbleibt. Durch diesen Montageschritt wird gewährleistet, dass der Haftverbund zwischen Kleber und Untergrund vollflächig und bestmöglich erreicht wird (Abb. 7.15). Ein

Abb. 7.16: Innendämmung mit luftdichter Putzlage (Quelle: Xella International GmbH, Duisburg)

bloßes Ansetzen der Dämmplatten auf dem Untergrund führt zu deutlich schlechteren Ergebnissen und zu einer verringerten Haftung der Dämmplatten auf dem Untergrund.

Falsches Überbindemaß

Das Risiko einer fehlerhaften Verarbeitung der Dämmplatten besteht vor allem in einem falschen Überbindemaß. Das Überbindemaß wird von den Herstellern von Innendämmsystemen angegeben. Die Nichteinhaltung des Überbindemaßes führt zu einer erhöhten Neigung zu **Rissen** der Oberflächenbeschichtung. Es können abgetreppte Risse auf der Raumseite entstehen, die das Verlegemuster der Dämmplatten quasi nachzeichnen.

Unterlassen der Dübelung

Ebenfalls riskant ist das Unterlassen einer vom Hersteller vorgeschriebenen Dübelung ab einer bestimmten Ausführungshöhe. Wenn es jemandem auffällt, entstehen dadurch sofort **Gewährleistungsansprüche**. Außerdem kann das Unterlassen der Dübelung eine große Schadensanfälligkeit der Innendämmung an sich und Rissbildungen zur Folge haben.

Fehlerhafte luftdichte Schicht

Das nächste Risiko besteht in einer fehlerhaften Bewertung oder in einer fehlerhaften Ausführung der luftdichten Gebäudehülle. Wenn die Oberfläche der Innendämmung die luftdichte Schicht darstellt, ist darauf zu achten, diese Schicht auch nach den allgemein anerkannten Regeln der Technik auszuführen. Nach DIN 4108-7 ist es bei Mauerwerk zur Erzielung der Luftdichtheit ausreichend, eine Putzlage aufzubringen (Abb. 7.16). Was in diesem Zusammenhang als Putzlage gilt, ist jedoch im Einzelfall zu prüfen, denn in der Verarbeitungsnorm für Putz- und Putzsysteme DIN V 18550 werden im Geltungsbereich sog. **Glätt**- oder **Spachtelbeschichtungen** ausgeschlossen. Da auf dem Markt einige Innendämmsysteme angeboten werden, die auch mit Spachtel- oder Glättbeschichtungen ausgeführt werden können, ist jeweils mit dem Hersteller zu klären, ob hiermit die Anforderungen an die Luftdichtheit erreicht werden.

Abb. 7.17: Aufbau einer Innendämmung mit Vakuum-Isolationspaneelen (Quelle: Variotec GmbH & Co. KG, Neumarkt/OPf.)

Dämmstoffe mit speziellem Verwendungszweck

Es muss weiterhin bedacht werden, dass bestimmte plattenförmige Dämmstoffe aufgrund ihrer bauphysikalischen Eigenschaften quasi **keine Fehlertoleranz** aufweisen, z. B. Sandwichelemente mit mehreren Funktionsschichten. Innendämmsysteme mit solchen Dämmstoffen sind sehr speziell auf ihren Verwendungszweck ausgelegt und bedürfen einer sehr sorgfältigen Planung und Montage. Für die Ausführung dieser Innendämmsysteme sollte seitens der Planung ausreichend Zeit bemessen werden. Außerdem sollte Klarheit darüber bestehen, dass zum fachgerechten Einbau dieser Innendämmsysteme Fachpersonal eingesetzt werden muss, das dann auch entsprechend zu entlohnen ist.

Beispiele

> Auch Schaumglasplatten und Vakuum-Isolationspaneele (VIP) sind Beispiele für solche empfindlichen Dämmstoffe. Schaumglasplatten kommen sehr häufig bei zu dämmenden Betonkonstruktionen oder in feuchtetechnisch hoch beanspruchten Innenräumen (z. B. Schwimmbädern) zum Einsatz. Vakuum-Isolationspaneele besitzen aufgrund ihrer außerordentlich guten Dämmwirkung eine nur geringe Schichtdicke und können dazu beitragen, den durch die Innendämmung entstehenden Raumverlust einzugrenzen (Abb. 7.17).

Fazit

> Je spezieller ein geklebtes, plattenförmiges Innendämmsystem hinsichtlich seiner Systemeigenschaften ist, umso sorgfältiger muss darauf geachtet werden, sämtliche erforderlichen Randbedingungen sowie die Verarbeitungsrichtlinien des Herstellers einzuhalten.

7.3.2.3 Wärmedämmputze

Risiken beim Einsatz von Wärmedämmputzen bestehen

- in der fehlerhaften Anmischung der Putze,
- in dem falschen Geräteeinsatz und
- in der Nichteinhaltung des vorgeschriebenen Aufbaus bzw. der vorgeschriebenen einzelnen Schichtdicken.

Systemlösungen

Wärmedämmputze stellen fast immer herstellerspezifische Systemlösungen dar, die sowohl nach den Bestimmungen in DIN V 18550 als auch nach den jeweiligen Verarbeitungsrichtlinien des Herstellers auszuführen sind.

Raumluftbedingungen

Auch bei Wärmedämmputzen muss grundsätzlich die Notwendigkeit einer Vorbehandlung des Untergrundes überprüft werden. Je nach Bindemittel der Putze sind die erforderlichen Raumluftbedingungen zu gewährleisten, z. B. bei Wärmedämmputzen auf Zellulosebasis.

7.4 Fachgerechte Bearbeitung der Innenraumseite

Bearbeitung der Innenraumseite

Grundsätzlich muss die Bearbeitung der Innenraumseite, die in aller Regel noch nicht die sichtseitige Oberfläche darstellt, zum gewählten System passen. Die bauphysikalischen Eigenschaften der raumseitigen Beschichtung sollten denen der Dämmplatten im Wesentlichen entsprechen.

7.4.1 Innendämmungen als Vorsatzschalen in Trockenbauweise

Spachtelung

Bei Vorsatzschalen in Trockenbauweise beschränkt sich die Bearbeitung der Innenraumseite auf die Spachtelung der Bekleidung. Die Spachtelung muss gemäß der vertraglichen Vereinbarung hinsichtlich der Qualitätsstufen Q1 bis Q4 hergestellt werden. Außerdem muss die vertraglich vereinbarte Ebenheit vorhanden sein.

Unebenheiten

Die Anforderungen an die Ebenheit müssen bereits bei der Montage der Bekleidung beachtet werden. **Durch Spachtelschichten können zu große Unebenheiten in der Bekleidung nicht ausgeglichen werden.** Die Ausführungen des Merkblatts Nr. 2 „Verspachtelung von Gipsplatten – Oberflächengüten Q1 bis Q4“ (IGG, 2017) für Gipskartonplatten bzw. des Merkblatts Nr. 2.1 „Verspachtelung von Gipsfaserplatten – Oberflächengüten“ (IGG, 2017) für Gipsfaserplatten sind zu beachten.

Die mithilfe der Spachtelung hergestellte Schicht dient als **Untergrund** für die letztlich **sichtbare Schicht**, also entweder für einen Farbauftrag oder für eine Tapete.

7.4.2 Geklebte, plattenförmige Innendämmungen

Grundierungen

Bei geklebten, plattenförmigen Innendämmungen ist es in der Regel erforderlich, herstellerspezifische Grundierungen auf die Dämmplatten aufzubringen. Bevor die Grundierungen aufgetragen werden, ist die Oberfläche der Dämmplatten auf etwaige Unregelmäßigkeiten in den Plattenstößen zu kontrollieren und vorhandene Unregelmäßigkeiten sind beizuschleifen.

Glätt-, Spachtel- oder Putzschicht

Auf die grundierte Oberfläche wird eine Glatt-, Spachtel- oder Putzschicht ein- oder mehrlagig aufgebracht. Die für diese Schicht zu verwendenden

Abb. 7.18: Oberflächenspachtelung auf einer Innendämmung (Quelle: Xella International GmbH, Duisburg)

Produkte sind Bestandteil des Innendämmsystems und vom Hersteller des Systems zu beziehen. **Glätt-** oder **Spachtelschichten** werden zumeist in Schichtdicken von bis zu 3 mm einlagig aufgebracht und an der Oberfläche strukturiert oder geglättet (Abb. 7.18). In dünnen Glätt- oder Spachtelschichten werden normalerweise keine Bewehrungsgewebe verarbeitet, weshalb bei diesen Schichten größtes Augenmerk auf eine fachgerechte Ausbildung der **Stöße der Dämmplatten** zu richten ist. Die weitere mögliche sichtseitige Schicht richtet sich nach den Vorgaben des Herstellers.

Bei einer **Putzschicht** wird es im Regelfall erforderlich sein, ein Bewehrungsgewebe vorzusehen (Abb. 7.19). In den Verarbeitungsrichtlinien der Hersteller werden diese Gewebe dargestellt und beschrieben, wo genau sie einzubauen sind. Auch das Bewehrungsgewebe ist Bestandteil eines Innendämmsystems.

Hinweis

> Im Stuckateur-Handwerk hat sich die Regel „eingebürgert", dass die zum flächigen Verteilen von Material- bzw. Bauteilspannungen dienenden Bewehrungsgewebe im oberen Drittel des Unterputzes vorgesehen werden sollen. In diesem Bereich sind die Spannungen in der Bauteilschicht größer als direkt auf dem Untergrund und nur hier kann ein Bewehrungsgewebe seinen Zweck auch optimal erfüllen.

Zweischichtiger Unterputz

Es empfiehlt sich, den Unterputz zweischichtig nass in nass aufzubringen: Die erste Schicht wird in der Dicke von etwa zwei Dritteln der Gesamtschichtdicke aufgetragen, auf die noch feuchte Putzoberfläche wird das **Bewehrungsgewebe** aufgelegt (Abb. 7.20) und mit dem letzten Drittel der Gesamtschichtdicke wird das Bewehrungsgewebe eingeputzt. Ein nur auf dem Untergrund, also den Dämmplatten, aufgelegtes und dann eingeputztes Gewebe stellt ein mögliches Risiko für Spannungsrisse in der Oberfläche des Putzes dar.

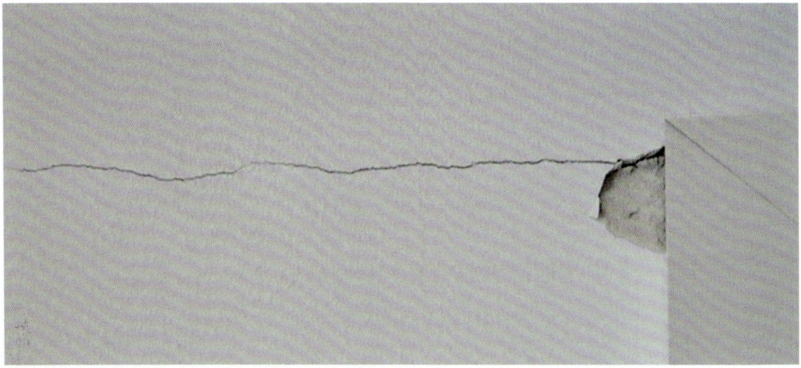

Abb. 7.19: Rissbildung in der Querfuge – Putz ohne Bewehrungsgewebe

Abb. 7.20: Bewehrungsgewebe auf dem Unterputz (Quelle: Sto AG, Stühlingen)

7.4.3 Berücksichtigung der Erhärtungsmechanismen von Putzen

Für die fachgerechte Bearbeitung der Innenraumseite sind die unterschiedlichen Erhärtungsmechanismen bei Gips-, Kalk-, Zement- und Lehmputzen zu beachten.

Einbinden des Wassers

Gipsputze erhärten durch Einbinden des Anmachwassers in das Kristallgefüge; überschüssiges Wasser wird über die Oberfläche an die Raumluft abgegeben. Daher ist nach der Verarbeitung von Gipsputzen für eine ausreichende Durchlüftung Sorge zu tragen, damit die Raumluftfeuchte nicht extrem ansteigt. Häufigeres Stoßlüften ist hierbei zu bevorzugen.

Karbonatisierung

Kalkputze erhärten durch Karbonatisierung, d. h., aus dem angerührten und aufgebrachten Kalkputz bildet sich in Reaktion mit dem in der Raumluft vorhandenen Kohlendioxid wieder Kalkstein. Dieser Prozess beginnt an der Oberfläche der Putzschicht und endet an der Hinterfläche. Kalkputze können daher noch nicht ganz durchgehärtet sein, auch wenn sie an der Ober-

Abb. 7.21: Lehmputz mit Bewehrungsgewebe (Quelle: Xella International GmbH, Duisburg)

fläche bereits trocken und erhärtet wirken. Deshalb sind besonders bei der Verwendung von Kalkputzen die Trocknungszeiten von mindestens einem Tag je Millimeter Schichtdicke unbedingt einzuhalten und am besten noch etwas zu verlängern. Auch bei Kalkputzen muss für eine ausreichende Durchlüftung gesorgt werden, damit genug kohlendioxidhaltige Frischluft für den Trocknungsprozess zur Verfügung steht.

Hydraulische Erhärtung

Zementputze dagegen erhärten hydraulisch, was dem Grunde nach auch ohne zusätzliche Luftzufuhr und sogar unter Wasser funktioniert. Ab dem Zeitpunkt der Zugabe des Anmachwassers werden im Zementputz chemische Prozesse in Gang gesetzt, die ausschließlich im Putz selbst ablaufen und die Bildung von neuen chemischen Verbindungen zur Folge haben. Zementputze erreichen in der Praxis deutlich höhere Festigkeiten als Gips- oder Kalkputze. Sie sind daher starrer und weniger flexibel und können nur auf entsprechend steifen und festen Untergründen verwendet werden. In den bei geklebten, plattenförmigen Innendämmungen eingesetzten Putzen ist Zement nur in geringen Mengen enthalten, da diese Putze zur Vermeidung von Rissen eine gewisse Flexibilität aufweisen müssen.

Abgeben des Wassers

Lehmputze erhärten, indem sie das Anmachwasser an die Raumluft abgeben. Auch bei Lehmputzen ist also für eine angemessene Durchlüftung zu sorgen. Der Erhärtungsvorgang bei Lehmputzen ist allerdings reversibel, d. h., durch Wasserzugabe wird der Lehm wieder plastisch. Diese Besonderheit des Materials ist zu beachten. In der Praxis funktioniert dies zurzeit recht gut, da Lehmputze oder -beschichtungen nur von Firmen angeboten und ausgeführt werden, die auch über die notwendigen Fachkenntnisse verfügen (Abb. 7.21). Das Interesse der Bauherren an Lehm als natürlichem Baustoff ist in den letzten Jahren stetig gestiegen.

Hinweis

Je größer die Schichtdicken der auf den Dämmplatten aufgebrachten Putze werden, umso mehr ist den speziellen Materialeigenschaften der eingesetzten Baustoffe Rechnung zu tragen.

7.5 Behandlung der Oberfläche

Oberflächenbehandlung

Den letzten Arbeitsschritt der Ausführung stellt die Herstellung der vertraglich geschuldeten Oberfläche dar. Für die Ausführung der Behandlung der Oberfläche gibt es mehrere Möglichkeiten, von denen sicherlich die einfachste diejenige ist, bei der auch die sichtseitige Oberfläche von dem Fachunternehmer der Innendämmung ausgeführt wird. Eine solche Komplettlösung aus einer Hand empfiehlt sich immer dann, wenn die vorgesehene Innendämmung auch als Komplettlösung, also als Innendämmsystem einschließlich der zugehörigen Farben oder anderen Beschichtungen, von einem Hersteller vereinbart ist. Auch aus **Gewährleistungsaspekten** ist dies für den Bauherrn die sinnvollste Lösung (siehe Kapitel 6.1.1).

Feuchte in der Innendämmung durch Estricheinbau

Da Innendämmungen in aller Regel vollflächig auf der Innenseite von Außenwänden angebracht werden, erfolgt der Einbau eines Estrichs häufig erst nach der Ausführung der Innendämmung. Sofern es sich um einen konventionellen **Nassestrich** handelt, wird durch den Einbau des Estrichs eine nicht unerhebliche Menge an Feuchte in das Bauwerk eingebracht. Um Schwindrisse zu verhindern, darf der Estrich nicht zu schnell trocknen, sodass sich diese Feuchte auch in der Innendämmung quasi „einnisten" kann (nicht bei diffusionsdichten Innendämmsystemen). Dies ist bei der Behandlung der Oberfläche der Innendämmung unbedingt zu berücksichtigen. Nach der gewerkespezifischen Trocknung des Estrichs ist daher der Feuchtegehalt der Innendämmung zu überprüfen und unter Umständen ein **weiteres Zeitfenster** für die vollständige **Trocknung** der Innendämmung vorzusehen, bevor mit der Beschichtung begonnen werden kann.

7.5.1 Abgrenzung der Leistungsinhalte und abgestimmte Ausführung

Abgrenzung der Leistungsinhalte

Die Behandlung der Oberfläche wird in der Praxis jedoch häufig von einem Malerbetrieb ausgeführt. Wenn dies der Fall ist, muss eine eindeutige Abgrenzung der Leistungsinhalte sowie eine aufeinander abgestimmte Ausführung der einzelnen Leistungen vorgenommen werden. Für eine exakte Abgrenzung der Leistungsinhalte ist natürlich eine **Definition** des geforderten Endzustands der Beschichtung im Hinblick auf das optische **Erscheinungsbild** und auf den Grad der **Ebenheit** erforderlich. Auf dieser Basis kann dann entschieden werden, welcher Leistungsumfang im Rahmen der sichtseitigen Beschichtung ausgeführt werden soll, und im Umkehrschluss festgelegt werden, wie die von der Innendämmung herzustellende Vorleistung hierfür beschaffen sein muss.

Beispiele

Bei Vorsatzschalen in Trockenbauweise kann bei einer entsprechenden Anforderung entschieden werden, dass die Vorleistung des Fachunternehmers für die Innendämmung in der Qualität Q3 mit erhöhten Anforderungen an die Ebenheit ausgeführt werden soll, um im Rahmen der sichtseitigen Beschichtung die Oberfläche seitens des Malerbetriebs auf Q4 zu „veredeln" und mit einem Farbanstrich zu versehen.

Ebenfalls erforderlich ist die Abgrenzung der jeweils zu erbringenden Leistungen im Bereich von Anschlussfugen. Sofern in diesem Bereich elastische Dichtstoffe eingesetzt werden sollen, muss klar sein, wer die Anschlussfugen auszuführen hat und inwiefern eine Überstreichbarkeit im Rahmen der Beschichtung gewährleistet ist.

Abb. 7.22: Farbbeschichtungen müssen bauphysikalisch zur Innendämmung passen. (Quelle: Xella International GmbH, Duisburg)

Fazit

Grundsätzlich sollte in einem Fall der Gewerketrennung den beteiligten Unternehmern klar sein, wer genau was zu leisten hat.

Abgestimmte Ausführung

Jede Innendämmung, ob nachweisfreie Maßnahme oder aber energetisch hochwertige Systemlösung, besitzt spezifische **bauphysikalische Eigenschaften**, die auch nach dem Aufbringen der sichtseitigen Beschichtung gegeben sein müssen (Abb. 7.22). Das Aufbringen eines diffusionsdichten Anstriches auf eine kapillaraktive Innendämmung ist ein Beispiel dafür, was in der Praxis im schlimmsten Fall passieren kann.

Rücktrocknung

Die sichtseitige Beschichtung ist die Bauteilschicht der Innendämmung, die direkt mit der Raumluft in Verbindung steht; eine Wechselwirkung ist somit nicht zu vermeiden. Da sich im Regelfall hinter der Beschichtung feuchtespeichernde Baustoffe befinden, außer bei diffusionsdichten Innendämmsystemen, sollte der Diffusion von Wasserdampf aus der Raumluft in Richtung der Innendämmung sowie einer möglichen Rücktrocknung von dort gespeicherter Feuchte in Raumrichtung kein oder ein nur sehr geringer Widerstand entgegengesetzt werden.

Hinweis

Zu große s_d-Werte der auf einer Innendämmung aufgetragenen Farbschicht behindern die Wirkungsweise von kapillaraktiven Innendämmungen oder Vorsatzschalen in Trockenbauweise (auch eine Bekleidung aus Gipskarton- oder Gipsfaserplatten speichert Feuchte) und die mögliche Rücktrocknung dort gespeicherter Feuchte in Raumrichtung.

Abb. 7.23: Feinputz zur Verbesserung der Oberfläche oder Ebenheit (Quelle: Xella International GmbH, Duisburg)

7.5.2 Qualität der Oberfläche

Vertraglicher Soll-Zustand

Die in der Praxis leider immer wieder auftretenden Diskussionen zwischen vorleistendem und beschichtendem Unternehmer hinsichtlich der Qualität des geschaffenen Untergrundes sollten durch eindeutige Festlegungen minimiert werden. Dazu ist es entscheidend, dass die **Schnittstelle zum nachfolgenden Gewerk** erschöpfend untersucht wurde und somit die erforderlichen einzelnen Schritte zur Herstellung der Oberfläche klar zwischen den beteiligten Parteien vereinbart sind (siehe auch Kapitel 6.1.4). Nur wenn der vertragliche Soll-Zustand bezüglich der Oberfläche eindeutig definiert ist, kann er auch auf der Baustelle mit den zugehörigen Arbeitsschritten umgesetzt werden.

Die häufigsten Beanstandungen in der Praxis, die im Zweifel zur Einschaltung eines Sachverständigen führen können, betreffen unterschiedliche Auffassungen über die Qualität der Oberfläche. Die in DIN 18202 aufgeführten Ebenheitstoleranzen können z. B. bereits zu groß sein, um mit einem dünnlagigen Innendämmsystem beim direkten Kleben eine annähernd streiflichtfreie Oberfläche zu erzielen, und es kann hierzu ein zusätzlicher Ausgleichsputz erforderlich werden.

Hinweis

> Die Herstellung der Qualität der Oberfläche beginnt bereits beim Untergrund und der Fachunternehmer tut gut daran, die jeweiligen Abhängigkeiten und die erforderlichen Arbeitsschritte genau zu ermitteln. Diese Arbeitsschritte können zusätzliche Maßnahmen zur Herstellung eines ebenflächigen Untergrundes sein (Abb. 7.23) oder auch zusätzliche Glättschichten an der Innenraumseite.

7.5.3 Farbbeschichtungen

Schichtenaufbau

Auch eine Farbbeschichtung stellt zumeist ein System dar, das mit einem vorgegebenen Schichtenaufbau ausgeführt werden muss. Die erste Schicht ist eine ggf. notwendige **Grundierung** der Oberfläche. Die Notwendigkeit einer Grundierung muss anhand der Bedingungen des jeweiligen Objektes überprüft werden. Der Farbauftrag selbst erfolgt üblicherweise in **2 Arbeitsgängen**: in einem Voranstrich und in einem Deckanstrich. Bei sämtlichen Arbeitsschritten sind die Angaben des Farbherstellers über die Auftragsmenge, die einsetzbaren Werkzeuge sowie die Trocknungszeiten einzuhalten.

Hinweis

> Die **Chargengleichheit** des Materials ist obligatorisch. Das Material muss aus einem Produktionslauf des Herstellers stammen, da ansonsten Farbtonabweichungen möglich sind.

Farbsysteme

Für die Beschichtung von Innendämmungen werden von den Herstellern die unterschiedlichsten Farbsysteme angeboten. Oft ist es so, dass für ein bestimmtes Innendämmsystem eines Herstellers auch ein bestimmtes Farbsystem dieses Herstellers vorgesehen ist, das er auch als Bestandteil des Gesamtsystems Innendämmung vertreibt. Hierauf ist bei der Planung, Ausschreibung und Ausführung zu achten.

Farbbeschichtungen sind nach den **Fachregeln des Maler- und Lackiererhandwerks** zu verarbeiten, u. a. nach den Merkblättern des Bundesausschusses Farbe und Sachwertschutz e. V., in denen für unterschiedliche Anwendungsfälle Vorgaben für die Prüfung und Vorbehandlung von Untergründen sowie für die Ausführung selbst gemacht werden, z. B.:

- BFS-Merkblatt Nr. 11 „Beschichtungen, Tapezier- und Klebearbeiten auf Porenbeton" (BFS, 2016),
- BFS-Merkblatt Nr. 12 „Oberflächenbehandlung von Gipsplatten (Gipskartonplatten) und Gipsfaserplatten" (BFS, 2007),
- BFS-Merkblatt Nr. 16 „Technische Richtlinien für Tapezier- und Klebearbeiten" (BFS, 2013),
- BFS-Merkblatt Nr. 20 „Beurteilung des Untergrundes für Beschichtungs- und Tapezierarbeiten, Maßnahmen zur Beseitigung von Schäden" (BFS, 2016),
- BFS-Merkblatt Nr. 23 „Technische Richtlinien für das Abdichten von Fugen im Hochbau und von Verglasungen" (BFS, 2005),
- BFS-Merkblatt Nr. 25 „Richtlinien zur Beurteilung von Farbübereinstimmungen und Farbabweichungen" (BFS, 2003).

8 Praxisbeispiele

8.1 Innendämmungen in der Praxis – Fehlerquellen

Kondensat tolerierende, in der Regel plattenförmige Innendämmungen werden nunmehr seit einigen Jahren durchaus erfolgreich in der Praxis eingesetzt und erfreuen sich im Sanierungsbereich einer wachsenden Beliebtheit. In letzter Zeit wurden zum Thema Innendämmung auch endlich diverse Fachbücher veröffentlicht, sodass der interessierte Fachunternehmer sich über die theoretischen Grundlagen derartiger Bauweisen auch herstellerunabhängig belesen kann.

Durch die „Herausnahme" der Innendämmungen aus der nicht mehr gültigen EnEV (2014) ist zusätzliches Marktpotenzial entstanden, denn nun kann jeder dort Innendämmungen mit Augenmaß ausführen, wo es auch sinnvoll ist. Die Kondensat tolerierenden Innendämmungen haben sich dabei als die praktikabelste Variante herauskristallisiert.

Die Tatsache, dass Innendämmungen handwerksrechtlich nicht wirklich einem bestimmten Handwerk zugeordnet sind, hat indes dazu geführt, dass diese von einer Vielzahl von Firmen unterschiedlichster Herkunft und auch manchmal fragwürdiger handwerklicher Qualität ausgeführt werden. Leider, oder wie zu erwarten, ist mit diesem Mechanismus auch eine gewisse Fehlerquote in der Praxis entstanden.

Die Montage von Innendämmungen erfordert ein grundsätzliches Verständnis der bauphysikalischen Grundlagen dieser Bauweise. Durch die Dämmung auf der warmen Seite eines Bauteils verändert sich der Temperaturverlauf von der Innen- zur Außenseite dramatisch und es entsteht das Risiko einer Auffeuchtung in der Grenzschicht zwischen der Oberfläche des ehemaligen nicht gedämmten Bauteils und der neu aufgebrachten Innendämmung. Die Montage von Kondensat tolerierenden, plattenförmigen Innendämmungen stellt handwerklich letztlich keine besonders schwere Aufgabe dar; dennoch müssen derartige Bauweisen aufgrund der bei Montagefehlern möglichen Schäden als Risikokonstruktionen betrachtet werden und ihrer Montage die entsprechend erforderliche Sorgfalt und Genauigkeit gewidmet werden. Wenn die bei Innendämmungen vorhandenen bauphysikalischen Mechanismen nicht nur vom Unternehmer, sondern auch vom ausführenden Personal nicht verstanden werden, drohen schnell Fehler bei der Ausführung. Diese werden in der Bauphase oft gar nicht entdeckt und machen sich erst dann bemerkbar, wenn die Baumaßnahme abgeschlossen ist und sich bereits in der Nutzung befindet. Der Aufwand einer dann erforderlichen Sanierung übersteigt die Baukosten häufig um ein Vielfaches. Die nachfolgend dargestellten Fälle haben jeweils sehr hohe Sanierungskosten verursacht. Denn es war jeweils nicht nur der direkte Fehler zu beseitigen –

die Folgekosten aufgrund der nicht mehr gegebenen Nutzbarkeit der Baumaßnahme und des erforderlichen Auszugs der Nutzer waren deutlich größer.

Es gilt daher, beim Einsatz derartiger Innendämmungen sehr genau auf die für das „bauphysikalische Funktionieren" wichtigen Montageschritte zu achten. Hier ist der Unternehmer sowohl mit seinem eigenen Wissensstand gefragt wie auch in der Art und Weise, die wichtigsten theoretischen Grundlagen an die für ihn tätigen Fachkräfte weiterzugeben. Denn nur ein Monteur, der dem Grunde nach versteht, was er jeweils baut, wird auch eine geringe bzw. gar keine Fehlerquote erreichen können. Ebenso ist eine stetige Kontrolle der Ausführung, insbesondere beim Verkleben der Dämmplatten, vorzunehmen – nur so dürfte der Unternehmer ruhig schlafen können. Die vom Autor in der Praxis indes erlebten Fälle, bei denen eine deutlich zu günstig verkaufte Innendämmung dann noch von nur rudimentär ausgebildeten Monteuren zu unmöglichen Akkordpreisen verlegt worden ist, kann nur mit dem Zitat „denn sie wissen nicht, was sie tun" kommentiert werden.

8.1.1 Fehler bei der Verklebung von kapillaraktiven Innendämmungen

Die größten Fehler bei der Verarbeitung derartiger Innendämmungen werden im Bereich der Verklebung auf dem Untergrund gemacht. Es gehört zum bauphysikalischen Wirkmechanismus von kapillaraktiven Innendämmungen, dass diese vollflächig verklebt werden müssen. Hierbei ist zunächst zu prüfen, ob der vorhandene Untergrund im Zusammenhang mit der zulässigen Schichtdicke des Klebers überhaupt eine eben- und vollflächige Verklebung der Innendämmplatten zulässt. Wenn die vorhandenen Unebenheiten des Untergrundes das Höchstmaß der zulässigen Schichtdicke des Klebers überschreiten, ist eine ebenflächige Verlegung der Innendämmplatten nicht möglich. Dann ist es erforderlich, zunächst einen möglichst feuchtigkeitsunempfindlichen Ausgleichsputz aufzutragen und damit die für die Verlegung der Dämmplatten erforderliche Ebenheit herzustellen. Die bei kapillaraktiven Innendämmungen in der Regel verwendeten Kleber werden üblicherweise vollflächig auf dem Untergrund aufgetragen und mit einem Zahnspachtel verzogen. Die einzelnen Platten der Innendämmung werden dann in das so vorbereitete Kleberbett angedrückt und durch leichtes Hin- und Herbewegen „eingeschwommen". Dieser für die Funktionsweise derartiger Innendämmungen unerlässliche und wichtige Arbeitsschritt bewirkt, dass die Dämmplatten nicht nur auf den oberen Kämmen des Kleberbettes haften, sondern vollflächig in dieses eingedrückt werden. Die vorab durch den Zahnspachtel erzeugte Rillenstruktur des Kleberbettes ist bei ordnungsgemäßer Durchführung dieses Arbeitsschrittes nicht mehr vorhanden. Werden jedoch bei diesem Arbeitsschritt Fehler gemacht und unterbleibt das Einschwimmen der Dämmplatten, ist diese Rillenstruktur auch noch nach dem Aushärten des Kleberbettes vorhanden (Abb. 8.1). Es entsteht somit ein gleichmäßiges Raster von im Regelfall horizontal verlaufenden Luftkanälen hinter den Dämmplatten, in denen konvektive Luftströmungen von der warmen zur kalten Seite zu Kondensat führen können. Hierzu genügt dann meist schon eine in der Innendämmung nicht luftdicht eingebaute Steckdose.

Abb. 8.1: Kleberbett mit Rillenstruktur, Platten wurden nicht „eingeschwommen"

Abb. 8.2: Montage der Innendämmplatten nur auf „Batzen" kann zu einer Hinterlüftung führen

Abb. 8.3: Die Innendämmung mit Batzen ist praktisch als Vorsatzschale vor den Ausgleichsputz gesetzt worden.

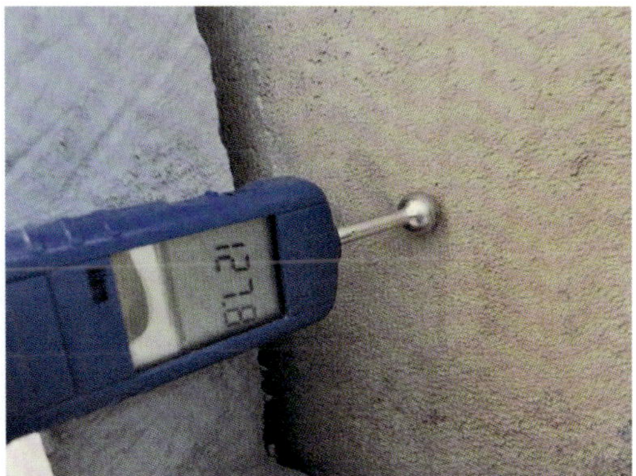

Abb. 8.4: In diesem Ausgleichsputz bereits vorhandene erhöhte Feuchte

Einen anderen häufig anzutreffenden Fehler stellt die Verklebung derartiger Innendämmungen nur mit einzelnen Kleberbatzen dar; ein Umstand, der in der Vergangenheit schon bei außenseitig angebrachten Wärmedämm-Verbundsystemen zu unzähligen Mängelanzeigen geführt hat. Auch bei dieser Vorgehensweise entstehen „Luftnester" hinter der Dämmebene, in denen sich bei konvektiven Luftströmungen Kondensat bilden kann (Abb. 8.2 bis 8.4).

Derartige Fehler bei der Verklebung der Dämmplatten werden in der Praxis von den Handwerkern gemacht, die das Wirkprinzip solcher Innendämmungen nicht kennen oder nicht verstehen und auch ersatzweise keine fachgerechte Einweisung durch ihren Arbeitgeber erfahren haben.

Abb. 8.5: Offene Fugen von rund 3 mm Breite zwischen den Dämmplatten

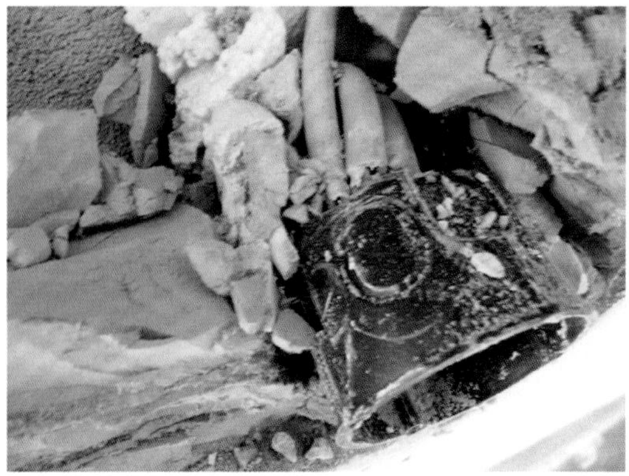

Abb. 8.6: Nicht luftdichter Einbau einer Steckdose in einer Innendämmung

8.1.2 Fehler bei der Verlegung der Innendämmplatten

Seltener, aber trotzdem dann und wann anzutreffen ist die Verklebung von kapillaraktiven Innendämmplatten mit offenen Stoßfugen von beachtlicher Dimension (Abb. 8.5). Derart offene Fugen werden später nur noch durch die Beschichtung auf den Innendämmplatten überdeckt und stellen sowohl für die dort eingesetzten Putze ein Risiko für eine Rissbildung wie auch für die Innendämmung als solche in Form von deutlichen Wärmebrücken dar. Für den Putz stellt die Fuge eine Hohllage dar, über der er keinen Widerstand hat und sich frei verformen kann. Dies kann recht schnell zu einer Rissbildung im Putz über der Fuge führen.

Die offene Fuge stellt zudem eine Wärmebrücke dar, an der wärmere und feuchte Raumluft unmittelbar auf die aus dem Untergrund in die Fuge vordringende kältere Luft trifft. Das kann zu Kondensatbildung führen. Es dauert meist nicht lange, bis sich derart offene Stoßfugen in der fertigen Oberfläche der Innendämmung abzeichnen.

Einbauteile im Bereich von derartigen Innendämmungen sind so in die Dämmplatten zu integrieren, dass eine Luftdichtheit der Gesamtkonstruktion von der warmen Seite her gewährleistet ist. Das am häufigsten verwendete Einbauteil bei einer Innendämmung stellt die Steckdose bzw. der Lichtschalter dar (Abb. 8.6). Hier ist durch den Einsatz bereits vorgefertigter luftdichter Unterputzelemente oder aber durch nachträgliche Maßnahmen sicherzustellen, dass keine konvektiven Luftströmungen hinter die Dämmebene gelangen können.

Bei der Montage von Innendämmungen ist unbedingt zu beachten, dass keine konvektiven Luftströme von der warmen Raumseite bis in die Ebene hinter den Dämmplatten entstehen. Der durch die Dämmung verursachte Temperaturabfall an der ehemaligen inneren Oberfläche der Außenwand verursacht ein sehr hohes Risiko für Kondensatbildung. Dies kann im Bereich von haustechnischen Einbauten, aber auch im Bereich der Anschlussfugen der Dämmung an begrenzende Bauteile relevant sein und erfordert eine sach- und fachgerechte Planung und Ausführung.

Abb. 8.7: Unterschreitung von vorgeschriebenen Schichtdicken

Abb. 8.8: Abschälen von Putzschichten aufgrund falsch eingebauten Armierungsgewebes

Abb. 8.9: Die Putzschicht kann mit dem Armierungsgewebe ohne Kraftaufwand abgezogen werden.

8.1.3 Fehler beim Verputzen der Dämmplatten

Analog zu den anerkannten Regeln der Technik beim Verputzen von Mauerwerk sind auch bei der Beschichtung von plattenförmigen Innendämmungen mit Putzen Regeln zu beachten, die sich in diesem Bereich üblicherweise durch die Vorgaben der Produkthersteller ergeben.

Man muss an dieser Stelle nochmals festhalten, dass Innendämmungen normalerweise nicht geregelte Bauarten darstellen und deshalb Verarbeitungsempfehlungen der Hersteller einen größeren Stellenwert besitzen.

Wenn später Schäden in den Putzschichten entstehen und andere Putzprodukte als die vom Hersteller des Innendämmsystems empfohlenen verarbeitet wurden, wird sich der Unternehmer stets mit dem Vorwurf konfrontiert sehen, damit ein unnötiges Risiko eingegangen zu sein.

Bei der Ausführung der Putze sind die Schichtdicken der in der Regel mehrschichtigen Putzaufbauten genauso zu beachten wie die fachgerechte Einbettung eines erforderlichen Armierungsgewebes. Armierungsgewebe, die fälschlicherweise unmittelbar auf die Innendämmplatten aufgelegt und dann überputzt werden, wirken eher als Trennlage und führen unter Umständen zu einem kompletten Abschälen der Putzschicht (Abb. 8.7 bis 8.9). Zu dünn oder zu dick aufgetragene Putzschichten wiederum bewirken ein erhöhtes Rissrisiko.

In den letzten Jahren ist eine Zunahme von Kalkputzen bei der Beschichtung von kapillaraktiven Innendämmungen festzustellen. Meist werden diese Kalkputze auch als Kalkglätte für die oberste Putzschicht eingesetzt. Dabei sind die von den Putzherstellern angegebenen Schichtdicken zu beachten. Auch hier gilt der alte Grundsatz „weich auf hart". Kalkglätten werden dabei in ihrer Schichtdicke begrenzt, da sie bei größeren Schichtdicken eine zu große Eigenfestigkeit aufweisen und somit zu Spannungsrissen neigen.

8.1.4 Fazit

Die Verarbeitung von kapillaraktiven Innendämmungen ist nur von Fachunternehmern mit einem entsprechenden fachlichen und bauphysikalischen Hintergrund vorzunehmen. Die mit der Montage beschäftigten Fachkräfte sind im selben Maße zu schulen, um mögliche Fehlerquellen aufgrund von Unkenntnis der bauphysikalischen Zusammenhänge zu vermeiden.

Plattenförmige Innendämmungen sind vollflächig und ohne Hohlräume zu verlegen; die einzelnen Platten sind dicht gestoßen einzubauen. Zur Vermeidung von Hohlräumen hinter der Dämmebene sind die einzelnen Dämmplatten bei der Montage im Kleberbett so einzuschwimmen, dass sie vollflächig hierin eingedrückt werden. Einbauteile und hiermit zusammenhängende Durchdringungen in der Dämmebene sind luftdicht auszubilden bzw. es sind vorkonfektionierte, luftdichte Einbauteile einzusetzen.

Bei der innenseitigen Beschichtung von Innendämmungen mit Putzen sind sowohl die Herstellerangaben im Hinblick auf die Produktauswahl und die erforderlichen Schichtdicken wie auch die anerkannten Regeln der Technik zur Einbettung von erforderlichen Armierungsgeweben zu beachten.

8.2 Projektbericht

8.2.1 Einleitung

Bei dem begutachteten Objekt handelt es sich um ein größeres Industriegebäude im Süden der Kölner Innenstadt, das im Jahr 2013/2014 durch den Bauherrn einer vollständigen Sanierung unterzogen und zu einer Nutzung als Bürogebäude umgebaut worden ist. Das Gebäude weist eine nach Angabe des Bauherrn denkmalgeschützte Fassade aus Ziegelmauerwerk auf und wurde im Zuge des Umbaus um ein Staffelgeschoss über dem ersten Obergeschoss erweitert (Abb. 8.10).

Das Gebäude besitzt insgesamt 4 Nutzungsebenen, vom ausgebauten Untergeschoss über das Erd- und Obergeschoss bis zum neuen Staffelgeschoss (Abb. 8.11). Über das in der Gebäudemitte befindliche Treppenhaus werden die 4 Ebenen in jeweils 2 Nutzungsbereiche geteilt. Das Gebäude wurde zum Zeitpunkt der Begutachtung seit gut einem Jahr als Bürofläche genutzt.

Abb. 8.10: Ansicht von Nordwesten

Abb. 8.11: Rückseite des Gebäudes

Abb. 8.12: Erhebliche Fehlstellen in der Ziegelfassade, die das Eindringen von Regenwasser zulassen

Die Fassade des Gebäudes wurde bei der Grundsanierung nicht behandelt. Das Ziegel-Sichtmauerwerk wies zum Zeitpunkt der Begutachtung teilweise deutliche Fehlstellen im Bereich der Verfugung auf (Abb. 8.12). Dieser Umstand wurde dem Bauherrn im Zuge der Begutachtung im Hinblick auf die mögliche Auffeuchtung der Außenwand mitgeteilt und es wurde darauf hingewiesen, dass hier mittelfristiger Handlungsbedarf bestehe.

Für die bei der Begutachtung festgestellten Ausführungsfehler spielte dieser Umstand (noch) keine Rolle, da seit dem Zeitpunkt der Fertigstellung erst 1 Jahr vergangen war.

8.2.2 Soll-Zustand

Innendämmungen zählen in Deutschland zu den nicht geregelten Bauarten. Dies bedeutet, dass keine allgemeingültigen Normen oder Regeln für die Verarbeitung vorliegen. Im Bereich von mineralischen Dämmplatten auf Basis von Calciumsilikat liegen auch für die Dämmplatten selbst keine allgemeingültigen Produktnormen vor. Die Baustoffe müssen lediglich eine allgemeine bauaufsichtliche Zulassung besitzen und werden von den verschiedenen Herstellern nach unterschiedlichen Rezepturen hergestellt.

Innendämmungen aus kapillaraktiven Baustoffen, zu denen auch die im gegenständlichen Objekt eingesetzten Dämmplatten zählen, werden am Markt als sog. Innendämmsysteme vertrieben. Diese Innendämmsysteme bestehen in der Regel aus den Dämmplatten selbst, einem Leichtmörtel, der sowohl für die Verklebung der Dämmplatten wie auch als Armierungs- und Oberputz verwendet werden kann, einem Armierungsgewebe sowie verschiedenen Zusatz- bzw. Ergänzungsprodukten. Der Hersteller gewährleistet für dieses Innendämmsystem, dass die einzelnen Komponenten aufeinander abgestimmt sind und bei fachgerechter Verarbeitung die zugesicherten Eigenschaften eingehalten werden.

Da für derartige Innendämmsysteme keine allgemeingültigen Verarbeitungsrichtlinien existieren, sind die Angaben des Herstellers bei der Verarbeitung unbedingt einzuhalten.

In den hier gegenständlichen Verarbeitungsrichtlinien des Herstellers für die Innendämmung werden die für die Verarbeitung einzelnen Schritte ausführlich erläutert und zusätzlich Hinweise auf die Vorbereitung des zu dämmenden Untergrundes gegeben (Das Dämmbuch, Auflage 3, 2018):

„Die Dämmplatte […] benötigt einen ausreichend ebenen Untergrund, um eine vollflächige Verklebung zu gewährleisten. Der Untergrund muss außerdem tragfähig, frei von haftmindernden Rückständen und trocken sein. […]

Fehlstellen lassen sich am besten mit Putzmörtel CS II nach DIN EN 998-1 mit einer Druckfestigkeit von mindestens 1,5 bis 5 N/mm² ausbessern und verputzen: zum Beispiel mit Leichtmörtel oder handelsüblichen Kalkzementputzen. […]

Mit der Zahntraufel wird der Leichtmörtel vollflächig auf die Rückseite der Dämmplatten aufgetragen und durchgekämmt, um einen optimalen Haftverbund zwischen Leichtmörtel und Dämmplatte zu schaffen. Je nach zu verarbeitender Dämmstoffdicke sind unterschiedliche Zahntraufeln für entsprechende Steghöhen des Leichtmörtels zu verwenden: […] 12er-Traufel bis 140 mm Dämmstoffdicke; 15er-Traufel ab 160 mm Dämmstoffdicke (bis 200 mm einlagig) […] Ist der Kleber aufgetragen, sind die Multipor Mineraldämmplatten an der zu dämmenden Wandoberfläche ***unter Druck einzuschwimmen und vollflächig zu verkleben*** *[Hervorhebung durch Verf.]. Nur eine vollflächige Verklebung verhindert ein Hinterströmen der Dämmebene mit warmer, feuchter Raumluft und gewährleistet außer dem Feuchteaustausch eine dauerhafte bauphysikalische Funktionsfähigkeit der Innendämmung.“*

Kapillaraktive Innendämmungen müssen vollflächig auf dem Untergrund verklebt werden und hierbei bei Verwendung als Innendämmsystem auch mit dem systemzugehörigen Kleber verarbeitet werden. Lufteinschlüsse hinter der Dämmung bewirken ein nicht kalkulierbares Risiko im Hinblick auf kondensierende Feuchte. Da sich durch die Anbringung der Innendämmung eine Verschiebung des Taupunktes der Gesamtkonstruktion nach innen ergibt, befindet sich die Hinterkante der Dämmplatte im frostgefährdeten Bereich. Wenn in diesen Bereichen Kondensat entsteht und sich in Lufteinschlüssen sammeln kann, droht zum einen eine Auffeuchtung der Innendämmung, die zu einem Feuchteschaden führen kann, und zum anderen ein Verlust der Haftung der Innendämmung durch Frost-Tau-Wechsel des in den Lufteinschlüssen vorhandenen flüssigen Wassers.

Aus diesem Grunde ist bei der Verklebung derartiger Dämmplatten nicht nur auf einen ausreichenden Kleberauftrag zu achten; ganz entscheidend für die vollflächige Verklebung ist aber das sog. „Einschwimmen“ der Dämmplatten am Untergrund (siehe Kapitel 8.1). Hierbei wird die Platte etwas seitlich versetzt zur endgültigen Lage angesetzt und dann unter Druck und seitlicher Bewegung in die endgültige Lage „eingeschwommen“. Durch diesen Montageschritt wird sichergestellt, dass sich der Kleber, der auf der Platte noch als Zahnspachtelung vorliegt, nach der Montage in ein vollflächiges und vollvolumiges Kleberbett verändert. Wird dies nicht vorgenommen und die Dämmplatte lediglich angesetzt und leicht angedrückt, werden die einzelnen Kämme des Kleberauftrages auf der Dämmplatte praktisch kaum verändert und es entstehen, je nach Auftragsrichtung des Klebers, horizontale oder vertikale Luftkanäle hinter der Dämmplatte.

Nach dem Aushärten der Verklebung können die Dämmplatten an der Oberfläche weiterbearbeitet werden. Hierbei ist ggf. ein Abschleifen der Dämmplattenoberfläche zur Egalisierung erforderlich. Der dann aufzutragende Armierungsmörtel ist gemäß der Herstellerangabe in einer Schichtdicke von 5 mm zu verarbeiten. Hierbei ist die gesamte Schichtdicke mit einer 10er-Zahntraufel aufzuziehen, dann das systemzugehörige Armierungsgewebe in den noch feuchten Mörtel einzudrücken und anschließend so zu überarbeiten, dass das Gewebe im oberen Drittel der Armierungsschicht liegt. Die endgültige Oberfläche wird nach dem Erhärten des Armierungsputzes mit einer zweiten Putzschicht aus Leichtmörtel oder Kalkfeinputz in 2 bis 3 mm Schichtdicke hergestellt. Auf die fertige Oberfläche können dann Anstriche, Dekorputze oder Papiertapeten, unter Beachtung der Systemeigenschaften, aufgebracht werden. Die Soll-Schichtdicke für die zweilagige Putzschicht auf den Dämmplatten beträgt daher nach den Herstellerangaben 7 bis 8 mm.

Neben den dargestellten Verarbeitungsrichtlinien des Herstellers sind bei der Verarbeitung insbesondere die allgemein anerkannten Regeln der Technik zur Prüfung und Vorbehandlung von Putzuntergründen und die DIN 18350 „VOB Vergabe- und Vertragsordnung für Bauleistungen – Teil C: Allgemeine Technische Vertragsbedingungen für Bauleistungen (ATV) – Putz- und Stuckarbeiten“ (2019), Abschnitt 3.1.1 bzw. 4.2.10, zu beachten. Der ausführende Unternehmer hat darauf zu achten, dass Putzschichten eine gleichmäßige und ausreichende Haftung auf dem Untergrund erzielen können, und hierbei das Saugverhalten der einzelnen Baustoffe zu berücksichtigen. Einer Putzschicht, die auf einen stark saugenden Untergrund aufgetragen wird, kann in größerem Umfang Wasser entzogen werden, sodass der Putz selbst keine Möglichkeit mehr hat, seine geplante Festigkeit zu erreichen.

Für die im Untergeschoss eingebaute Innendämmung aus Calciumsilikatplatten stellt der Hersteller auf seiner Internetseite sowohl Datenblätter wie auch Einbauanweisungen zur Verfügung. Aufgrund des Materials dieser Dämmplatten sieht der Hersteller eine Grundierung des Putzgrundes mit Silikatgrund im Mischungsverhältnis 1 : 5 vor. Auch die Dämmplatte selbst ist vor dem Verlegen auf der Verklebungsseite mit dieser Silikatgrundierung zu behandeln. Die Verklebung der Dämmplatten selbst ist, wie bei allen plattenförmigen Innendämmungen, vollflächig durchzuführen. Im Gegensatz zu den Dämmplatten in den Obergeschossen sind jedoch hier auch die Plattenkanten dünn mit dem zugehörigen Fugenkleber zu beschichten. Die hierbei entstehende Fugenbreite wird mit max. 2 mm angegeben. Nach der erfolgten Durchtrocknung des Klebers können die Dämmplatten mit einer zweilagigen Spachtelung von max. 2 mm Dicke beschichtet werden, ohne dass hierfür ein Armierungsgewebe vom Hersteller vorgeschrieben wird.

8.2.3 Ist-Zustand

An den hergestellten Bauteilöffnungen konnten die im Hinblick auf die Verarbeitung der Innendämmung maßgebenden Sachverhalte wie in Abb. 8.13 gezeigt festgestellt werden.

Nach dem Herausnehmen der eingeschnittenen Dämmplatte konnte festgestellt werden, dass sich hinter der Dämmung großflächige Hohlräume befinden. Die grundsätzliche Regel, die Dämmplatten vollflächig zu verkleben, ist offensichtlich nicht eingehalten worden (Abb. 8.14).

Es war hier möglich, einen Zollstock mehr als 20 cm weit hinter die Dämmplatten einzuschieben.

Dieser Sachverhalt war an allen 4 Seiten der hergestellten Bauteilöffnung in unterschiedlicher Ausprägung vorhanden. Im Bereich der Bauteilöffnung befand sich weiterhin ein Stoß zwischen 2 Dämmplatten. Die beiden hier aneinanderstoßenden Dämmplatten waren nicht press gestoßen, sondern mit einer Fuge von etwa 5 mm zueinander eingebaut (Abb. 8.15).

Die Verklebung der Dämmplatten ist in einer Art und Weise erfolgt, dass diese nur mit einzelnen Klebeflächen an dem vorher aufgebrachten Ausgleichsputz angeklebt wurden (Abb. 8.16). An dieser Bauteilöffnung konnte ein Anteil der Klebefläche von höchstens 50 % der Gesamtfläche ermittelt werden.

Auf den angeklebten Dämmplatten wurden dann ein Unterputz mit Armierungsgewebe sowie eine Oberflächenspachtelung aufgebracht. Die Gesamtdicke dieser Schichten konnte an der entnommenen Probe mit etwa 6 mm ermittelt werden. Dies ist etwas weniger, als dies die Herstellervorschriften vorschreiben (7 bis 8 mm). Es musste jedoch festgestellt werden, dass das Armierungsgewebe nicht wie vorgeschrieben in das obere Drittel des Armierungsputzes eingearbeitet, sondern lediglich auf den Unterputz aufgelegt wurde.

Das Armierungsgewebe kann so seine angedachte Funktion, der Bewehrung des Unterputzes, nicht erfüllen und bewirkt durch seine Einbausituation faktisch eine Trennung zwischen Unter- und Oberputz. An der entnommenen Probe konnte das Gewebe mit dem Oberputz mit nur sehr geringer Kraft vom Unterputz abgezogen werden (Abb. 8.17).

Abb. 8.13: Erstes Obergeschoss, linke Seite, hofseitige Fassade mit Lage der Bauteilöffnung

Abb. 8.14: Hohlräume hinter der Dämmung

Abb. 8.15: Dämmplattenstoß mit 5-mm-Fuge

Abb. 8.16: Nach Entfernung der Dämmplatten nur geringe Klebeflächen und Hohlräume hinter der Dämmung

Abb. 8.17: Gewebe lässt sich mit Oberputz vom Unterputz abziehen

Die festgestellten Ausführungsfehler im Bereich der ersten Bauteilöffnung sind als schwerwiegend zu bewerten. Durch die fehlerhafte Einbausituation des Armierungsgewebes sind Unter- und Oberputz praktisch getrennt und es kann nicht ausgeschlossen werden, dass sich der Oberputz mit der Zeit vom Armierungsgewebe löst. Im Bereich der Verklebung sind die grundsätzlichen Regeln für die Montage von plattenförmigen Innendämmungen nicht eingehalten worden. Die Dämmplatten wurden nur auf einzelnen Klebeflächen verlegt und es sind hierdurch Hohlräume hinter den Platten entstanden, die ein bauphysikalisches Risiko nach sich ziehen. In diesen Bereichen ist damit zu rechnen, dass insbesondere in der kalten Jahreszeit Kondensat entsteht und somit Bauschäden möglich werden. Durch die innenseitige Anbringung einer Dämmung verlagert sich der Temperaturverlauf in einer Art und Weise, dass im Winter hinter der Dämmung Temperaturen um oder unter dem Gefrierpunkt vorhanden sein können. Aus der Raumluft über Diffusions- oder Konvektionsvorgänge mitgeführte Feuchte, die entsprechend dem Temperatur- und Dampfdruckverlauf in Richtung der Außenseite des Bauteils strömt, führt dann in solchen Hohlräumen zu Kondensationsfeuchte.

Auch bei der zweiten Bauteilöffnung im ersten Obergeschoss (Abb. 8.18) ließ sich die eingeschnittene Dämmplatte sehr leicht vom Ausgleichsputz ablösen und es ließen sich an den Rändern der Bauteilöffnung größere Hohlräume hinter den Dämmplatten feststellen (Abb. 8.19).

Auch an dieser Bauteilöffnung konnte ein Zollstock an allen 4 Seiten in diese Hohlräume eingeschoben werden.

An der entnommenen Dämmplatte konnte weiterhin festgestellt werden, dass auch im Bereich eines dort befindlichen Plattenstoßes der Dämmplattenkleber vorhanden war (Abb. 8.20).

Auch dies stellt einen Verstoß gegen die Herstellervorschriften dar, nach denen die Dämmplatten ohne Kleber press zu stoßen sind.

Die in Abb. 8.21 weiterhin erkennbare Plattenfuge war dagegen weder mit Kleber geschlossen noch press gestoßen.

Die auf den Dämmplatten aufgetragenen Putzschichten konnten an dieser Bauteilprobe mit einer Gesamtdicke von 5 mm gemessen werden. Auch hier konnte festgestellt werden, dass das Armierungsgewebe lediglich auf dem Unterputz aufgelegt und nicht in das obere Drittel des Unterputzes eingearbeitet wurde (Abb. 8.22). Auch hier konnte das Armierungsgewebe mit dem Oberputz mit geringer Kraft vollständig abgelöst werden. Das Armierungsgewebe wirkt auch hier wie eine Trennlage zwischen dem Unter- und Oberputz.

Im Bereich der dritten Bauteilöffnung stößt eine Trockenbauverkleidung an die dort mit einer Innendämmung versehene Fassadenfläche (Abb. 8.23). Im Übergangsbereich hat sich bereits ein vertikaler Riss zwischen den verschiedenen Baustoffen gebildet. Die Dämmplatten sind auch hier mit Hohlräumen verlegt (Abb. 8.24) bzw. nur mit Teilflächen auf dem Ausgleichsputz verklebt.

Abb. 8.18: Bereich der zweiten Bauteilöffnung im ersten Obergeschoss

Abb. 8.19: Hohlräume hinter den Dämmplatten

Abb. 8.20: Entnommene Dämmplatte mit Kleber in der Plattenfuge und offener Plattenfuge

Abb. 8.21: Fugenbreite etwa 4 mm

Abb. 8.22: Armierungsgewebe auf dem Unterputz aufgelegt

Abb. 8.23: Bereich der dritten Bauteilöffnung im ersten Obergeschoss, Hofseite

Abb. 8.24: Hohlräume hinter den Dämmplatten

Abb. 8.25: Unter- und Oberputz mit Gewebe; hier unterhalb des Unterputzes

An der entnommenen Bauteilprobe konnte weiter festgestellt werden, dass das Armierungsgewebe hier direkt auf die Dämmplatten aufgelegt und erst dann der Unterputz aufgebracht wurde (Abb. 8.25).

Auch an dieser Bauteilöffnung sind grundlegende Ausführungsfehler im Bereich der Verarbeitung der Innendämmung, sowohl im Bereich der Verklebung wie auch der sichtseitigen Beschichtung, festzustellen.

Im Erdgeschoss wurden in der linken Gebäudehälfte an der hofseitigen Fassade 2 Bauteilöffnungen hergestellt (Abb. 8.26).

Abb. 8.26: Lage der ersten Bauteilöffnung

Abb. 8.27: Armierungsgewebe zwischen Unter- und Oberputz

Abb. 8.28: Teilflächige Verklebung der Dämmplatten

Abb. 8.29: Hohlräume hinter den Dämmplatten

An der entnommenen Dämmplatte konnte hinsichtlich der sichtseitigen Putzschichten ermittelt werden, dass diese eine Gesamtdicke von etwa 5 mm aufweisen. Analog zu den Feststellungen im ersten Obergeschoss ist auch hier das Armierungsgewebe auf dem Unterputz lediglich aufgelegt und nicht im oberen Drittel eingearbeitet. Auch hier wirkt das Armierungsgewebe als Trennlage zwischen den beiden Putzschichten (Abb. 8.27).

Auch im Bereich der Verklebung der Dämmplatten bestätigen sich die Sachverhalte aus dem ersten Obergeschoss dahin gehend, dass auch hier die Dämmplatten nur in Teilflächen verklebt worden sind (Abb. 8.28).

Das Einschieben des Zollstockes war auch an dieser Bauteilöffnung an mehreren Stellen möglich (Abb. 8.29).

Die zweite Bauteilöffnung im Erdgeschoss wurde ebenfalls im Bereich der hofseitigen Fassade vorgenommen (Abb. 8.30).

Im Bereich dieser Bauteilöffnung war der Kleberanteil hinter den Dämmplatten zwar höher, jedoch immer noch nur teilflächig vorhanden. Es mussten auch hier Hohlräume hinter den Dämmplatten festgestellt werden und es war auch hier möglich, an den angeschnittenen Dämmplattenrändern einen Zollstock einzuschieben (Abb. 8.31 bis 8.33).

Die bereits festgestellten Ausführungsfehler waren auch im Bereich der zweiten Bauteilöffnung im Erdgeschoss feststellbar.

Für den Bereich der Innendämmung im Erd- und Obergeschoss kann somit zusammenfassend anhand der Ergebnisse der Bauteilöffnungen festgestellt werden, dass diese grundlegend fehlerhaft eingebaut und verputzt worden ist. Bei der Verklebung wurde der zugehörige Klebemörtel nur teilflächig in Batzenform aufgetragen, sodass Hohlräume hinter den Dämmplatten entstanden sind. Dies stellt einen grundlegenden Verstoß gegen die einschlägigen Herstellervorschriften bzw. die anerkannten Regeln der Technik dar. Derartige Hohlräume hinter einer kapillaraktiven Innendämmung sind ein bauphysikalisches Risiko, bei dem nicht ausgeschlossen werden kann, dass sich dort Kondensationsfeuchte bildet und zu einem Bauschaden führen kann. Das Beschichten der Sichtseite der Innendämmung ist ebenfalls grundlegend fehlerhaft erfolgt. Das im Unterputz erforderliche Armierungsgewebe wurde nicht, wie es die Herstellervorschriften vorsehen, im oberen Drittel des Unterputzes eingearbeitet, sondern lediglich auf den Unterputz aufgelegt. Aus diesem Grunde wirkt das aufgelegte Armierungsgewebe als Trennlage zwischen Unter- und Oberputz. Weiterhin musste festgestellt werden, dass im Bereich der Dämmplattenfugen zum Teil Klebemörtel aufgetragen wurde und zum Teil offene Fugen vorlagen.

Derart grundlegende Ausführungsfehler im Bereich einer Innendämmung können nur dadurch beseitigt werden, dass die Innendämmung vollständig entfernt und fachgerecht neu montiert wird. Hierbei sind umfangreiche Vorarbeiten durch die Räumung der entsprechenden Bereiche sowie die erforderlichen Schutzmaßnahmen zu berücksichtigen. Die für diese Maßnahmen erforderlichen Aufwendungen können aus sachverständiger Sicht mit einem Wert von etwa 25 € netto je m^2 für die Demontage und 85 € netto je m^2 für die Neumontage einschließlich der Putzschichten angegeben werden. Die Räum- und Schutzmaßnahmen können mit weiteren 15 € netto je m^2 geschätzt werden. Es ergeben sich somit Aufwendungen, die einen Wert von 125 € netto je m^2 Fläche der Innendämmung nicht unterschreiten dürften.

Dies stellt nur die reinen Sanierungskosten dar. Weitere Kosten, die sich durch nicht mehr gegebene Nutzbarkeit der Sanierungsbereiche und durch einen notwendigen Umzug der Nutzer ergeben, können diese Kosten auf ein Vielfaches erhöhen.

Bei der im Untergeschoss eingebauten Innendämmung aus Calciumsilikatplatten konnten anhand der hergestellten Bauteilöffnungen bzw. der noch einsehbaren Fensterbrüstung (Abb. 8.34) nachfolgende Feststellungen getroffen werden:

Auf die Innenseite der Außenwand wurde hier zunächst ein nach Augenschein kalkzementhaltiger Ausgleichsputz vollflächig aufgetragen. Auf diesen Untergrund wurden dann die Dämmplatten mit einzelnen Kleberbatzen verlegt (Abb. 8.35). Durch diese Montageart sind großflächige Hohlräume

Abb. 8.30: Lage der zweiten Bauteilöffnung im Erdgeschoss

Abb. 8.31: Bauteilöffnung nach Entnahme der Dämmplatte

Abb. 8.32: Detailaufnahme, Hohlräume hinter der Dämmung

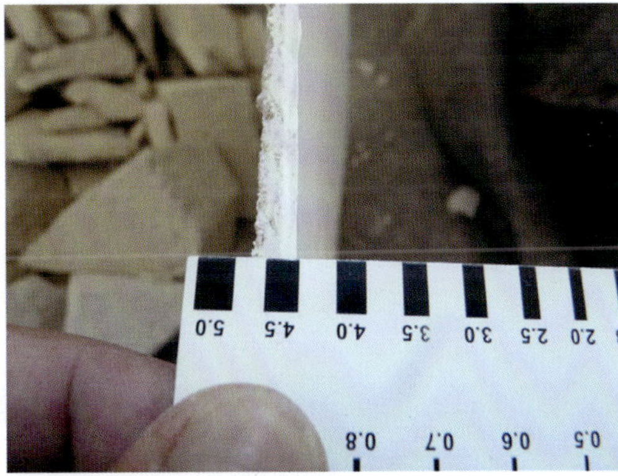

Abb. 8.33: Putzschichtdicke gesamt etwa 4,5 mm, Armierungsgewebe nur aufgelegt

Abb. 8.34: Lage der ersten Bauteilöffnung im Untergeschoss

Abb. 8.35: Verklebung auf einzelnen Klebebatzen

Abb. 8.36 und 8.37: Hohlräume hinter der Dämmung

Abb. 8.38: Bereits vorhandene leichte Feuchte im Ausgleichsputz hinter der Dämmebene

hinter den Dämmplatten von rund 2,5 cm Tiefe entstanden (Abb. 8.36 und 8.37). Diese Ausführungsart stellt einen Verstoß gegen die anerkannten Regeln der Technik und die Herstellervorschriften dar. Derartige Hohlräume begünstigen das Entstehen von Kondensationsfeuchte hinter den Dämmplatten (Abb. 8.38) und sind daher zwingend zu vermeiden.

Derartige Hohlräume konnten auch an der am oberen Abschluss noch offenen Fensterbrüstung festgestellt werden (Abb. 8.39 und 8.40).

Abb. 8.39: Fensterbrüstung im Untergeschoss

Abb. 8.40: Detailaufnahme zu Abb. 8.39: Dämmung mit dahinterliegenden Hohlräumen

Abb. 8.41: Vollständig eingeschobener Zollstock hinter der Dämmplatte

Abb. 8.42: Lage der zweiten Bauteilöffnung im Untergeschoss

An dieser Stelle war es möglich, einen Zollstock bis zu seinem Ende hinter den Dämmplatten einzuschieben (Abb. 8.41). Die hinter den Dämmplatten befindlichen Hohlräume verlaufen daher auch über mehrere Platten hinweg.

Auch an der zweiten Bauteilöffnung (Abb. 8.42) konnten die Feststellungen bestätigt werden. Die Innendämmung ist auch hier mit einzelnen Kleberbatzen auf den vorher aufgebrachten Ausgleichsputz verklebt worden (Abb. 8.43). Der durch diese Montageart entstandene Hohlraum hinter der Dämmebene beträgt hier etwa 3 cm (Abb. 8.44 und 8.45). Die Hohlräume verlaufen über mehrere Dämmplatten, da auch hier ein Zollstock vollständig eingeschoben werden konnte. Die gemessene Feuchte im Ausgleichsputz war an dieser Bauteilöffnung nochmals deutlich größer, was damit erklärt wird, dass sich dieser Teil der Außenwand bereits im Erdreich befindet und eine Trocknung nach außen nicht oder nur eingeschränkt stattfinden kann.

Abb. 8.43: Einer der Kleberbatzen, mit denen die Dämmplatten montiert wurden

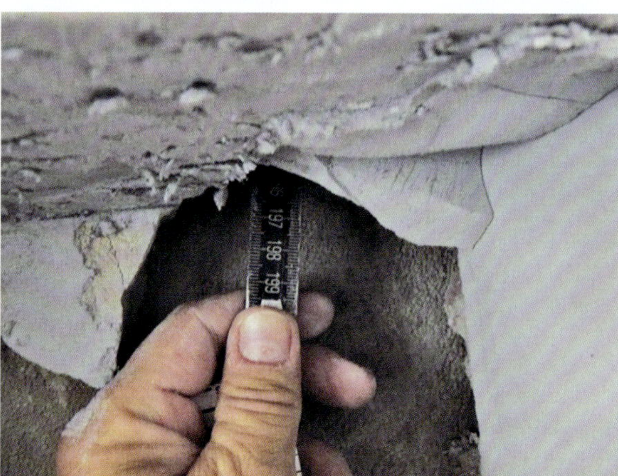

Abb. 8.44: Hohlräume hinter der Dämmung

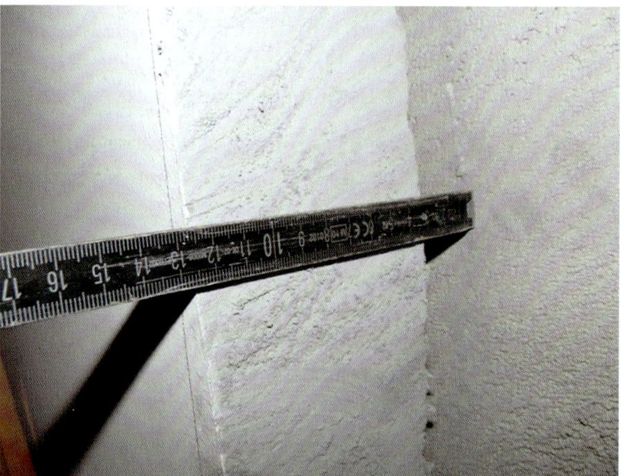

Abb. 8.45: Hohlraumtiefe rund 3 cm

Insgesamt kann festgestellt werden, dass die vorgenommene Montageart einen grundlegenden Verstoß gegen die anerkannten Regeln der Technik bzw. die Herstellervorschriften darstellt. Durch die entstandenen Hohlräume hinter der Dämmebene ist die Gefahr eines Feuchteschadens vorhanden. Es kann hierbei nicht vorhergesagt werden, innerhalb welcher Zeiträume sich Feuchte hinter den Dämmplatten bildet und in welchem Ausmaß dies erfolgen wird. Problematisch an derartigen Feuchteschäden ist jedoch, dass sich sichtbare Auswirkungen erst viel später auf der Oberfläche der Dämmplatten zeigen. Wenn dies der Fall ist, hat die hinter den Dämmplatten entstandene Feuchte in aller Regel bereits zu großflächigen Schädigungen der Bausubstanz geführt.

Derartige Ausführungsfehler können nur dadurch beseitigt werden, dass die Innendämmung komplett abgetragen und vollständig fachgerecht neu montiert wird. Die hierbei erforderlichen Maßnahmen sind sehr aufwendig und erfordern umfangreiche Schutzabdeckungen. Eine Nutzung der Bereiche während der Durchführung der Arbeiten ist aus sachverständiger Sicht nicht möglich. Die Aufwendungen für die erforderlichen Schutzmaßnahmen sowie notwendige Räumungsarbeiten können mit etwa 15 € netto je m^2 überschlägig angegeben werden. Die Demontage der vorhandenen Innendämmung wird mit etwa 25 € netto je m^2 zu veranschlagen sein. Für die Neumontage der Innendämmung einschließlich der Oberflächenspachtelung sowie der Anstricharbeiten kann ein Wert von etwa 120 € netto je m^2 als Schätzung angegeben werden. Die gesamten Aufwendungen werden daher einen Wert von etwa 160 € netto je m^2 erreichen.

8.2.4 Fazit

Bei der Verlegung von Innendämmungen aus kapillaraktiven Dämmplatten ist daher gerade bei der Bauüberwachung größte Aufmerksamkeit gefordert. Ausführungsfehler wie bei dem hier dokumentierten Gebäude werden ansonsten erst zu einem viel späteren Zeitpunkt festgestellt und können dann zu erheblichen Aufwendungen bei der Fehlerbeseitigung führen. Beachtet werden muss hierbei noch der Umstand, dass bei einer Fehlerbeseitigung dem Grunde nach, also durch De- und Remontage der vollständigen Innendämmung, in aller Regel von einer nicht mehr gegebenen Nutzbarkeit der ausgebauten Flächen ausgegangen werden muss und somit weitere erhebliche Aufwendungen für die Räumung der Bereiche, die Anmietung und Einrichtung von Ersatzflächen sowie anderer Nebenkosten entstehen. Eine derartige Inanspruchnahme kann einen Betrieb vor nicht lösbare finanzielle Probleme stellen.

Beim begutachteten Objekt konnte aufgrund der Vielzahl und Schwere der Ausführungsfehler nur die Empfehlung ausgesprochen werden, die vorhandenen Innendämmungen vollständig zu entfernen und fachgerecht zu erneuern.

9 Nach der Ausführung

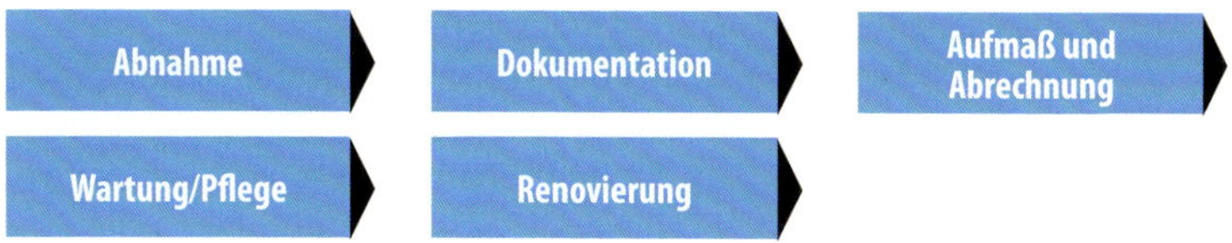

9.1 Abnahme: die große Bedeutung für den Fachunternehmer

Abnahme

9.1.1 Wirkungen der Abnahme

Die Abnahme von Bauleistungen hat für den Fachunternehmer bei jeder Baumaßnahme einen bedeutenden Stellenwert, da sie die wichtigsten rechtlichen Folgen nach sich zieht und damit für den Erfolg einer Bauleistung maßgeblich ist.

Hinweis

> Im Folgenden soll die praktische Sicht in den Vordergrund gestellt und nur so viel Baurecht behandelt werden, wie für die tägliche Arbeit eines Fachunternehmers erforderlich ist.

Zunächst muss grundlegend festgehalten werden: Die Abnahme muss **so durchgeführt** werden, dass sie später auch **als erfolgt unterstellt werden kann**. Dieser Grundsatz wird in der Praxis leider nicht immer umgesetzt, denn bei gerichtlichen Streitigkeiten ist immer wieder festzustellen, dass im Verlauf des Verfahrens von der Auftraggeberseite eine noch nicht erfolgte Abnahme ins Spiel gebracht wird. Damit gerät der Fachunternehmer in eine deutlich schlechtere Position.

Rechtliche Folgen

Im Bauwesen ist es immer noch sehr verbreitet, dass eine Abnahme nicht oder nur unzureichend durchgeführt wird. Die Abnahme ist jedoch für den Fachunternehmer aus praktischer Sicht unabdingbar, weil mit der Abnahme

- die **Gewährleistungsfrist** beginnt,
- das **Risiko** für die **ausgeführte Leistung** endet (für Beschädigungen oder die Zerstörung der ausgeführten Arbeit bis zur Abnahme trägt der Fachunternehmer das Risiko, nach der Abnahme ist er nicht mehr dafür verantwortlich),
- eine **Beweislastumkehr** stattfindet (bis zur Abnahme muss der Fachunternehmer nachweisen, dass er vertragsgemäß gearbeitet hat, nach der Abnahme muss der Auftraggeber nachweisen, dass der Fachunternehmer vertragswidrig gearbeitet hat),
- eine ggf. vereinbarte **Vertragsstrafe** vom Auftraggeber vorbehalten werden muss (unterbleibt dies, kann später keine Vertragsstrafe mehr geltend gemacht werden),
- die Fälligkeitsvoraussetzung für die **Schlussrechnung** eintritt (die Abnahme dokumentiert den ordnungsgemäßen Abschluss der vereinbarten Leistung und nur hierfür wurde die vertragliche Vergütung vereinbart).

Fazit

Es ist festzuhalten, dass eine Abnahme für den Fachunternehmer **durchweg positive Folgen** hat. In der Praxis des Fachunternehmers sollte es daher üblich sein, bei jeder Baumaßnahme eine Abnahme durchzuführen. Bei Innendämmungen ist die Abnahme besonders wichtig, da im Regelfall unterschiedliche Gewerke zeitlich unmittelbar aufeinander folgen und damit eine Beweisführung, wer für die Entstehung eines Mangels oder Schadens verantwortlich ist, ohne Abnahme sehr schwierig wird.

9.1.2 Wann erfolgt die Abnahme?

Fertigstellung der Leistung

Die Abnahme erfolgt nach der Fertigstellung der vertraglich vereinbarten Leistung. Dabei ist es nicht entscheidend, ob die Leistung „bis zum letzten Handschlag" abgeschlossen ist; wegen des Fehlens von unwesentlichen Leistungen darf der Auftraggeber die Abnahme nicht verweigern.

Vertrag

Entweder ist die Abnahme im Vertrag vereinbart oder sie erfolgt auf Antrag des Fachunternehmers. Ist die Abnahme im Vertrag vereinbart, stellt sowohl in der VOB/B als auch im BGB die förmliche Abnahme, also unter Anwesenheit von Auftraggeber bzw. seinem Bevollmächtigten und dem Fachunternehmer, den Normalfall dar.

Hinweis

Zwischen VOB/B und BGB gibt es auch Unterschiede in den Regelungen zur Abnahme. Die VOB/B enthält z. B. Möglichkeiten für den Fachunternehmer, auch ohne das Mitwirken des Auftraggebers eine Abnahme zu erwirken. Nach der VOB/B tritt die Abnahme nach dem Abschluss der gesamten Arbeiten und einer schriftlichen Anzeige des Fachunternehmers über diesen Umstand nach 12 Werktagen automatisch ein. Auf solche Möglichkeiten sollte sich der Fachunternehmer aber nicht zurückziehen, da es mitunter selbst für Baujuristen schwierig festzustellen ist, um welche Art von Bauvertrag es sich eigentlich handelt.

Antrag

Am einfachsten ist es, die Abnahme schriftlich zu beantragen und für die Durchführung eine Frist von 12 Werktagen zu setzen, die allgemein als angemessen angesehen wird.

9.1.3 Wie erfolgt die Abnahme?

Förmliche Abnahme

Am besten erfolgt die Abnahme förmlich, d. h., die Abnahme ist zu protokollieren und von beiden Vertragsparteien (vom Auftraggeber bzw. Bevollmächtigten und vom Fachunternehmer) zu unterschreiben.

Unwesentliche Mängel

Wegen unwesentlicher Mängel darf der Auftraggeber die Abnahme nicht verweigern. Es ist allerdings nicht immer ganz einfach, einvernehmlich festzustellen, was unwesentliche Mängel sind. Ein bestimmter Ausführungsfehler kann für den Auftraggeber einen schwerwiegenden Mangel darstellen, während derselbe Fehler für den Fachunternehmer lediglich eine Bagatelle ist.

Praxistipp

Besteht während der Abnahme über festgestellte Ausführungsfehler keine Einigkeit darüber, ob es sich um schwerwiegende oder unwesentliche Mängel handelt, und wird deshalb die Abnahme verweigert, sollten Sie die Abnahme trotzdem bis zum Ende durchführen, auf ein Protokoll bestehen und gegenzeichnen. Im Protokoll sollten Sie unbedingt vermerken, dass zu den betreffenden Sachverhalten eine unterschiedliche Auffassung der Vertragspartner besteht und dazu gesondert Stellung genommen wird. Damit ist zumindest dokumentiert, dass eine **Abnahme stattgefunden** hat, und es kann später argumentiert werden, dass die übrige Leistung nicht beanstandet wurde.

Bevollmächtigte

Bei der Durchführung der Abnahme sollte der Fachunternehmer darauf achten, dass die Abnahme auch tatsächlich von seinem **Auftraggeber persönlich** oder aber von einer durch ihn bevollmächtigten Person vorgenommen wird. Bei einem **Architekten**, der vom Bauherrn als Planer und Bauleiter beauftragt ist, kann in der Regel davon ausgegangen werden, dass die Abnahme der Bauleistungen zu seinen originären Pflichten gehört und er somit auch befugt ist, die Abnahme durchzuführen. Bei Bauunternehmungen, Bauträgern oder Generalunternehmen muss aber **besonders darauf geachtet** werden, wer die Abnahme durchführen darf, da dies unter Umständen bereits im Vertrag geregelt ist.

9.1.4 Technische Abnahme

Abnahme von Teilleistungen

Im Bauwesen ist es durchaus üblich, sog. technische Abnahmen von Teilleistungen bereits während des Bauablaufes durchzuführen. Technische Abnahmen werden dann vorgenommen, wenn die Teilleistung aufgrund einer nachfolgenden Leistung bzw. eines nachfolgenden Gewerkes **nicht mehr** sichtbar oder **kontrollierbar** ist.

Beispiel

> Im Dachgeschossausbau wird der Leistungsteil Dämmung und Folie normalerweise separat einer technischen Abnahme unterzogen. Diese Vorgehensweise empfiehlt sich, um einen Nachweis der notwendigen luftdichten Schicht (zumeist mit einem Blower-Door-Test) erbringen zu können.

Auch bei der Innendämmung ist es für den Fachunternehmer ratsam, eine technische Abnahme zu fordern. Dies macht insbesondere dann Sinn, wenn die nachfolgenden Maler- oder **Beschichtungsarbeiten nicht** vom **Fachunternehmer** selbst ausgeführt werden. Aber auch bei **schwierigen Untergründen**, bei denen der Fachunternehmer alte Putze in großem Umfang entfernt und neue Ausgleichsputze aufgebracht hat, ist eine solche Vorgehensweise anzuraten. Es kann in diesem Fall schon genügen, einen vertragsgerecht hergestellten Untergrund für die Verlegung von Dämmplatten im Rahmen einer regelmäßig stattfindenden Baubesprechung zu protokollieren.

9.1.5 Verringerung des Gewährleistungsrisikos

Beweislastumkehr

Die Wirkung der Beweislastumkehr der Abnahme ist für den Fachunternehmer enorm wichtig, da es in einem späteren Schadensfall für ihn deutlich schwieriger ist, eine vertragsgerechte Ausführung zu beweisen, als es für den Auftraggeber ist, eine nicht vertragsgerechte Ausführung des Fachunternehmers zu behaupten.

Fehlertoleranz

Nicht jeder Ausführungsfehler muss zu einem Schaden führen und Ausführungsregeln enthalten außerdem eine gewisse Fehlertoleranz, da nicht zwangsläufig jede geringfügige Regelabweichung einen Bauschaden nach sich zieht.

Hinweis

> Bei der juristischen Betrachtung von Ausführungsfehlern gibt es allerdings kaum Toleranz: Wird in der Ausführung nur um ein geringes Maß von einer bestehenden Regel abgewichen, stellt dies für einen Juristen bereits einen Mangel dar. Diese Tatsache sollte jeder Baupraktiker verinnerlichen; leider wird sie in der Praxis häufig nicht in ihrer ganzen Konsequenz verstanden (siehe auch Kapitel 1.4).

Geringe Abweichungen

In der Praxis ist es aufgrund der Komplexität von Bauvorhaben und Bauabläufen außerdem oft schwierig, jede bestehende Regel einzuhalten und geringe Abweichungen treten deshalb recht häufig auf. Ein Schaden entsteht jedoch meistens erst dann, wenn sich mehrere geringe Abweichungen verschiedener Unternehmer überlagern bzw. negativ ergänzen.

Bei der Ausführung von Innendämmungen können solche Mechanismen sehr vielseitig sein, ohne dass sie vom Fachunternehmer bemerkt werden oder bemerkt werden müssen. Ein **schadensträchtiges Zusammentreffen** mehrerer **geringer Abweichungen** kann z. B. entstehen aufgrund

- einer fehlerhaften Herstellung des äußeren Schlagregenschutzes,
- fehlerhafter Abdichtungsmaßnahmen, die zu Feuchte in der Grundkonstruktion führen,
- einer fehlerhaften hygrothermischen Simulationsberechnung,
- einer fehlerhaften Ausführung nachfolgender Gewerke.

Der Auftraggeber wird zunächst vermuten, dass der Fachunternehmer, der die Innendämmung ausführte, den Ausführungsfehler verursacht hat, und dann ggf. gegen ihn vorgehen. Wenn in solchen Fällen keine Abnahme erfolgte, hat der Fachunternehmer die Beweislast zu tragen. Hat aber eine ordnungsgemäße Abnahme stattgefunden, kann der **Fachunternehmer dokumentieren**, dass seine erbrachten **Leistungen als vertragsgerecht anerkannt** wurden.

Hinweis

> Wenn die Abnahme von einem Architekten oder Fachbauleiter durchgeführt wurde, hat sie einen noch größeren Stellenwert, weil sie dann von einem Fachmann vorgenommen wurde. Auch der bauleitende Architekt oder Fachbauleiter haftet gegenüber dem Auftraggeber für eine vertragsgerechte Ausführung.

Fazit

> Es minimiert das Gewährleistungsrisiko für den Fachunternehmer erheblich, wenn er selbst für die notwendigen Abnahmen, also ggf. auch für technische Abnahmen, während der Ausführung und nach Abschluss der Arbeiten Sorge trägt.

9.2 Fachgerechte Dokumentation

Dokumentation

Eine Bauleistung, die von einem Fachunternehmer ausgeführt wird, sollte dokumentiert werden. Ein professioneller Fachunternehmer zeichnet sich nicht nur durch eine gute handwerkliche Leistung aus, sondern auch dadurch, dass er die Umsetzung dieser Leistung fachgerecht dokumentiert.

Hinweis

> Bei zulassungspflichtigen Bauteilen, wie z. B. Brandschutzdecken oder -türen, ist die Dokumentation für jeden Fachunternehmer tägliches Geschäft. Hier werden regelmäßig Zulassungen oder Prüfzeugnisse nebst den zugehörigen Übereinstimmungserklärungen an den Auftraggeber überreicht und Fachbauleitererklärungen erstellt.

Aushängeschild für den Fachunternehmer

Letztlich stellt eine fachgerechte Dokumentation ein Aushängeschild für den Fachunternehmer dar und kann somit die Außenwirkung eines Betriebes deutlich verbessern. Zudem kann sie bei späteren Schäden eine **Nachvollziehbarkeit** des **Bauablaufes** sicherstellen und ist somit für den Fachunternehmer quasi unverzichtbar. Gerade weil im Bereich Innendämmung sehr viele Baustoffe und Systeme verwendet werden, für die es keine allgemeingültigen Regeln oder Normen gibt, stellt die Dokumentation der Baumaßnahme eine Möglichkeit dar, die vertragsgerechte Ausführung der Arbeiten nachzuweisen.

RAL-GZ 964

Bei einer Innendämmung, die mit RAL-GZ 964 „Innendämmung – Gütesicherung" (RAL, 2013) ausgeführt wird, ist die Dokumentation der Maßnahme nach einem bestimmten Schema bereits **Bestandteil des Verfahrens** selbst.

In allen anderen Fällen kann die Dokumentation in 2 Teile gegliedert werden: Der erste Teil bezieht sich auf das eingesetzte System bzw. die eingesetzten Baustoffe, der zweite Teil auf die Ausführung.

9.2.1 Dokumentation des Systems und der Baustoffe

Systemunterlagen

Wird ein Innendämmsystem verwendet, handelt es sich um eine von einem Hersteller konzipierte und vertriebene Ausführung. Die Systemunterlagen des Herstellers umfassen u. a. Zulassungen der einzelnen Baustoffe, Verarbeitungsrichtlinien und Hinweise zu den Grenzen der Anwendbarkeit. Aus diesen Unterlagen kann der Fachunternehmer eine Auswahl treffen und diese dann mit Abschluss der Maßnahme an seinen Auftraggeber übergeben.

Verwendete Baustoffe

Sofern kein Innendämmsystem verwendet wird und die Innendämmung daher aus **einzelnen Baustoffen** besteht, die nicht Bestandteile eines Komplettsystems sind, ist die Dokumentation der Baustoffe für den Fachunternehmer noch wichtiger. Die verwendeten Baustoffe sollten schriftlich dokumentiert werden:

- Bezeichnung,
- Angabe der jeweiligen Verwendbarkeitsnachweise, also
  - Normen oder
  - allgemeine bauaufsichtliche Prüfzeugnisse oder
  - allgemeine bauaufsichtliche Zulassungen.

Fazit

Im Endergebnis sollte eine Dokumentationsmappe entstehen, mit der der Auftraggeber eindeutig nachvollziehen kann, welche Baustoffe verwendet wurden bzw. welches Innendämmsystem eingesetzt wurde.

9.2.2 Dokumentation der Ausführung

Schriftliches Protokoll

Jeder Fachunternehmer sollte ein schriftliches Protokoll anfertigen, in dem die für die Abnahme der Innendämmung wichtigen Fakten enthalten sind. Dies deckt sich auch mit den Regelungen der VOB/C und den Fachregeln, z. B. im Stuckateur-Handwerk. Ein ganz wichtiges Instrument für die Dokumentation der Ausführung ist das **Bautagebuch**. Das Bautagebuch wird oft bereits durch vertragliche Regelungen gefordert und stellt für den Fachunternehmer das ultimative Mittel dar, die aus seiner Sicht wichtigen Aspekte der Ausführung aufzuschreiben und somit zu dokumentieren.

Bautagebuch

Ein Bautagebuch sollte zumindest bei Baustellen, die einen Zeitraum von einigen Tagen überschreiten, geführt und auch an den Bauherrn übergeben werden. Der Fachunternehmer kann hierin alle wichtigen Aspekte der Ausführung für die Abnahme festhalten:

- die Außen- und Innentemperaturen,
- die Anzahl der eingesetzten Monteure,
- die ausgeführten Arbeiten,
- Behinderungen in der Ausführung,
- Störungen des Bauablaufes,
- Anweisungen des Auftraggebers bzw. seines Bevollmächtigten,
- technische Abnahmen,
- die Darstellung der eigenen Leistung.

Übergabe

Ein Bautagebuch sollte in **regelmäßigen Abständen** an den Bauherrn übergeben werden, ggf. verbunden mit der Aufforderung zur Gegenzeichnung. Das Bautagebuch stellt einen Teil der Dokumentation der Gesamtbaumaßnahme dar und kann insbesondere bei späteren Auseinandersetzungen, in Schadensfällen oder gar bei rechtlichen Streitigkeiten eine immense Hilfe sein.

Hinweis

Selbst wenn das Bautagebuch vom Auftraggeber nicht gegengezeichnet, aber nachweisbar in regelmäßigen Abständen an ihn übersandt wurde, kann es zu einem späteren Zeitpunkt dabei helfen, den Ablauf der Baumaßnahme nachvollziehbar und bewertbar zu machen.

Vorteil des Bautagebuchs

Der große Vorteil, den ein Bautagebuch bietet, ist die Tatsache, dass der Fachunternehmer es selbst komplett **in eigener Regie** anfertigen kann und dabei nicht auf andere Personen angewiesen ist. Der Fachunternehmer kann alle ihm wichtigen Umstände im Bautagebuch festhalten und besonders im Hinblick auf nachträgliche Anweisungen des Auftraggebers auf der Baustelle für Nachvollziehbarkeit sorgen.

Hinweis

> Der Abschluss der Baumaßnahme, die Abnahme, ist gleichzeitig der Abschluss der Dokumentation der Ausführung.

Aufmaß und Abrechnung

9.3 Aufmaß und Abrechnung: regelgerecht und eindeutig

9.3.1 Geltende Normen

Aufmaß und Abrechnung bei Innendämmungen stellen in der Praxis einen sehr häufigen Grund für Streitigkeiten zwischen den beteiligten Parteien dar. Dabei herrscht Uneinigkeit nicht nur darüber, wie eine bestimmte Aufmaßregel im konkreten Fall angewendet werden muss, sondern auch oft über die geltenden Normen für das zu erstellende Aufmaß.

Für das Aufmaß und die Abrechnung gilt bei Vorsatzschalen in Trockenbauweise die ATV DIN 18340 „Trockenbauarbeiten" (2023), während geklebte, plattenförmige Innendämmungen und Wärmedämmputzsysteme in der ATV DIN 18350 „Putz- und Stuckarbeiten" (2019) erfasst werden.

Hinweis

> Es sollte Grundsatz jeder Baumaßnahme sein, dass bereits vor der Ausführung eine eindeutige Regelung hinsichtlich des Aufmaßes und der Abrechnung vorliegt. Bei einem vorgegebenen Leistungsverzeichnis ist hier sicherlich an erster Stelle der Planer in der Pflicht, eindeutige Grundlagen zu schaffen. Aber auch der Fachunternehmer muss bei der Prüfung der Ausschreibungs- oder Vertragsunterlagen eine fehlende Festlegung zu den Regelungen des Aufmaßes und der Abrechnung im Rahmen seiner Hinweispflicht ansprechen und Klärung herbeiführen.

Privater Bauherr

Bei Angeboten des Fachunternehmers an einen privaten Bauherrn, bei denen der Fachunternehmer selbst der Planer ist, ist der Hinweis auf die Aufmaß- und Abrechnungsregeln der jeweiligen ATV geradezu unabdingbar, da die Anwendung der VOB bei privaten Auftraggebern nicht als Regelfall vorgesehen ist. Der Fachunternehmer sollte daher stets bereits in seinen **Angeboten** auf die **Regeln** hinweisen, nach denen er später das Aufmaß und die Abrechnung vornehmen will und auf denen die Kalkulation seines Angebotes basiert.

Im Zweifel Abschnitt 5 anhängen

Die Aufmaß- und Abrechnungsregeln in den ATV der VOB/C werden in der Praxis von privaten Bauherren oft als unternehmerfreundlich angesehen. Dieser Eindruck entsteht zumeist dadurch, dass derartige fachliche Regeln einem privaten Bauherrn, der normalerweise Baulaie ist, einfach nicht bekannt sind, während Baufachleute diese Regeln praktisch „von klein auf" lernen und letztlich auch ihren Angeboten zugrunde legen. Es ist daher dringend zu empfehlen, die zugrunde gelegten Aufmaß- und Abrechnungsregeln im Angebot auch zu benennen und im Zweifel den Abschnitt 5 der jeweiligen ATV als Kopie anzuhängen, um dem Bauherrn eine klare und objektive Kalkulations- und Abrechnungsgrundlage an die Hand zu geben.

Hinweis

Auf eine Darstellung der Aufmaß- und Abrechnungsregeln der ATV DIN 18340 und der ATV DIN 18350 wird hier bewusst verzichtet und stattdessen auf die Kommentare „Trockenbauarbeiten, Kommentar zu VOB Teil C, ATV DIN 18340, ATV DIN 18299“ (Bramann/Mänz/Schmid, 2016) sowie „Kommentar ATV DIN 18350 und DIN 18299, Putz- und Stuckarbeiten“ (Weißert/Bauer, 2017) verwiesen.

Fazit

Es ist jedem Fachunternehmer anzuraten, die seinem Angebot zugrunde gelegten Aufmaß- und Abrechnungsregeln der jeweiligen ATV dem Bauherrn bekannt zu machen und ihm ggf. die entsprechenden Textpassagen in Kopie zu überreichen, um damit Unklarheiten in den vertraglichen Unterlagen auszuräumen.

9.3.2 Abhängigkeit von ordnungsgemäßer Leistungsbeschreibung

Hinweise für das Aufstellen

Jede ATV der VOB/C enthält in ihrem **Abschnitt 0** Hinweise für das Aufstellen der Leistungsbeschreibung. In der Einführung im jeweiligen Abschnitt 0 heißt es, dass die Beachtung dieser Hinweise Voraussetzung für eine ordnungsgemäße Leistungsbeschreibung ist. Im Umkehrschluss bedeutet dies, dass keine ordnungsgemäße Leistungsbeschreibung vorliegt und somit auch das Aufmaß und die Abrechnung erschwert werden, sofern diese Hinweise nicht beachtet werden.

Durchgängige Umsetzung der ATV

Die Regeln des jeweiligen Abschnittes 5 „Abrechnung“ der ATV der VOB/C sind von einer Leistungsbeschreibung abhängig, die die Vorgaben des jeweiligen Abschnittes 0 beachtet und umsetzt. Nur bei einer durchgängigen Umsetzung der jeweiligen ATV, die schon bei der **Erstellung** der **Leistungsbeschreibung** beginnt, können auch die **Aufmaß**- und **Abrechnungsregeln** sinnvoll und unmissverständlich angewendet werden. Es ist also jedem Fachunternehmer anzuraten, eventuell vorhandene Abweichungen vom jeweiligen Abschnitt 0 der ATV in der Leistungsbeschreibung bereits vor dem Vertragsabschluss zur Sprache zu bringen und möglichst durch eine ATV-konforme Leistungsbeschreibung zu ersetzen.

Wartung/Pflege

9.4 Wartungs- und Pflegehinweise

Beim Erwerb der meisten Gebrauchsgegenstände erhält der Käufer eine Bedienungsanleitung, die selbst bei einem elektrischen Kleingerät einen Umfang erreichen kann, der schon davon abhält, sie auch zu lesen. Und je hochwertiger oder komplizierter das erworbene Produkt ist, umso mehr nimmt der Umfang der Bedienungsanleitung noch zu. Beim Bauen scheinen jedoch andere Gesetze zu gelten. Im Baubereich wird in den seltensten Fällen eine „Bedienungsanleitung“ an den Käufer übergeben; gewöhnlich existiert sie gar nicht.

Beim Bauprodukt Innendämmung sollte hierzu ein anderer Standpunkt eingenommen werden, und zwar sowohl von den Herstellern als auch von den Fachunternehmern. Aufgrund der hohen **bauphysikalischen** und **technischen Anforderungen**, denen eine Innendämmung genügen muss, und der Tatsache, dass bei einer nachträglichen Veränderung das gesamte **Bauteilsystem** sehr schnell einen Schaden erleidet, sollte die Übergabe einer „Bedienungsanleitung“ oder in diesem Fall besser einer Wartungs- und Instandhaltungsanleitung den Regelfall darstellen.

„Bedeutungsanleitung" als Regelfall

Die Gefahren, denen eine Innendämmung in der Nutzung unterworfen ist, sind groß. Es sollte daher üblicher Standard sein, die für eine Innendämmung in der Nutzung relevanten Sachverhalte in einer Wartungs- und Instandhaltungsanleitung schriftlich niederzulegen und diese nach Abschluss jeder Baumaßnahme auch an den Auftraggeber zu übergeben.

Beispiel

> Aufgrund der komplexen Wechselwirkung mit der Außenwand kann sich eine Beschädigung der Innendämmung recht schnell zu einem Bauschaden der Außenwand entwickeln.
>
> Bei den Vorbereitungsarbeiten für die Nutzung sind zumeist nicht Baufachleute, sondern Heimwerker tätig, die nicht zwangsläufig über die notwendigen Kenntnisse der Verwendbarkeit von Befestigungsmitteln für Innendämmungen verfügen. Bereits beim Anbringen von Konsollasten an Innendämmungen, gleich ob es sich um Vorsatzschalen oder plattenförmige Innendämmungen handelt, können mit der Auswahl eines falschen Dübels so große Fugen um das Befestigungsmittel entstehen, dass eine konvektive Luftströmung nicht auszuschließen ist.

Für eine fachgerechte Innendämmung stellt die Übergabe einer „Bedienungsanleitung“ in Form einer Wartungs- und Instandhaltungsanleitung an den Nutzer in jedem Fall einen Bestandteil der fachgerechten Dokumentation dar. Die Übergabe sollte nachweisbar an den Auftraggeber erfolgen.

Nachweisbare Übergabe

Bei den Herstellern von Innendämmsystemen werden, wenn vorhanden, entsprechende Informationen **„Nutzungshinweise“** oder **„Werterhaltungstipps“** genannt und sind Bestandteil der jeweiligen Produktdokumentation. Darin sind für das jeweilige Innendämmsystem wichtige Hinweise zur Nutzung für folgende Bereiche aufgeführt:

Hersteller-informationen

- Beschichtung der Innendämmung durch den Nutzer mit Tapeten, Farben oder Fliesen,
- Anbringen von Lasten,
- Raumklima und erforderliches Lüften und Heizen,
- Wirkprinzip der Innendämmung,
- Aufstellen von Möbeln im Bereich der Innendämmung.

Es können sogar Produktbeispiele für spezielle **Dämmstoffdübel** enthalten sein, mit denen leichte wandhängende Lasten angebracht werden können. Es bleibt zu hoffen, dass möglichst viele Hersteller von Innendämmsystemen ihre Produktdokumentationen mit Hinweisen zur Nutzung vervollständigen.

Fazit

Da die Konzeption einer Innendämmung eine bauphysikalisch durchaus anspruchsvolle Berechnung voraussetzen kann und die Umsetzung in der Regel nur durch geschultes Fachpersonal möglich ist, kann der Nutzer der Baumaßnahme nicht ohne Hinweise darüber bleiben, wie mit dieser Innendämmung umzugehen ist. Der Nutzer ist zumeist Baulaie und Begriffe wie **Wärmebrücke**, **konvektiver Luftstrom** oder **Wasserdampfdiffusion** können bei ihm nicht unbedingt als bekannt vorausgesetzt werden. Die Übergabe von Hinweisen zur Nutzung ist daher eine sinnvolle, wenn nicht gar notwendige Maßnahme.

Renovierung

9.5 Schadensfreie Renovierung

Jede Baumaßnahme unterliegt durch Nutzung und äußere Einwirkungen einem nicht zu verhindernden Verschleiß. Nach einer gewissen Zeit wird auch über die Renovierung einer Innendämmung nachgedacht, die entweder nur die **Oberflächenbeschichtung** betrifft oder aber **umfangreichere Maßnahmen** beinhaltet. Oft ist eine Renovierung auch mit Umbauarbeiten verbunden, die eine Veränderung der Raumgeometrie zur Folge haben.

Berücksichtigung schon bei der Erstellung

Renovierungsarbeiten können eine vorhandene Innendämmung beeinflussen und deren Wirkungsweise verändern. Aus diesem Grunde sind spätere Renovierungsarbeiten bereits bei der Erstellung der Innendämmung zu bedenken und zu berücksichtigen. Dem Auftraggeber kann dadurch die Möglichkeit gegeben werden, **Renovierungsarbeiten** zum gegebenen Zeitpunkt so durchzuführen, dass die **Innendämmung keinen Schaden** nimmt und auch nach der Renovierung noch so funktionsfähig ist wie vorher.

Renovierungsanstriche

Der wichtigste Aspekt in diesem Zusammenhang ist die fachgerechte Dokumentation der Baumaßnahme gegenüber dem Auftraggeber, die auch eine Wartungs- und Instandhaltungsanleitung enthält. Im Einzelfall ist in dieser Anleitung z. B. darauf einzugehen, ob Renovierungsanstriche auf der ursprünglichen Farbschicht erlaubt sind oder aber die vorhandene Farbschicht zuerst entfernt werden muss. Dies ist mit dem Hersteller der Farbe bzw. mit dem Hersteller des Innendämmsystems zu klären.

Bestimmte Produkte

Ebenfalls ist darauf hinzuweisen, wenn der Beschichtung der Innendämmung eine hygrothermische Simulationsberechnung zugrunde lag und sie somit aus bauphysikalischer Sicht nicht einfach verändert werden kann. Grundsätzlich sollte dem Auftraggeber klar sein, dass er bei der Renovierung einer Innendämmung nur bestimmte Produkte und bei einem Innendämmsystem sogar nur die Produkte eines bestimmten Herstellers verwenden darf. Auch hierauf ist in der Wartungs- und Instandhaltungsanleitung hinzuweisen.

Im Rahmen einer Renovierung können nachfolgende Maßnahmen die Funktionsfähigkeit einer Innendämmung **negativ beeinflussen** und ggf. zu Schäden führen:

- Veränderung der Beschichtung in ihren bauphysikalischen Eigenschaften, z. B. durch diffusionsdichtere Anstriche oder mehrlagige Farbschichten,
- unsachgemäße Bauarbeiten, die die Innendämmung beschädigen,

- Veränderungen an den luftdichten Anschlüssen der Innendämmung,
- Veränderungen der Innendämmung im Bereich von Wärmebrücken, z. B. durch den Einbau neuer Fensterbänke,
- fehlerhaftes Ergänzen von Innendämmungen, sofern in die Außenwand einbindende Innenwände entfernt werden.

Energetische Verbesserung

Soll eine Renovierung vorgenommen werden, um eine bereits vorhandene Innendämmung energetisch zu verbessern, empfiehlt sich in jedem Fall das Hinzuziehen eines **Bauphysikers**, der sowohl im Rahmen der Bestandserfassung als auch bei der Konzeption der neuen Innendämmung Aussagen darüber treffen kann, ob die bereits vorhandene Innendämmung verbleiben kann oder aber für die energetische Verbesserung entfernt werden muss. Da es sich hierbei stets um Einzelfallbetrachtungen handelt, wird eine hygrothermische Simulationsberechnung wahrscheinlich nicht vermeidbar sein.

10 Checkliste zur Bestandsaufnahme und Muster für eine Übereinstimmungserklärung nach RAL-GZ 964 „Innendämmung – Gütesicherung“ (RAL, 2013)

10.1 Checkliste zur Bestandsaufnahme

1. Objekt- und Projektgrunddaten		
zukünftige Nutzung	☐ Wohngebäude	☐ Nichtwohngebäude
Gebäudetyp (EFH, MFH, Bürogebäude, Schule usw.)	____________	
Baujahr	____________	
Adresse (Straße, Nr., PLZ, Ort)	____________	
Anzahl der Geschosse über Gelände	____________	
Gebäudehöhe über Gelände	☐ < 10 m ☐ 10–20 m ☐ > 20 m	
Lage: innerorts geschützt	☐ (Windabschirmfaktor) $f_w = 0{,}02$	
Ortsrand	☐ $f_w = 0{,}05$	
freistehend exponiert	$f_w = 0{,}1$	
Bauart: massiv	☐	
Fachwerk	☐	☐ ggf. Sichtfachwerk
leicht-/Holzrahmenbau	☐	
abweichend	____________	
Besteht für das Gebäude Denkmalschutz?	☐ ja	☐ nein
Wenn ja, besteht eine denkmalschutzrechtliche Genehmigung für die geplanten Maßnahmen?	☐ ja	☐ nein
Auftraggeber/Eigentümer	____________	
ggf. weitere Beteiligte	____________	
Architekt/Planer	____________	
Fachplaner/Energieberater	____________	
Auftragnehmer und Gewerke	____________	
geplanter Ausführungszeitraum	____________	

2. Innenklima der zukünftigen Nutzung

Weicht das vorhandene bzw. geplante Innenklimaprofil deutlich in Bezug auf Luftfeuchte und Raumtemperatur von den Normvorgaben der DIN 4108-2 von ca. 20 °C und 50 % rel. Luftfeuchte im Winterhalbjahr und längerfristig nicht über 26 °C im Sommerhalbjahr für normale Wohn- und Büronutzung ab?

☐ ja ☐ nein

Wenn ja, bitte genaue Ursache erläutern: (Nutzung, Nutzerverhalten, bauliche Gegebenheiten usw.) ______________________

von der Abweichung betroffene Bauteile (Anhang A4, Blätter 4.1 und 4.2 ______________________

Profil der abweichenden Werte ☐ geringe Feuchte ☐ normale Feuchte ☐ hohe Feuchte

zeitliches Profil der Abweichung ☐ dauerhaft ☐ wiederkehrend

Wenn wiederkehrend: Dauer und Häufigkeit? ______________________

Wie werden die zu dämmenden Räume gelüftet? ☐ freie (Fenster-)Lüftung ☐ durch raumlufttechnische Anlagen

3. Außenklima

Höhenlage des Gebäudes über NN

Besteht für die betroffenen Geschosse ein wirksamer Dachüberstand? ☐ nein ☐ traufseitig ______ m ☐ giebelseitig ______ m

Schlagregenzone nach Region gemäß DIN 4108-3 ☐ I ☐ II ☐ III

Die Schlagregenbeanspruchungsgruppe ist unter Berücksichtigung der Objektdaten ggf. gemäß DIN 4108-3 zu korrigieren.

4. Bauteilanalyse

4.1 Allgemeine Angaben zum Bauteil[1)] Nr._____ Bezeichnung ______________________________

Ausrichtung des Bauteils (Himmelsrichtung) ____

Das Bauteil bildet den Übergang vom beheizten Innenraum zu

☐ Außenluft. ☐ Erdreich.

☐ unbeheizten Räumen. ☐ Nachbarräumen/sonstigen Räumen.

Wenn Außenluft, handelt es sich um eine Fassade mit vorgehängter, hinterlüfteter Witterungsschicht? ☐ ja ☐ nein

Sind bauliche Mängel am Bauteil bzw. an anschließenden Bauteilen vorhanden?

Beschädigungen, Risse, Verfärbungen, Ausblühungen usw. der äußeren Witterungsschutzschicht ☐ keine ☐ leichte ☐ schwere

ggf. vermutete Ursachen

☐ Alter/Abnutzung ☐ Baufehler

☐ aufsteigendes Wasser ☐ defekte Abwasseranlage

☐ weitere______________________________________

undichte Fugen im Bauteil bzw. zu anderen Bauteilen (Fenster ...) ☐ nein ☐ ja______________________________

Probleme an der Innenseite des Bauteils?

☐ Feuchte ☐ Schimmelbildung

☐ ungenügende Tragfähigkeit des Innenputzes

☐ weitere______________________________________

vorhandene Wärmebrücken

☐ geometrische 2-dimensional ____________________

☐ geometrische 3-dimensional ____________________

☐ einb. Wände/Decken/Balkone ____________________

☐ Heizkörpernischen ____________________________

☐ ungedämmte Rollladenkästen____________________

☐ weitere______________________________________

Sind Installationen der Außenwand vorhanden, die planerisch zu berücksichtigen sind (Wasserrohre, Elektro usw.)? ☐ ja ☐ nein

4.2 Schichtaufbau von Bauteil[1)]	Nr.		Bezeichnung	
innen				
Material, Schichtname	Nr.	Dicke (cm)	Zustand Anmerkungen	☐ Rahmenkonstruktion
	1			☐
	2			☐
	3			☐
	4			☐
	5			☐
	6			☐
	7			☐
	8			☐
Übergang zu (gemäß 4.1 Zeilen 3–5)		☐ a)	☐ b)	☐ c)
außen				
Ergänzung zu Schichten mit Rahmenkostruktionen				
Material	Nr.	Dicke (cm)	Zustand Anmerkungen	Rahmenanteil (in %)

4.3 Schichtaufbau bei Decken[2)]	Nr.		Bezeichnung	
Decken Oberseite				
Material, Schichtname	Nr.	Dicke (cm)	Zustand Anmerkungen	☐ Rahmenkonstruktion
	1			☐
	2			☐
	3			☐
	4			☐
	5			☐
	6			☐
	7			☐
	8			☐
Übergang zu (gemäß 4.1 Zeilen 3–5)		☐ a)	☐ b)	☐ c)
Decken Unterseite				
Ergänzung zu Decken mit Holzbalkenkonstruktionen				
Material	Nr.	Dicke (cm)	Zustand Anmerkungen	Rahmenanteil (in %)

5. Baurechtliche Rahmenbedingungen und Nachweise			
Kann bzw. muss das Bauteil nach der geplanten Innendämmmaßnahme folgende allgemeingültige Anforderungen erfüllen:			
Mindestwärmeschutz zur Oberflächentauwasserbildung DIN 4108-2 gegebenenfalls auch für Wärmebrücken?	☐ ja	☐ nein	☐ Nachweis erforderlich
(Bauteilnachweis) Feuchteschutz (Glaser) gemäß DIN 4108-3 bzw. durch eine hygrothermische Simulation nach DIN EN 15026?	☐ ja	☐ nein	☐ Nachweis erforderlich
(Bauteilnachweis) *U*-Wert von max. 0,35 W/(m^2 · K) für allg. Innendämmg. gemäß EnEV 2009?	☐ ja	☐ nein	☐ Nachweis erforderlich

Güte- und Prüfbestimmungen			
(Bauteilnachweis) *U*-Wert von max. 0,84 W/(m² · K) für Sichtfachwerk gemäß EnEV 2009, Anlage 3	☐ ja	☐ nein	☐ Nachweis erforderlich
nach den anerkannten Regeln der Technik höchstmögliche Dämmstoffdicke gemäß EnEV 2009, Anlage 3 für Sichtfachwerk	☐ ja	☐ nein	☐ Nachweis erforderlich
Erfüllung der Wärmeschutzanforderungen gemäß § 9 EnEV 2009, (1) Satz 1 oder 2	☐ ja	☐ nein	☐ Nachweis erforderlich
Befreiung von o. g. Anforderungen der EnEV 2009 gemäß § 24 bzw. § 25[3)] durch die untere Denkmalschutzbehörde bzw. untere Bauaufsichtsbehörde	☐ vorhanden	☐ Antrag sinnvoll und geplant	

1) Die Blätter 4.1 und 4.2 zur Bauteilaufnahme sind für jedes weitere abweichende, vorhandene Bauteil erneut anzulegen.
2) Die Blätter 4.1 und 4.2 zur Bauteilaufnahme sind für jedes weitere abweichende, vorhandene Bauteil erneut anzulegen.
3) unverhältnismäßig hoher Aufwand, unbillige Härte, insbesondere durch Unwirtschaftlichkeit

10.2 Muster für eine Übereinstimmungserklärung

Muster Übereinstimmungserklärung

Übereinstimmungserklärung über den fachgerechten Einbau einer Innendämmung nach der Gütesicherung Innendämmung:

Bauvorhaben

Auftraggeber ______________________________

Objektanschrift ______________________________

ggf. Raumbezeichnung ______________________________

verwendetes System

Bezeichnung ______________________________

Hersteller ______________________________

Fachunternehmen

Firmenname ______________________________

Firmenanschrift ______________________________

Wir bestätigen hiermit, dass der Einbau des o. g. Innendämmsystems gemäß den Vorgaben der Gütesicherung Innendämmung sowie den Herstellerrichtlinien erfolgt ist.

______________ ______________________________

Datum, Ort Unterschrift, Firmenstempel

11 Anhang

11.1 Literatur

Zitierte Literatur

BFS-Merkblatt Nr. 11 Beschichtungen, Tapezier- und Klebearbeiten auf Porenbeton. Stand: Oktober 2016. Frankfurt/M.: Bundesausschuss Farbe und Sachwertschutz e. V. (BFS), 2016

BFS-Merkblatt Nr. 12 Oberflächenbehandlung von Gipsplatten (Gipskartonplatten) und Gipsfaserplatten. Stand: Juli 2007. Frankfurt/M.: Bundesausschuss Farbe und Sachwertschutz e. V. (BFS), 2007

BFS-Merkblatt Nr. 16 Technische Richtlinien für Tapezier- und Klebearbeiten. Stand: November 2013. Frankfurt/M.: Bundesausschuss Farbe und Sachwertschutz e. V. (BFS), 2013

BFS-Merkblatt Nr. 20 Beurteilung des Untergrundes für Beschichtungs- und Tapezierarbeiten, Maßnahmen zur Beseitigung von Schäden. Stand: Oktober 2016. Frankfurt/M.: Bundesausschuss Farbe und Sachwertschutz e. V. (BFS), 2016

BFS-Merkblatt Nr. 23 Technische Richtlinien für das Abdichten von Fugen im Hochbau und von Verglasungen. Stand: Februar 2005. Frankfurt/M.: Bundesausschuss Farbe und Sachwertschutz e. V. (BFS), 2005

BFS-Merkblatt Nr. 25 Richtlinien zur Beurteilung von Farbübereinstimmungen und Farbabweichungen. Stand: August 2017. Frankfurt/M.: Bundesausschuss Farbe und Sachwertschutz e. V. (BFS), 2017

Borsch-Laaks, Robert: Zur Schadensanfälligkeit von Innendämmungen – Bauphysik und praxisnahe Berechnungsmethoden. In: Aachener Bausachverständigentage 2010, Konfliktfeld Innenbauteile. Hrsg: Oswald, Rainer, AIBau – Aachener Institut für Bauschadensforschung und angewandte Bauphysik. Wiesbaden: Springer Vieweg Verlag, 2011

Bramann, Helmut; Mänz, Volker; Schwarz, Eugen: Trockenbauarbeiten – Kom- mentar zu VOB Teil C, ATV DIN 18340, ATV DIN 18299. 4. Aufl. Berlin: Beuth Verlag, 2016

Das Dämmbuch, 3. Auflage. Stand: Dezember 2018. Duisburg: Xella Deutschland GmbH, 2018

Das EPD-Programm basiert auf internationalen Normen [online]. Berlin: Institut Bauen und Umwelt e. V. (IBU), 2020. Internet: https://ibu-epd.com/epd-programm-2/ [Zugriff: 08.04.2024]

EPD Umweltdeklaration [online]. Stuttgart: Fraunhofer Institut für Bauphysik (IBP), 2024. Internet: https://www.ibp.fraunhofer.de/de/kompetenzen/ganzheitliche-bilanzierung/methoden-ganzheitliche bilanzierung/epd-umweltproduktdeklaration.html [Zugriff: 08.04.2024]

Franz, Rainer; Schwarz, Eugen; Weißert, Markus: Kommentar ATV DIN 18350 und DIN 18299, Putz- und Stuckarbeiten. 13. Aufl. Geislingen/Steigeden: C. Maurer Druck und Verlag, 2011

Gebäude-Luftdichtheit – Band 1. 2. Aufl. Berlin: Fachverband Luftdichtheit im Bauwesen e. V. (FLiB), 2012

Mänz, Volker; Schwarz, Eugen: Trockenbauarbeiten – Kommentar zu VOB Teil C, ATV DIN 18340, ATV DIN 18299. 3. Aufl. Berlin: Beuth Verlag, 2010

Merkblatt Nr. 2 Verspachtelung von Gipsplatten – Oberflächengüten Q1 bis Q4. Stand: November 2017. Berlin: Bundesverband der Gipsindustrie e. V., Industriegruppe Gipsplatten (IGG), 2017

Merkblatt Nr. 2.1 Verspachtelung von Gipsfaserplatten – Oberflächengüten. Stand November 2017. Berlin: Bundesverband der Gipsindustrie e. V., Industriegruppe Gipsplatten (IGG), 2017

Merkblatt Nr. 3 Putzoberflächen im Innenbereich. Stand: August 2021. Berlin: Bundesverband der Gipsindustrie e. V., Industriegruppe Baugipse (IGB), 2021

Nachhaltigkeit [online]. Berlin: Bundesministerium für Umwelt, Naturschutz, nukleare Sicherheit und Verbraucherschutz (BUMV), o. J. Internet: https://www.bmuv.de/themen/nachhaltigkeit/ueberblick-nachhaltigkeit [Zugriff: 08.04.2024]

Nachhaltigkeit (nachhaltige Entwicklung) [online]. Berlin: Bundesministerium für wirtschaftliche Zusammenarbeit und Entwicklung (BMZ), 2024. Internet: https://www.bmz.de/de/service/lexikon/nachhaltigkeit-nachhaltige-entwicklung-14700 [Zugriff: 08.04.2024]

RAL-GZ 964 Innendämmung – Gütesicherung. Sankt Augustin: RAL Deutsches Institut für Gütesicherung und Kennzeichnung e. V., 2013

Ressourcenschonung in der Umweltpolitik (online). Dessau-Roßlau: Umweltbundesamt (UBA), 2021. Internet: https://www.umweltbundesamt.de/themen/abfall-ressourcen/ressourcenschonung-in-der-umweltpolitik#:~:text=Ressourcenschonung%20folgt%20dem%20Leitbild%20einer,Regionen%20noch%20k%C3%BCnftiger%20Generationen%20geht [Zugriff: 08.04.2024]

Richtlinie Ausführung luftdichter Konstruktionen und Anschlüsse. 3. Aufl. Stuttgart/Ostfildern: Fachverband der Stuckateure für Ausbau und Fassade Baden-Württemberg (SAF), Fachverband Elektro- und Informationstechnik Baden-Württemberg, Verband des Zimmerer- und Holzbaugewerbes Baden-Württemberg, 2009

Weißert, Markus; Bauer, Achim: Kommentar ATV DIN 18350 und DIN 18299, Putz- und Stuckarbeiten. 14. Aufl. Wiesbaden: Springer Vieweg Verlag, 2017

WTA-Merkblatt 6-1-01/D Leitfaden für hygrothermische Simulationsberechnungen. Stand: Mai 2002. Pfaffenhofen: Wissenschaftlich-Technische Arbeitsgemeinschaft für Bauwerkserhaltung und Denkmalpflege e. V. (WTA), 2002

WTA-Merkblatt 6-2-01/D Simulation wärme- und feuchtetechnischer Prozesse. Stand: Mai 2002. Pfaffenhofen: Wissenschaftlich-Technische Arbeitsgemeinschaft für Bauwerkserhaltung und Denkmalpflege e. V. (WTA), 2002

WTA-Merkblatt 6-3-05/D Rechnerische Prognose des Schimmelpilzwachstumsrisikos. Stand: April 2006. Pfaffenhofen: Wissenschaftlich-Technische Arbeitsgemeinschaft für Bauwerkserhaltung und Denkmalpflege e. V. (WTA), 2006

WTA-Merkblatt 6-4-16/D Innendämmung nach WTA I: Planungsleitfaden. Stand: Oktober 2016. Pfaffenhofen: Wissenschaftlich-Technische Arbeitsgemeinschaft für Bauwerkserhaltung und Denkmalpflege e. V. (WTA), 2016

WTA-Merkblatt 6-5 Innendämmung nach WTA II: Nachweis von Innendämmsystemen mittels numerischer Berechnungsverfahren. Stand: April 2014. Pfaffenhofen: Wissenschaftlich-Technische Arbeitsgemeinschaft für Bauwerkserhaltung und Denkmalpflege e. V. (WTA), 2014

Weiterführende Literatur

Bogusch, Norbert; Duzia, Thomas: Basiswissen Bauphysik. Stuttgart: Fraunhofer IRB Verlag, 2012

Frikell/Hofmann/Schneider/Schmelmer/Schmid: Trockenbau-Handbuch. Stamsried: VOB-Verlag Ernst Vögel, 2010

Geburtig, Gerd (Hrsg.): Innendämmung im Bestand. Stuttgart: Fraunhofer IRB Verlag, 2010

Krus, Martin; Sedlbauer, Klaus; Künzel, Hartwig: Innendämmung aus bauphysikalischer Sicht. Fraunhofer IBP. http://www.ibp.fraunhofer.de/content/dam/ibp/de/documents/KB_5_tcm45-30960.pdf [Zugriff: 02.01.2014]

Löfflad, Hans: Innendämmung – die Anwendung der hohen Kunst der Bauphysik. Seminarunterlagen. Seminar Handwerkskammer Krefeld am 28.03.2007

Oswald, Rainer; Zöller, Matthias; Liebert, Géraldine; Sous, Silke: Baupraktische Detaillösungen für Innendämmungen (nach ENEV 2009). Stuttgart: Fraunhofer IRB Verlag, 2011

Ruisinger, Ulrich: Innendämmung bei Balkenköpfen in Außenwänden Unterlagen zum B+B-Dialog Innendämmung am 04.12.2012 in Köln

Worch, Anatol: Innendämmung, das unbekannte Wesen. Unterlagen zum B+B-Dialog Innendämmung am 04.10.2012 in Köln

11.2 Vita

Klaus Arbeiter; Jahrgang 1964; Dipl.-Ing. (FH); Architekturstudium; von 1989 bis 1997 Projektleiter Innenausbau bei R & M Ausbau GmbH; seit 1997 Geschäftsführer der TROKA GmbH + Co. KG in Köln; öffentlich bestellter und vereidigter Sachverständiger für das Stuckateurhandwerk; Obermeister der Stuckateurinnung Köln, Vorstandsmitglied des Fachverbandes Ausbau und Fassade NRW; Mitglied des technischen Ausschusses im Bundesverband Ausbau und Fassade; Mitglied im RAL-Güteausschuss Innendämmung; Mitglied des DIN-Normenausschusses 005-09/10

Philip Lang; Jahrgang 1992; Ausbildung zum Stuckateurmeister von 2013 bis 2014; Projektleiter Troka GmbH + Co. KG seit 2016; Geschäftsführer Troka GmbH + Co. KG seit 2024

11.3 Stichwortverzeichnis